纳米间隙气膜润滑理论及应用

史宝军 杨廷毅 季家东 著

科学出版社
北京

内 容 简 介

本书是一本全面系统地论述纳米间隙气膜润滑理论及应用的专著。在微纳机电系统(MEMS/NEMS)设计、制造和使用过程中,存在的微纳米尺度效应等非常规物理机制,成为制约 MEMS/NEMS 设计、制造和应用水平提高的重要瓶颈。围绕这些关键共性学术难题,本书深入系统地阐述微纳米气体润滑基本理论、数值方法、气膜润滑静动态承载特性等微纳米气体润滑基础理论及其工程应用。全书共 8 章,内容主要包括绪论、气膜润滑理论、纳米间隙气膜润滑方程的数值计算方法、纳米间隙气膜非线性动力学分析方法、纳米间隙气膜静态特性研究、表面粗糙度和表面容纳系数对气膜静态特性的影响、纳米间隙气膜动态特性研究、磁头/磁盘系统冲击响应分析。

本书可供从事微纳米摩擦学理论及应用、现代设计理论与方法等领域的科研人员和工程技术人员参考使用,也可作为高等院校相关专业研究生"摩擦学原理"与高年级本科生"现代设计理论与方法"等课程的教学参考用书。

图书在版编目(CIP)数据

纳米间隙气膜润滑理论及应用/史宝军,杨廷毅,季家东著. —北京:科学出版社,2019.4
ISBN 978-7-03-060986-1

Ⅰ. ①纳⋯ Ⅱ. ①史⋯ ②杨⋯ ③季⋯ Ⅲ. ①气体润滑-研究 Ⅳ. ①TH117.2

中国版本图书馆 CIP 数据核字(2019)第 066321 号

责任编辑:阚 瑞 / 责任校对:张凤琴
责任印制:吴兆东 / 封面设计:迷底书装

斜 学 出 版 社 出版
北京东黄城根北街 16 号
邮政编码:100717
http://www.sciencep.com

北京虎彩文化传播有限公司 印刷
科学出版社发行 各地新华书店经销

*

2019 年 4 月第 一 版	开本:720×1000 1/16
2020 年 1 月第二次印刷	印张:16 1/4 彩插:4
字数:312 000	

定价:149.00 元
(如有印装质量问题,我社负责调换)

前　言

微纳机电系统(Micro-Electro-Mechanical System/Nano-Electro-Mechanical System，MEMS/NEMS)具有许多优良特性和广阔的应用前景，由于涉及微纳米尺度效应，在宏观尺度下可以忽略的许多问题，在 MEMS/NEMS 中往往成为至关重要的问题。然而，对于在 MEMS/NEMS 设计、制造和应用过程中存在的非常规物理机制的认识和了解却远远不够，这成为制约 MEMS/NEMS 设计、制造和应用水平提高的重要瓶颈，这些问题的解决对微纳米摩擦学等研究提出了严峻挑战，其中涉及的微纳米间隙气体润滑问题是 MEMS/NEMS 设计制造中的重要基础科学问题之一。MEMS/NEMS 并非传统机械宏观意义下的简单几何缩小，几何尺寸的微小化使很多宏观下的物理现象发生变化，产生尺度效应、表面效应等。对于许多纳米间隙气体润滑问题，需要考虑气体边界的速度滑移，并结合分子动力学模型，对气体的状态方程和能量方程进行修正；然后，利用修正后的状态方程与能量方程对系统进行静态特性、动态特性、稳定性等一系列的研究。由于修正后的系统方程变得十分复杂，其解析解往往不存在或者难以找到。因此，一种比较可行的方法是通过数值方法求解修正后的系统方程，但是，有限元法和有限体积法等传统的数值方法经常遇到计算效率和计算稳定性问题；尤其是 MEMS/NEMS 中的气体润滑容易受到表面力、特征尺寸以及分子力等方面的影响，这些影响因素会增加数值求解气体状态方程和能量方程的难度，这主要体现在计算收敛速度过慢，花费过多的计算机资源甚至计算发散方面，从而导致整个计算失败。通过数值方法高效率地求解极端条件下纳米间隙气膜润滑的状态方程和能量方程，是各种 MEMS/NEMS 设计、结构优化和控制等方面的重要基础与重要手段，深入揭示这些表面/界面行为的规律并寻求其有效的控制方法是 MEMS/NEMS 设计与制造科学亟待研究的重要课题。

围绕上述微纳米气膜润滑中的共性难点问题，本书作者及其课题组成员多年来致力于微纳米气体润滑基本理论、数值方法、气膜润滑静动态承载特性等微纳米气体润滑基础理论及其工程应用研究，其主要内容包括：在气体润滑基本理论方面，提出具有优越性能的 Reynolds 方程修正模型；在数值方法方面，提出改进的最小二乘有限差分法、具有不连续边界的有限体积法、基于压力梯度的自适应网格法和多重网格法等有效的数值解法；在气膜静动态承载特性方面，研究表面粗糙度、表面容纳系数、空气/氦气混合气体等对气膜静动态润滑特性的影响规律；建立气膜润滑与磁头/磁盘系统的流固耦合模型，系统地阐述在冲击载荷作用下磁头/磁盘系统与纳米间隙气膜润滑流固耦合问题的数值模拟分析方法。本书中介绍的 Reynolds 方程修正模型、数值解法、纳米间隙气膜静动态润滑特性的研究成果，可为各种具有微纳米气体润滑问题的 MEMS/NEMS 设计、结构优化等提供重要的理论基础和有效的数值方法。

书中的内容来自作者及其课题组成员十多年来的研究工作总结，是一本气体润滑领域的参考书。其中，第 1 章、第 4 章、第 7 章由史宝军撰写；第 2 章、第 5 章由杨廷毅、季家东和史宝军撰写；第 3 章、第 8 章由杨廷毅和史宝军撰写；第 6 章由季家东和史宝军撰写；季家东对全书进行编辑排版和部分图表的重新绘制；全书由史宝军统稿。感谢参与本书部分研究工作的研究生李鸿秋、冯玉节、马龙、孙亚茹、郭凯等，他们的创新性工作与讨论对本书的修改和定稿有很大的帮助。

本书的部分研究工作得到了美国国家工程院院士、加利福尼亚大学圣地亚哥分校 F.E.Talke 教授，清华大学摩擦学国家重点实验室主任孟永钢研究员，山东大学葛培琪教授，新加坡南洋理工大学舒东伟副教授等专家学者的指导和帮助。哈尔滨工业大学张传伟博士和贵州大学唐正强博士对书中部分研究工作给予了支持和帮助。本书得到了国家自然科学基金项目（50775132、51275279）、清华大学摩擦学国家重点实验室开放基金重点项目（SKLTKF11A04、SKLTKF16A01）及山东省"泰山学者"建设工程等科研项目和人才计划的资助。在此一并致以衷心的感谢。

尽管慎之又慎，限于作者水平，书中难免存在不足之处，敬请读者给出批评和指正意见或建议，并发送至邮箱 306844562@qq.com，诚致谢意。

作 者

2018 年 12 月 6 日

符 号 表

A：横截面面积
A_0：节流孔面积
A_m：冲击载荷振幅
a_z：浮动块 z 方向加速度
B：宽度
C：系统阻尼矩阵
C_D：流量系数
C_L：轴承承载系数
c：多变过程比热容/气膜阻尼系数
c_p：比定压热容
c_s：阻尼系数
c_v：比定容热容
c_θ：角阻尼系数
D：质量扩散系数/修正克努森数 K_n 的倒数
D_0：最小膜厚处克努森数的倒数
d：直径/位移
d_0：支撑域半径
E：能量
Er：相对误差
E_V：体积弹性模量
e：读回信号电压
F：摩擦力/外力
F_d：尺寸因子
F_g：气体性能因子
F_i：第 i 个代数方程的余值
F_p：压力因子
F_{pre}：预紧力
F_t：浮动块所受合力
f：频率
f_1：基频
f_2：二阶频率
G：质心/轴承因子
G_w：流体质量
H：无量纲飞行高度
H_{so}：膜厚比
h_c：浮动块轨道高/几何中心飞行高度

h_{ful}：支点飞行高度
h_{max}：最大飞行高度
h_{min}：最小飞行高度
Inode：计算域中内点
J_α, J_β：α、β 方向转动惯量
J_x, J_y：流体质量变量
K：热导率/系统刚度矩阵
K_g：表压比(或节流比)
K_N：解耦刚度矩阵
K_n：克努森数
K_α, K_β：α、β 方向刚度系数
k：Boltzmann 常量
k_s：弹性刚度/刚度系数
k_θ：角弹性刚度
L：长度/特征长度
M：质量矩阵/分子质量
M_N：解耦正质量矩阵
M_α, M_β：α、β 方向外力矩
m：质量/观察点数目
N：供气孔数目/读回线圈数
n：常数/多变指数/分子数
P：无量纲压力
p：压力/压强
p_a：环境大气压力
p_i：供给压力或供气压力
P_s：环境压力
P_{max}：最大压力幅值
Q：流量因数
Q_P：Poiseuille 流系数
$\tilde{Q}_P$：Poiseuille 流系数比
Q_C：Couette 流系数
Q_{con}：连续流的 Poiseuille 流系数
$\tilde{Q}_C$：Couette 流系数比
q：热流密度
q_m：质量流量
q_V：体积流量

R：取决于气体种类的常数
Re：雷诺数
S：Sutherland 常数
S_m：剪切力矩
T：温度
T_0：热力学温度参考值
T_{cair}：空气临界温度
T_{cHe}：氦气临界温度
T_p：冲击载荷周期
t：时间
U：速度
u：流度
u_0：初位移
u_m：平均流速
u_{max}：最大流速
V：体积/速度分量
v：流速/线速度/磁盘转速
v_z：浮动块 z 方向速度
Wi：权函数
w：气膜承载力
w_s：光滑面气膜承载力
X,Y,Z：无量纲直角坐标系坐标
x,y,z：有量纲直角坐标系坐标
x_o：气膜压力中心
x_{os}：光滑面气膜压力中心
x_c：浮动块长度方向压力中心
y_h：磁头和磁盘间距变化值
y_c：浮动块宽度方向的压力中心
Z：分子碰撞频率
α：气膜刚度系数/俯仰角
α_V：体膨胀系数
β：侧倾角
β_{eta}：飞行高度系数
γ：Peklenik 数
γ_1：磁盘表面 Peklenik 数
γ_2：浮动块表面 Peklenik 数
Δ：增量
δ：摆角/磁介质厚度
ε：收敛标准
ζ：等熵指数
θ：角位移
κ：体积压缩率/体积比/主磁导率

$\varLambda$：轴承数
$\varLambda_x$：x 方向轴承数
$\varLambda_y$：y 方向轴承数
λ：分子平均自由程
λ_{air}：空气密度
λ_{He}：氦气密度
λ_{mix}：混合气体密度
μ：动力黏度
μ_{air}：空气黏度
μ_{He}：氦气黏度
μ_{mix}：混合气体黏度
ξ：磁头效率
ξ_w：高度不连续因子
ρ：气体密度
σ：分子碰撞截面积/挤压数
σ_1：磁盘表面粗糙度算术平均偏差
σ_2：浮动块表面粗糙度算术平均偏差
τ：切应力
υ：运动黏度/磁记录频率
φ：耗散函数/表面容纳系数
φ_1：磁盘表面容纳系数
φ_2：浮动块表面容纳系数
φ^s：剪切流因子
φ_x^p：X 方向压力流因子
ψ：相对热交换系数/记录信号波长

目 录

前言

符号表

第一篇 基 本 理 论

第1章 绪论 3
1.1 引言 3
1.2 硬盘及其工作原理 4
1.2.1 硬盘的结构 4
1.2.2 硬盘的工作原理 6
1.3 纳米间隙气膜润滑理论研究进展 8
1.3.1 气膜润滑方程及其修正 8
1.3.2 基于表面粗糙度和表面容纳系数的气膜润滑方程 10
1.3.3 气膜润滑方程的数值求解方法 11
1.4 纳米间隙气膜动态特性研究进展 14
1.4.1 纳米间隙气膜非线性动力学分析 14
1.4.2 磁头/磁盘系统冲击响应数值研究 15
1.4.3 磁头/磁盘系统冲击响应实验研究 17
1.5 本书的主要内容 19

第2章 气膜润滑理论 21
2.1 润滑气体的基本性质 21
2.1.1 气体的基本定律 21
2.1.2 气体的压缩性 22
2.1.3 气体的膨胀性 23
2.1.4 气体的传输性 23
2.1.5 分子平均自由程 26

2.2 润滑气体的流动特性 ···28
　　2.2.1 润滑气体的流动状态 ···28
　　2.2.2 气体的薄层流动 ···28
2.3 气体的润滑机理 ···33
　　2.3.1 气体动压润滑机理 ···33
　　2.3.2 气体静压润滑机理 ···36
2.4 气膜润滑方程的一般形式 ···38
　　2.4.1 磁头/磁盘界面 ···38
　　2.4.2 一般形式 Reynolds 方程的推导 ·······································39
2.5 纳米间隙气膜润滑方程及修正 ···42
　　2.5.1 稀薄效应 ···42
　　2.5.2 Reynolds 方程的修正 ···43
　　2.5.3 两种新型修正模型的推导 ···46

第二篇　研　究　方　法

第 3 章　纳米间隙气膜润滑方程的数值计算方法 ·····························55
3.1 最小二乘有限差分法 ···55
　　3.1.1 一维泰勒级数公式 ···55
　　3.1.2 二维泰勒级数公式 ···56
　　3.1.3 LSFD 法求解一维 Reynolds 方程 ·····································59
　　3.1.4 LSFD 法求解二维 Reynolds 方程 ·····································61
3.2 有限体积法 ···63
　　3.2.1 控制体的质量守恒 ···64
　　3.2.2 控制体的边界不连续性 ···65
　　3.2.3 线高斯迭代 ···68
3.3 基于压力梯度的自适应网格技术 ···70
　　3.3.1 磁头/磁盘界面自适应网格技术 ·······································70
　　3.3.2 网格密度函数 ···72
　　3.3.3 Ω 浮动块自适应网格分布 ··73
3.4 多重网格法 ···75
　　3.4.1 多重网格法各层网格的生成 ···75

3.4.2　多重网格法的实施…………………………………………………76
3.5　修正的 LSFD 法……………………………………………………………77
　　3.5.1　LSFD 法的修正……………………………………………………77
　　3.5.2　边界离散点的处理…………………………………………………78

第 4 章　纳米间隙气膜非线性动力学分析方法……………………………………79
4.1　纳米间隙气膜动力学分析模型建立…………………………………………79
　　4.1.1　物理参数分析模型…………………………………………………79
　　4.1.2　模态参数分析模型…………………………………………………80
　　4.1.3　磁头/磁盘系统分析模型……………………………………………80
　　4.1.4　磁头/磁盘系统单自由度模型………………………………………81
　　4.1.5　磁头/磁盘系统二自由度模型………………………………………81
4.2　单自由度模型非线性动力学分析方法………………………………………83
　　4.2.1　逐步积分法-线性加速度法…………………………………………83
　　4.2.2　Wilson-θ 法……………………………………………………86
　　4.2.3　Newmark-β 法…………………………………………………87
　　4.2.4　修正 Newmark-β 法求解单自由度磁头/磁盘系统动力平衡方程…88
4.3　二自由度模型非线性动力学分析方法………………………………………93
　　4.3.1　应用模态分析法求解动力平衡方程………………………………94
　　4.3.2　动力平衡方程的坐标耦合与解耦…………………………………94
4.4　基于 Reynolds 方程的磁头/磁盘系统动态特性分析………………………98
　　4.4.1　浮动块平衡方程……………………………………………………98
　　4.4.2　牛顿迭代法…………………………………………………………99
　　4.4.3　数学模型建立………………………………………………………100

第三篇　工程应用

第 5 章　纳米间隙气膜静态特性研究……………………………………………105
5.1　基于 LSFD 法的气膜压力分布………………………………………………105
　　5.1.1　二维平板浮动块……………………………………………………105
　　5.1.2　IBM3380 浮动块……………………………………………………106
　　5.1.3　二轨道浮动块………………………………………………………108

5.1.4　三垫式浮动块 …………………………………………………… 110
　　5.1.5　负压浮动块 …………………………………………………… 112
5.2　基于有限体积法的气膜压力分布 …………………………………… 114
　　5.2.1　IBM3380 浮动块 ……………………………………………… 114
　　5.2.2　TP1212 浮动块 ………………………………………………… 115
　　5.2.3　负压浮动块 1 …………………………………………………… 118
　　5.2.4　负压浮动块 2 …………………………………………………… 120
5.3　基于多重网格法的气膜压力分布 …………………………………… 123
5.4　飞行参数对气膜静态特性的影响 …………………………………… 125
　　5.4.1　飞行参数对气膜承载力的影响 ……………………………… 125
　　5.4.2　飞行参数对气膜压力中心的影响 …………………………… 126

第6章　表面粗糙度和表面容纳系数对气膜静态特性的影响 ……… 129
6.1　基于表面粗糙度的气膜润滑方程 …………………………………… 129
　　6.1.1　基本方程 ………………………………………………………… 129
　　6.1.2　数值求解 ………………………………………………………… 130
6.2　表面粗糙度对气膜静态特性的影响 ………………………………… 133
　　6.2.1　表面粗糙度对气膜压力分布的影响 ………………………… 133
　　6.2.2　表面粗糙度对气膜承载力的影响 …………………………… 137
　　6.2.3　表面粗糙度对气膜压力中心的影响 ………………………… 140
　　6.2.4　几种模型的计算效率对比 …………………………………… 143
6.3　基于表面容纳系数的分子气膜润滑方程 …………………………… 144
　　6.3.1　分子气膜润滑方程的多项式对数形式 ……………………… 144
　　6.3.2　分子气膜润滑方程的修正 …………………………………… 145
　　6.3.3　修正模型精度验证 …………………………………………… 150
6.4　表面容纳系数对气膜静态特性的影响 ……………………………… 151
　　6.4.1　表面容纳系数对气膜压力分布的影响 ……………………… 151
　　6.4.2　表面容纳系数对气膜承载力的影响 ………………………… 152
　　6.4.3　表面容纳系数对气膜压力中心的影响 ……………………… 153
　　6.4.4　不同磁盘转速时表面容纳系数对气膜压力分布的影响 …… 154
6.5　表面粗糙度和容纳系数对气膜承载特性的复合影响 ……………… 159
　　6.5.1　气膜压力分布影响分析 ……………………………………… 159
　　6.5.2　气膜承载力影响分析 ………………………………………… 161
　　6.5.3　气膜压力中心影响分析 ……………………………………… 162

第三篇 工程应用

第7章 纳米间隙气膜动态特性研究······164
7.1 单自由度系统非线性动力学分析······164
7.1.1 单自由度模型求解过程······164
7.1.2 浮动块运动特性的时域分析······164
7.1.3 浮动块运动特性的频域分析······166
7.1.4 磁头/磁盘系统浮动块瞬态动力响应分析······168
7.2 二自由度系统非线性动力学分析······170
7.2.1 求解流程······170
7.2.2 浮动块运动特性的时域分析······171
7.2.3 浮动块运动特性的频域分析······173
7.2.4 不同参数对浮动块运动特性的影响······174
7.3 预紧力和磁盘转速对浮动块飞行特性的影响······178
7.3.1 浮动块及其初始状态······178
7.3.2 预紧力对浮动块飞行特性的影响······179
7.3.3 磁盘转速对浮动块飞行特性的影响······183
7.4 空气/氦气混合气中浮动块的飞行特性······188
7.4.1 相关参数计算······188
7.4.2 飞行高度动态响应······190
7.4.3 飞行角度动态响应······193
7.4.4 浮动块受力分析······194
7.5 浮动块发生触盘时的动态特性分析······199
7.5.1 触盘现象······199
7.5.2 正常环境压力(P_s=1.0atm)时的触盘现象分析······200
7.5.3 较低环境压力(P_s=0.5atm)时的触盘现象分析······202

第8章 磁头/磁盘系统冲击响应分析······205
8.1 磁盘系统有限元模型······205
8.1.1 硬盘系统几何模型······205
8.1.2 硬盘系统有限元模型······208
8.1.3 连接、接触和边界条件设置······212
8.2 磁头/磁盘系统冲击响应计算模型······215
8.2.1 基本流程······215
8.2.2 LS-DYNA 隐式-显式序列计算······216
8.2.3 重启动······219

8.3 磁头/磁盘系统冲击响应分析 ·· 220
   8.3.1 硬盘在外壳、悬臂和磁盘的冲击响应 ································ 220
   8.3.2 磁头/磁盘系统冲击响应 ·· 224
   8.3.3 磁头/磁盘界面接触碰撞分析 ·· 230
8.4 磁头/磁盘系统冲击响应实验测量 ··· 231
   8.4.1 原理和装置 ·· 231
   8.4.2 测量和分析 ·· 235

参考文献 ·· 237

彩图

第一篇 基本理论

第 1 章 绪 论

1.1 引 言

随着现代科学技术的发展,微型器件已经广泛应用于信息、医学、生物、航天航空等领域,对人类的生活产生了革命性的影响,这主要归功于无数科技人员对 MEMS/NEMS 的不断深入研究。MEMS/NEMS 具有许多优良特性:尺寸小、重量轻、响应快;高精度、高速度;高效率、低能耗等。然而,人们被 MEMS/NEMS 巨大的应用前景所吸引,更多关注 MEMS/NEMS 本身的制造和使用,而对于在 MEMS/NEMS 设计、制造和使用过程中存在的非常规物理机制的认识与了解却远远不够,这已成为制约 MEMS/NEMS 设计、制造和应用水平提高的重要瓶颈,这些问题的解决对微纳米摩擦学研究提出了严峻挑战[1,2]。

由于 MEMS/NEMS 并非传统机械宏观意义下的简单几何缩小,几何尺寸的微小化使很多宏观下的物理现象发生变化,产生尺度效应。Jacobs 等[3]研究了纳米尺度表面粗糙度对此类表面力的影响,Bhushan[4]研究了 MEMS/NEMS 中的各种纳米摩擦学和纳米力学问题,Cheng 等[5]研究了微通道中超疏水表面 Reynolds 数对边界滑移的影响。虽然并非所有 MEMS/NEMS 中都涉及流体(液体或气体)的流动,但只要有流体的流动,在这种微纳尺度下必然要考虑边界滑移的影响[6]。纳米间隙气体润滑问题是 MEMS/NEMS 设计制造中的重要基础科学问题之一,如何通过数值方法,准确高效率地求解极端条件下(受表面力、分子力、粗糙度等方面的影响)纳米间隙气膜润滑的状态方程,是各种 MEMS/NEMS 设计、结构优化和控制等方面的重要基础与手段,而深入揭示这些表面/界面行为的规律并寻求其有效的控制方法是 MEMS/NEMS 设计与制造科学亟待研究的重要课题。

本书以磁记录硬盘内磁头/磁盘系统为研究对象,对纳米间隙气膜润滑方程及其数值计算方法进行详细研究和论述,系统地研究纳米间隙条件下气膜润滑的承载特性;基于非线性动力学分析方法,探讨不同工作条件下气膜浮动块的飞行特性;通过建立硬盘系统的有限元模型,对磁头/磁盘系统的冲击响应进行模拟分析。力求揭示纳米间隙条件下气膜的表面/界面行为规律和特性,使读者对纳米间隙润滑基本理论及其在磁头/磁盘系统中的应用有一个全面的认识,为具有纳米间隙气体润滑问题的 MEMS/NEMS 设计制造提供理论基础和数值方法。

1.2　硬盘及其工作原理

1.2.1　硬盘的结构

硬盘作为一个数据存储设备，已经有 60 余年的发展历史，由于具有存储容量大、性价比高、携带方便等特点，受到广大用户的喜爱。20 世纪 50 年代，IBM 公司开发出了一款商业用途的计算机磁盘存储系统 RAMAC 305，这款存储系统重达 1t，体积约为两个冰箱的大小，内部采用 50 张直径为 2ft①的磁盘盘片，工作时磁盘转速达 1200r/min，储存密度是 100B/in²②，存储容量为 5MB。20 世纪 70 年代，由 IBM 公司研制的另一款计算机磁盘存储系统 3340 Wenchestr 问世，该存储系统的硬盘驱动器由两个 30MB 的储存单元组成，确立了硬盘的基本架构。

1980 年，希捷公司开发了一款尺寸为 5.25in③、容量为 5MB 的计算机硬盘。20 世纪 80 年代末期，IBM 公司研发的磁阻技术在很大程度上提升了读写磁头的灵敏度，同时将磁盘存储的密度提高了数十倍，该项技术也为进一步提升硬盘系统的存储容量奠定了坚实的基础。20 世纪 90 年代末期，希捷公司连续推出了转速为 7200r/min 和 15000r/min 的高磁盘转速硬盘。随后，希捷公司又将硬盘存储器的体积缩减至 1in³④，将存储容量提高了三倍多。

近年来，为了和固态硬盘(solid state drives，SSD)相抗衡，硬盘行业在超顺磁极限的基础上研发了各种各样的技术以将磁盘的记录密度推至超高级别(>10TB/in²)[7,8]。其中，热辅助磁记录(heat-assisted magnetic recording，HAMR)技术是极具发展前景的技术之一。HAMR 技术使用激光对铁磁性媒介加热以降低其矫顽力，待媒介冷却下来，矫顽力再次变大，这就做到了在未达到超顺磁极限的前提下记录更小的比特尺寸[9,10]。HAMR 技术的最大挑战是设计出合理的磁头/磁盘界面以方便地控制加热进程，目前可供选择的方法是位模式媒介记录[11,12]。位模式媒介通过将单个磁岛的尺寸缩短至约 10nm 来得到更小的比特尺寸，这种技术需要生产制造出 10nm 范围内的产品，目前此技术还未成熟地发展起来。

由于磁记录硬盘具有容量大、成本低、可靠性高等固态硬盘短期内难以赶超的优势，所以目前全球大部分数据的存储仍采用磁记录硬盘。如无特别说明，本书所介绍的硬盘均为磁记录硬盘。

---

① 1ft = 3.048×10⁻¹m
② 1in² = 6.451600×10⁻⁴m²
③ 1in = 2.54cm
④ 1in³ = 1.63871×10⁻⁵m³

对大多数人来说，硬盘就像一个黑盒子，人们对其内部结构及工作原理知之甚少。如果不知道硬盘内部的工作原理就很难真正地理解影响硬盘性能、可靠性和磁头/磁盘界面的因素。虽然硬盘的技术不断发展，但它的许多基础部件并没有发生多大变化。现在，简单认识一下硬盘的内部结构。

图1-1所示为Wenchestr硬盘的内部结构图，图中已给出了主要部件的标注。硬盘主要组成部件有磁盘盘片、主轴、传动轴、传动手臂、反力矩弹簧装置、读写磁头等。硬盘其他部件的功能以及与PC(personal computer)的联系由一块控制电路板控制。磁头/磁盘组件是构成硬盘的核心，由磁头组件、磁头驱动组件、主轴驱动组件、磁盘盘片及前置读写控制电路等几部分组成。

图1-1　硬盘的内部结构

磁头组件是硬盘中最为精密的部件之一，它由读写磁头、传动手臂、传动轴三部分组成。读写磁头利用与磁盘上下表面的非接触式运动对磁盘上的数据进行读取和存储。读写磁头不仅悬浮在磁盘表面，而且与磁盘保持的间距要精确。同时，读写磁头能从一个磁道移动到另一个磁道从而能保证对整张磁盘的读写，而磁头安装在传动手臂上就是为了保证这个运动过程的简便性。

另外，磁头驱动组件主要包括电磁线圈电机、磁头驱动小车、防振动装置。高精密的轻型磁头驱动机构能够正确地对磁头进行驱动和定位，并能在很短的时间内精确定位到指令指定的磁道。主轴驱动组件主要由主轴轴承和主轴电机组成，主轴电机的转速随着硬盘存储容量的提高而不断增加。磁盘盘片是硬盘存储数据的载体，大多数用金属薄膜材料制成。前置读写控制电路控制磁头的感应信号、主轴电机的调速、磁头的驱动以及伺服定位等。

1.2.2 硬盘的工作原理

图 1-2 所示为硬盘工作原理示意图。多张磁盘盘片通过中心的轴孔叠放在主轴上，依靠连接在主轴上的主轴电机驱动而高速旋转。安装在磁头浮动块上的特殊电磁读写装置（读写磁头）在磁盘盘片上记录和读取信息。磁头部件被安放在悬臂和传动手臂上，所有这些部件组成一个整体并依靠音圈电机驱动。

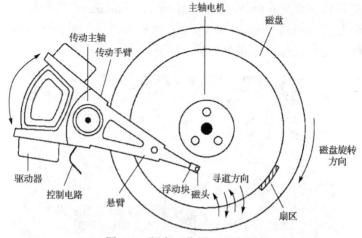

图 1-2 硬盘工作原理示意图

当计算机进行"写"操作时，就是通过给线圈施加一定的电流，使其附近产生磁场，并根据线圈电流方向磁化磁盘上的"磁离子"记录信息。"读"操作是与"写"操作相反的过程，即线圈在"磁离子"磁场中运动产生电流，并通过相关装置转化为计算机能识别的数字信号[13,14]。

磁盘转动后，空气被带入浮动块的下方，使浮动块能够悬浮在高速旋转的磁盘盘片上方，如图 1-3 所示。读写磁头固定在浮动块尾缘的中心处，其与磁盘盘片间的距离称为最小飞行高度，这是一个非常重要的参数。

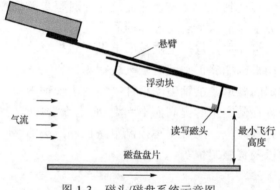

图 1-3 磁头/磁盘系统示意图

硬盘内磁头的加载和卸载分为两种方式，分别介绍如下。

(1) 接触启停方式[15]。在磁盘上设置专门的启停区域，作为磁头不工作时的停放区域。启停区域为非磁化区域，不存储信息，仅供磁头在不工作时停放。硬盘工作时，磁头在启停区域与磁盘表面发生接触摩擦，达到一定转速时，气膜承载力将安装磁头的浮动块浮起，在音圈电机的驱动下移动到工作区工作。

(2) 斜坡加载与卸载方式[16,17]。与接触启停方式的加载与卸载方式不同，这种加载与卸载方式需要外加斜坡构件。这种方式的优势在于：当硬盘不工作时，磁头提升臂沿斜坡提升，将磁头停靠到斜坡的一定高度；当硬盘工作时，磁盘在主轴电机的驱动下先行旋转，然后磁头在音圈电机的驱动下沿斜坡下滑到旋转的磁盘上方。这避免了磁头与磁盘间的摩擦，延长了磁头的使用寿命。

随着硬盘技术的逐步提高，硬盘朝着小体积、大存储容量和高存储密度的方向发展。图 1-4 所示为硬盘存储密度变化曲线图，可以看出硬盘存储密度以很快的速度逐年增加。

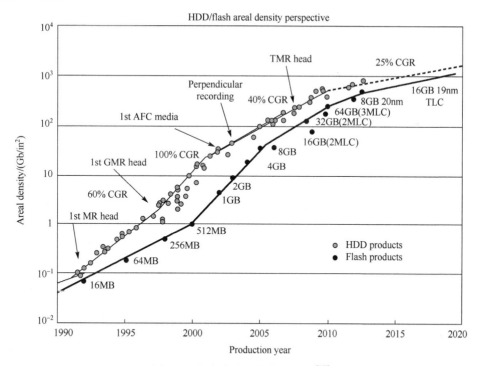

图 1-4　硬盘存储密度变化曲线[18]

硬盘存储密度大幅度增加的一个重要原因是磁头与磁盘之间间隙（即磁头浮动块的飞行高度）的不断减小，如今硬盘磁头浮动块飞行高度已经小于 10nm[18]。理论上，当存储密度达到 $1Tb/in^2$ 或者更高时，浮动块的飞行高度要减小到 2.0nm 左右。因此，硬盘存储密度的增加伴随着浮动块飞行高度的进一步减小。对于如此狭小的纳米间隙，气膜中的气体不能看作严格的连续气体，传统的润滑理论不再适用[4,19]。当硬盘受到外界干扰时，很容易造成浮动块与磁盘的碰撞，进而使硬盘遭受损坏[20,21]。因此，很有必要对纳米间隙的气膜润滑理论进行系统而深入的探讨。

1.3 纳米间隙气膜润滑理论研究进展

1.3.1 气膜润滑方程及其修正

对于润滑理论的理解，始于1885年Tower[22]所进行的两个典型实验。在Tower工作的基础上结合Navier-Stokes方程，Reynolds[23]于1886年推导出了一个关于压力、密度、速度和厚度的二阶偏微分方程，即Reynolds方程。

Reynolds方程的推导基于下列假设：

(1) 牛顿流体和层流；
(2) 流体具有黏性；
(3) 流体膜厚度与其他几何尺寸相比很小，忽略膜厚方向压力变化；
(4) 流体边界不产生滑移现象；
(5) 忽略流体体积力；
(6) 忽略流体惯性力；
(7) 厚度方向的速度梯度，要远远大于其他两个方向。

硬盘工作时，浮动块是飞行在磁盘上方的，浮动块和磁盘之间存在一层很薄的润滑气膜，该气膜的润滑特性需要用气体润滑理论进行描述。当浮动块的飞行高度较高时，传统的Reynolds方程能够很好地对浮动块与磁盘之间的压力分布进行计算[24]。随着硬盘存储密度的进一步提高，浮动块的飞行高度逐步减小到与气体分子平均自由程(约63.5nm)相当，浮动块和磁盘之间的气体稀薄化，产生稀薄效应。稀薄效应使气体分子在边界上产生滑移现象，导致推导传统Reynolds方程的第(4)条假设不再成立，因而传统的Reynolds方程不再适用于描述浮动块和磁盘界面间的气膜润滑特性。

1959年，Burgdorfer[25]根据Maxwell边界滑移条件，推导了Reynolds方程的一阶修正模型，并通过摄动理论研究了气体分子自由路径对气膜特性的影响。一阶修正模型虽然考虑了边界的滑移现象，但研究表明当浮动块的飞行高度小于100nm时，该模型存在较大的误差。在Burgdorfer研究的基础上，Hsia和Domoto[26]在滑移模型中引入了二阶导数项，推导了Reynolds方程的二阶修正模型，并实验验证了该模型在飞行高度为75~1600nm时的有效性。

当浮动块的飞行高度较高时，Reynolds 方程的一阶或二阶模型具有较好的适用性，但当飞行高度进一步降低后，一阶或二阶模型不再适用，而采用基于 Boltzmann 方程的模型比较理想。Gans 将 Boltzmann 方程应用到硬盘磁头/磁盘界面气膜润滑的计算中，并通过逐次逼近的方法推导了一个类似于一阶模型的偏微分方程。在 Gans 工作的基础上，Fukui 和 Kaneko[27]从线性化 Boltzmann 方程出发，推导了一个包含热蠕变流动的 Reynolds 方程，即后来被广泛应用的 FK 模型。FK 模型是一个复杂的积分-微分方程，计算过程非常烦琐且耗时。为了克服该模型求解的烦琐和耗时问题，Fukui 和 Kaneko[28]通过一个代数方程取代了其中的积分-微分方程，从而达到了简化该模型的目的。此外，Mitsuya[29]推导了 Reynolds 方程的 1.5 阶修正模型，该模型中引入了容纳系数，利用该模型计算的浮动块承载力介于一阶和二阶修正模型之间，比较接近 FK 模型的计算结果。

除以上几种典型模型外，许多学者从不同角度推导了多种新模型。Wu 和 Bogy[30]通过研究发现，当浮动块和磁盘处于接近或接触的情形时需引入新的边界条件，进而推导了 Reynolds 方程修正模型，并通过二维算例发现该模型存在封闭的接触压力奇异解。此外，Wu 和 Bogy[31]还基于一个等于气体分子自由路径的长度因子推导出了 Reynolds 方程新的一阶和二阶修正模型。与前述的一阶和二阶模型相比，新的一阶和二阶修正模型的克努森数(Knudsen number)更小，且包含基于任何接触压力的奇异解。Peng 等[32]基于磁头/磁盘间的纳米尺度影响函数研究了气体稀薄效应的影响，结果表明：纳米尺度减弱了稀薄效应对超薄气膜润滑的影响。Ng 和 Liu[33]推导了一个适用于层流到过渡流区域的多系数滑移速度模型，并将该模型的计算结果与传统的滑移模型、FK 模型和蒙特卡罗直接模拟的计算结果进行了比较。结果表明，多系数滑移速度模型的计算结果与 FK 模型和蒙特卡罗直接模拟的计算结果比较接近。Zhou 等[34]基于有效黏度和滑移边界动力学理论推出了一个更为准确的关于分子自由路径的表达式，并得到了一个新的 Reynolds 方程滑移边界修正模型，该模型弥补了传统滑移边界修正模型的缺陷。Shi 等[35,36]在 FK 模型和 Poiseuille 流系数数据库的基础上通过曲线拟合推出了两种 Reynolds 方程的修正模型：线性流率(linearized flow rate，LFR)模型和精准二阶(precise second order，PSO)模型。与 FK 模型相比，LFR 模型具有表达式简单和计算耗时少的优势；PSO 模型具有表达式简单、模拟精度高和计算耗时少的优势。关于这两种模型的表达式和推导过程将在第 2 章详述。

Chen 和 Bogy[37]通过对已有部分模型的综合比较发现，虽然各种模型都有自己的特点，但 FK 模型仍是最适合研究硬盘磁头/磁盘界面气膜润滑问题的经典模型。到目前为止，FK 模型仍是一个应用最为广泛的模型。为了便于综合与比较，现将上述部分模型及其特点列出，如表 1-1 所示。

表 1-1　磁头/磁盘界面气膜润滑方程的几种模型比较

研究者	时间	模型	特点
Burgdorfer	1959 年	一阶模型	基于 Maxwell 边界滑移条件，能满足飞行高度大于 100nm 的情况
Hsia 和 Domoto	1983 年	二阶模型	滑移模型中引入了二阶项，适用飞行高度为 75~1600nm
Fukui 和 Kaneko	1988 年	FK 模型	基于线性化 Boltzmann 方程，适用于所有飞行高度
Mitsuya	1993 年	1.5 阶模型	引入容纳系数，接近 FK 模型的计算结果
Wu 和 Bogy	2003 年	新一阶、二阶修正模型	引入接触边界条件，较好地解决磁头/磁盘接触时的压力奇异问题
Peng 等	2004 年	纳米尺度修正模型	纳米尺度减弱了稀薄效应对超薄气膜润滑的影响
Ng 和 Liu	2005 年	多系数滑移速度模型	包含多个滑移速度系数，适用于层流到过渡流区域
Shi 和 Yang	2010 年	LFR 一阶模型	改进的 FK 模型，适用于所有飞行高度
Zhou 等	2013 年	滑移边界修正模型	弥补了传统滑移边界修正模型的缺陷
Shi 等	2015 年	PSO 二阶模型	改进的二阶 FK 模型，适用于所有飞行高度

1.3.2　基于表面粗糙度和表面容纳系数的气膜润滑方程

由于硬盘中浮动块飞行高度的降低，浮动块或磁盘盘片极其微小的表面形貌变化都有可能对磁头/磁盘系统的承载特性和运动性能造成极大的影响，所以将粗糙度的影响考虑到气膜润滑中是非常必要的。

关于表面粗糙度对润滑影响的研究最早始于液体润滑，随着硬盘中磁头/磁盘间飞行高度的逐步降低，人们开始在气体润滑中考虑粗糙度的影响。Greengard[38]将在液体润滑中使用的平均方法应用于气体润滑，这些方法对理解粗糙度对可压缩气膜的影响具有重要的意义。Mitsuya 等[39]将平均膜的概念扩展到在滑流区工作的二维有限磁头。Bhushan 和 Tonder[40]将包含粗糙度流动因子的平均 Reynolds 方程应用于在滑流区工作的二维有限磁头上，并用此方法研究了随机粗糙度情况下气体润滑膜的特点，不足之处是研究中忽略了稀薄效应对粗糙度流动因子的影响。Mitsuya 和 Hayashi[41]比较了用粗糙膜厚度计算的承载力和用平均膜厚度计算的承载力并阐述了膜平均的物理意义。Makino 等[42]将平均 Reynolds 方程中的粗糙度流动因子扩大到气体润滑，考虑了稀薄效应对流动因子的影响，并分析了粗糙度对磁头/磁盘系统的影响，但精度不高。基于 Fukui 和 Kaneko[28]提出的 Reynolds 方程的简化模型，王玉娟等[43]在 Reynolds 方程中引入压力流因子和剪切流因子，采用控制体方法讨论了粗糙度对飞行高度为 25~50nm 的一种狭长浮动块静态特性的影响，但此飞行高度不适用于近年来设计的高密度硬盘。史宝军等[44,45]和 Yang 等[46]在 Reynolds 方程中引入压力流因子和剪切流因子，研究了磁盘和/或浮动块表面粗糙度对飞行高度低于 5nm 的气膜浮动块承载特性的影响。

表面容纳系数(accommodation coefficient)是一个与表面材料、温度及表面粗糙度等有关的参数，它表示分子与固体表面间的能量传递量。在纳米间隙条件下，表面容纳系数的微小变化也会极大地影响磁头/磁盘系统的承载特性和运动性能，所以有必要将表面容纳系数的影响考虑到气膜润滑中。

Fukui 和 Kaneko[47]研究了表面容纳系数对 Poiseuille 流系数的影响，研究过程中假设浮动块表面和磁盘表面具有相同的表面容纳系数，而由于两个润滑表面材料、粗糙度等的不同，表面容纳系数并不相同。Kang[48]通过研究获得了表面容纳系数为 0.7~1.0 的 Poiseuille 流系数数据库和 Couette 流系数数据库。在 Kang 研究的基础上，Huang 和 Bogy[49]采用线性插补的方法对 Poiseuille 流系数数据库和 Couette 流系数数据库进行了深入研究，并基于分子气膜润滑(molecular gas film lubrication，MGL)方程研究了表面容纳系数对不同浮动块气膜承载特性的影响。上述研究局限于表面容纳系数为 0.7~1.0，表面容纳系数的取值范围决定了其研究的局限性。Li[50,51]通过求解线性 Boltzmann 方程，推出了表面容纳系数为 0.1~1.0 的 Poiseuille 流系数数据库和 Couette 流系数数据库，且表面容纳系数采用多项式对数方程表述。然而，这种多项式对数方程的数学表达式包含 26 个参数，繁杂的数学表达式决定了其在应用上的局限性，采用传统的数值方法求解基于上述多项式对数方程的 MGL 方程非常困难。基于 Li 的研究，Shi 等[52-54]通过对多项式对数方程进行曲线拟合，推出了一种表达式简单的 MGL 方程，研究了表面容纳系数对飞行高度低于 5nm 的浮动块静态特性的影响。

1.3.3 气膜润滑方程的数值求解方法

磁头/磁盘界面的气膜润滑方程是一个关于压力、飞行高度、流体密度和速度的二阶偏微分方程，数值求解该方程能够获得浮动块的压力分布和其他相关飞行参数。随着浮动块飞行高度进一步降低和浮动块表面几何形状进一步复杂，在数值求解该界面气膜润滑方程的过程中，出现了收敛速度变慢，甚至计算发散等问题[55]。为了解决这一问题，国内外许多学者通过各种数值方法和技术对这一课题进行了研究。

有限元法[56](finite element method，FEM)是一种常见的高效能数值方法，其基本思想是将连续的求解域离散为一组单元的组合体，在每一个单元内用一个近似函数来表示未知场函数。未知场函数及其导数通常通过近似函数在单元各节点的数值插值函数表示，从而使连续问题变成离散的有限自由度问题。

Mitsuya[57]采用有限元法研究了分子平均自由程对气体润滑膜的影响，发现当气膜数为 104 时出现了很高的压力梯度，为了避免在数值计算过程中出现迭代振荡问题，在高压力梯度处加大网格密度，但较高的网格密度导致了有限元法计算效率的降低。Garcia-Suarez 等[58]通过迎风理论(upwind scheme)解决了由大气膜数导致的数值稳定问题，成功地用有限元法求解了气膜润滑方程。迎风理论能够提供稳定的数值解，但该方法仍然需要大量网格，同时引入新的数值误差。Robert[59]采用有限元法求解了磁头/磁盘界面气膜在竖直、俯仰角和侧倾角方向的刚度。Nguyen[60]通过 p 型有限元法求解了稳态情况下浮动块的压力分布，求解过程中使用不同形函数来增加计算精度。Yoneoka 等[61]采用有限元法求解了气膜润滑方程，并设计出一个新型负压浮动块。Peng 和 Hardie[62]通过 Galerkin 有限元法对气膜润滑方程进行了求解，建立了包括悬臂刚度和预载荷的平衡方程；通过 Newton-Raphson 方法，求解了平衡方程并得到浮动块的飞行特性。庄苹等[63]通过修正后的 Reynolds 方程对磁头/磁盘界面超薄气膜的润滑特性进行了描述，建立的有限元模型包括结构动力学与气体动力润滑两部分，所使用的方法为 Galerkin 有限元法。Weissner 等[15]提出了一个用于加载/卸载的新型悬臂梁模型，并采用这个模型模拟了浮动块的动态飞行特性。Praveen 和 Sinan[64]通过双线性四边形单元对修正的气膜润滑方程进行离散，详细描述了基于压力梯度和浮动块形状的自适应网格技术过程；采用基于网格的局部加密技术，通过平面滑块和负压滑块验证了该方法的有效性。Bhargava 和 Bogy[65]通过有限元法提出了一种求解硬盘浮动块逆问题的新方法，并采用基于压力梯度和流量突变的网格加密技术，求解了磁头/磁盘界面气膜的静态刚度。结果表明，这种基于压力梯度和流量突变的网格加密技术方法优于其他同类方法。

有限体积法[66](finite volume method，FVM)是在有限差分法的基础上发展起来的，具有有限元法的一些优点。其基本思想是通过一系列不重复的控制体来离散计算域，在离散的过程中，每一个控制体内都有一个网格点，并对待求的控制方程在控制体积内进行积分，最后形成一组离散的方程。有限体积法要在物理坐标中进行积分，在控制体内具有质量守恒的特点，非常适合模拟大梯度的计算。

基于有限体积法的基本理论，Cha 和 Bogy[67]对多轨浮动块的静、动态特性进行了模拟，浮动块轨道边界采用平均流的方法，并通过幂律理论(power-law scheme)计算了流体的质量流，离散方程采用了变方向隐式(alternating direction implicit，ADI)迭代方法。Lu[68]通过有限体积法对气膜润滑方程进行离散，并通过混合方案(hybrid scheme)对浮动块表面高度不连续问题进行了处理，自适应网格法用于生成满足需要的网格，全近似多重网格法用于加速离散方程的迭代收敛过程。Wu 和 Bogy[69-73]通过有限体积法对磁头/磁盘界面气膜润滑方程的数值解进行了大量的研究工作，总结来看主要包括：①采用非结构的三角形网格离散求解域；②利用自适应网格技术和多重网格技术；③运用迎风有限体积法。Lu 和 Chiou[74,75]采用有限体积法对气膜润滑方程进行了离散，构造了自适应网格的生成法则，采用适合于磁头/磁盘界面气膜的多重网格技术，以多重网格法中的相对截断误差作为自适应网格标准，并对该计算方法的有效性进行了验证。阮海林等[76]、方文定[77]和段传林[78]分别采用有限体积法离散气膜润滑方程并采用多重网格法进行计算，求解的最小飞行高度为 7.0nm。Cheriet 等[79]采用有限体积法对气膜润滑方程进行了离散，控制体边界的流量用边界附近的节点和飞行高度表示，同时采用局部多重网格技术和网格加密技术，并通过三衬垫浮动块验证了该方法的有效性与高效性。陈惠敏等[80]通过有限体积法对气膜润滑方程进行了离散，并编写了 MATLAB 压力求解程序，计算了二轨道浮动块和三体浮动块的压力分布。乔宁[81]采用有限体积法对气膜润滑方程进行求解，并对浮动块进行优化设计。Li 和 Bogy[82]提出了一种基于局部自适应理论的网格技术，并把这种技术与多重网格方法结合起来,通过有限体积法对气膜润滑方程进行求解;这种方法能很好地适应浮动块的表面几何形貌和压力梯度,在网格数量不是很大的情况下得到具有很高精度的压力解。

有限元法和有限体积法是两种用于求解磁头/磁盘界面气膜润滑方程的常见方法,通过上面的论述可以发现:为了提高计算精度和计算效率以及解决大气膜数等问题,有限元法和有限体积法在具体的应用过程中往往结合了迎风理论、网格自适应技术、多重网格法等众多理论和方法。

除了有限元法和有限体积法,无网格法(meshless method)、有限差分法、蒙特卡罗直接模拟法、谱方法、算子分裂法等也用于求解磁头/磁盘界面的气膜润滑方程。

无网格法[83]是一种新兴数值计算方法,与传统的有限元法不同,无网格法计算过程中无须生成网格,而是按照一些任意分布的坐标点构造插值函数离散控制方程,无网格法可方便地对各种复杂形状的流场进行模拟。无网格法种类很多,Shu 等[84]提出了一种新型无网格法,即最小二乘有限差分(least square finite difference,LSFD)法。LSFD 法是在有限差分法的基础上推导而来的,通过泰勒展开和加权最小二乘理论近似表示控制方程中的偏导数,该方法具有理论简单、灵活的特点。基于 LSFD 法的基本理论,Li 等[85-87]对磁头/磁盘界面气膜润滑方程进行了求解,详述了各种离散节点分布理论以及权函数对计算时间和计算精度的影响。研究中选取平板浮动块、二轨道浮动块、三衬垫浮动块和负压浮动块进行计算,浮动块的最小飞行高度均为 30nm。研究表明:LSFD 法的计算精度高于普通差分法,接近有限体积法,通过节点构造形函数,不需要网格信息,但计算时间较长。Yang 等[88,89]对 LSFD 法进行了修正,通过类似有限体积法采用的迭代方法对离散方程进行求解,提高了计算效率。

有限差分法(finite difference method)是一种求解偏微分(或常微分)方程和方程组定解问题数值解的方法,简称差分法。Kogure 等[90]通过有限差分法研究了其负压浮动块的静、动态特性,为了提高数值计算的稳定性,在浮动块尾部和表面高度突变位置增加了大量节点数。Miu 和 Bogy[91]采用隐式有限差分法求解修正的气膜润滑方程,采用 Runge-Kutta 法求解浮动块的动力学方程,并通过实验对数值计算结果进行了验证。傅仙罗和张红英[92]采用有限差分法对气膜润滑方程进行离散,并采用变方向隐式方法对离散后形成的三对角线性代数方程组求解。黄平等[93,94]提出了对剪切流项进行主元迭代求解可压缩气体雷诺方程的新型计算方法,指出该数值方法能对超薄条件下的气膜润滑方程进行有效计算,且能克服大气膜数条件下出现的数值振荡问题。在黄平等研究的基础上,姚华平[95]通过有限差分法离散气膜润滑方程,对气膜动态特性进行了研究。

蒙特卡罗直接模拟(direct simulation Monte Carlo,DSMC)法是另一种用于模拟磁头/磁盘界面气膜压力分布的方法。Alexander 等[96]介绍了如何通过 DSMC 法求解气膜润滑问题,并对高克努森数的情况进行了研究。研究表明:当磁盘转速较低时,采用 DSMC 法的计算结果与一阶修正模型的计算结果具有较好的吻合度；而随着转速的增加，基于一阶修正模型的气膜润滑方程不能准确地计算出气膜承载力。Huang 和 Bogy[97]通过 DSMC 法模拟了浮动块和磁盘间三维纳米尺度的气膜润滑问题，并将计算结果与 FK 模型的计算结果进行了对比。研究表明，当最小飞行高度为 2nm 时，两种方法的计算结果具有很好的吻合度。此外，采用 DSMC 法进行计算需要大量的模拟离子，这些离子的速度和位置坐标要通过硬球碰撞理论进行计算，这使得 DSMC 法需要大量的计算时间。彭美华等[98]通过 DSMC 法计算了浮动块的动态飞行特性，并将计算结果与 FK 模型的计算结果进行了对比。研究表明，两种方法的计算结果具有很好的吻合度，但 DSMC 法不能用于计算浮动块和磁盘发生碰撞时浮动块的飞行特性。

此外，Kuria 和 Raad[99]采用具有二阶精度的隐式谱方法（spectral method）求解了磁头/磁盘界面的气膜润滑方程，并研究了浮动块前部倾斜平面的长度对浮动块稳态飞行特性的影响。吴建康和陈海霞[100]采用算子分裂法和非结构三角网格有限元法求解了磁头/磁盘界面的气膜润滑方程，计算过程中采用一个多项式对流量因数进行拟合，并得到了 Q 型浮动块的气膜压力分布、气膜承载力和长宽方向的力矩。在数值计算中，网格的分布对计算结果和计算过程都会产生重要影响，不合理的网格分布甚至会导致计算发散。基于此，Yang 等[101,102]提出了针对具有表面高度不连续等复杂表面形貌和超低飞行高度浮动块的有限体积法与自适应网格技术。

1.4 纳米间隙气膜动态特性研究进展

1.4.1 纳米间隙气膜非线性动力学分析

纳米间隙气膜的性质决定了系统的自然频率，且对振幅的控制有重要影响。因此，很有必要对磁头/磁盘系统气膜浮动块进行非线性动力学分析，并求解气膜的刚度系数和阻尼系数等动态特性参数。

Tang[103]对磁头/磁盘系统进行了动力学仿真，在时域内求解了浮动块的运动方程和气体润滑方程。时域求解有一个严重的不足，即无法解决悬浮机构对系统动态特性的影响，而频域求解法因能够解决这一问题而得到广泛应用。Ruiz 和 Bogy[104]对硬盘存储器中的磁头/磁盘系统和气膜承载特性进行了系统的仿真研究，这是关于磁头/磁盘系统的一个较全面的仿真分析。此外，Ruiz 和 Bogy[105]还对浮动块经过凸起、磁头寻道以及磁头/磁盘系统急速停止时的动态特性进行了研究。Cha 和 Bogy[67]对浮动块经过凸起时和磁盘磨损时磁头/磁盘间隙的波动情况进行了仿真分析。Hu 和 Bogy[106]研究了三种不同浮动块在飞行高度低于 25nm 时的动态稳定性和飞行高度的波动情况，讨论了浮动块遇到凸起和磁头寻道时表面粗糙度对磁头飞行高度波动的影响。Jeong 和 Bogy[107]对硬盘的动态负载情况进行了研究，并考虑了浮动块和磁盘发生触盘现象时的情况。Zeng 等[108]对卸载过程中负压浮动块的动态特性进行了研究。Suzuki 和 Nishihira[109]采用声发射技术和激光多普勒测振仪(laser Doppler vibrometer)研究了浮动块在光滑磁盘表面上飞行时的动态特性。Tagawa 和 Bogy[110]研究发现浮动块表面纹理会增大气膜的阻尼，进而影响浮动块的动态特性。

随着硬盘磁记录密度的增加，出现了近接触式或接触式磁头/磁盘系统，基于这些系统的动力学研究也随之展开。Wang 等[111]通过实验的方法研究了磁头/磁盘系统在起飞、近接触区和接触区的动力学性能。Wu 和 Bogy[70]采用三自由度模型研究了分子力对浮动块动态特性的影响，研究表明当磁头/磁盘间隙小于 10nm 时就应该考虑分子力的影响。Hua 等[112]探讨了磁盘表面粗糙度对具有超低飞行高度浮动块动力学性能的影响。Thornton 和 Bogy[113]采用非线性动力学模型分析了具有超低飞行高度浮动块的动态特性，经过研究发现当浮动块的飞行高度低于 5nm 时，就必须考虑磁头/磁盘界面分子力和静电力对飞行状态的影响。Ono[114]用两自由度模型对具有超低飞行高度的浮动块进行了数值模拟分析，并用实验对模拟结果进行了验证。Shi 等[115]通过磁头/磁盘界面的非线性一维、二维简化模型，采用 Newmark-β 法研究了浮动块的动力学特性，结果表明超低飞行高度气膜浮动块具有非线性特性。

白少先等[116,117]基于速度滑移原理采用摄动法研究了纳米间隙磁头的运动特性，并研究了范德瓦耳斯力对磁头运动特性的影响。研究表明：当外界扰动频率接近或大于磁头的特征振动频率时，外界振动对磁头飞行姿态有明显影响；通过磁头/磁盘系统的合理设计，使得磁头的特征频率远大于主要的扰动频率，增加磁头对磁盘振动的顺从性，可以控制磁头的飞行高度振幅；当飞行高度低于 5nm 时，范德瓦耳斯力降低了磁头的承载能力和飞行高度，使飞行高度降低。姚华平和韦鸿钰[118]利用动态飞高测试仪(dynamic flying height tester, DFHT)对磁头在不同磁盘转速下的飞行特性进行了实验研究。结果表明，飞行高度与俯仰角都随着磁盘转速的增大而增大，而磁盘转速对侧倾角的影响十分微弱。林晶和孟永钢[119,120]研究了磁头/磁盘界面声发射信号在不同磁盘运行条件下的特性，利用这些声发射信号的特性可以检测磁头是否发生触盘现象。此外，他们提出了一种新的遗传算法用于优化浮动块的表面织构。Hua 等[121]采用实验和模拟相结合的方法，研究了润滑剂对浮动块飞行高度的影响，结果表明润滑剂会使浮动块的飞行高度降低。

1.4.2 磁头/磁盘系统冲击响应数值研究

当硬盘受到外界冲击时，浮动块与磁盘之间的相对位置会发生改变，甚至可能产生触盘现象，需要对磁头/磁盘系统的冲击响应进行系统的分析[122,123]。国内外许多学者针对这一问题在数值模拟研究方面开展了大量的研究工作，取得了许多富有成效的研究成果。

Allen 和 Bogy[124]通过建立有限元模型研究了冲击载荷对磁盘盘片、悬臂和浮动块的影响，结果表明发生碰撞时部件之间的相对速度会影响浮动块的位移幅值。

Lin[125]建立了一个包括外壳的完整硬盘有限元模型，研究了能够使浮动块从非工作条件下磁盘表面弹起的外部冲击载荷的振幅和周期。通过离散傅里叶变换（discrete Fourier transform，DFT）确定了各种冲击脉宽的临界频率，并提供了磁头/磁盘最小空间的设计准则。Zheng 和 Bogy[126]通过建立包含磁盘、浮动块与悬臂的有限元模型，得到了作用于浮动块的法向载荷及转矩，并把载荷和转矩输入求解浮动块动态飞行参数的求解器，进而得到了整个系统的动态响应与浮动块的飞行参数。Jayson 等[127]研究了线性冲击载荷和旋转冲击载荷对非工作状态硬盘冲击响应的影响。结果表明：当硬盘受到线性冲击载荷影响时，磁头能在较短的时间内回到平衡位置。Murthy 等[128]通过建立磁头/磁盘系统的有限元模型，研究了硬盘在工作和非工作状态下遭受外界冲击载荷时悬臂的动态响应，并利用激光多普勒测振仪进行了实验验证。此外，Harmoko 等[129]、Murthy 等[130]、Bhargava 和 Bogy[131]、Jang 和 Seo[132]、Yap 等[133]、Liu 等[134]分别通过建立有限元模型对硬盘在外界冲击载荷下的动态响应进行研究，这些有限元模型包括悬臂-磁头-磁盘系统[129]、全硬盘系统[131-133]和多体动力学系统[134]。研究均表明，冲击载荷的振幅和周期对磁头/磁盘系统的动态特性都有重要影响。White[135]研究了浮动块表面几何形状的对称性和磁盘的柔软度对磁头/磁盘界面吸收外界冲击载荷能力的影响，研究中假设浮动块没有受到预载力的作用。Yu 等[136]采用弹性接触理论分析了浮动块与磁盘的碰撞响应，研究中同时考虑了力学性能、表面粗糙度、黏附力和温度等因素的影响，研究表明碰撞过程可能有利于热量的扩散。Wu 和 Shen[137]对遭受外界冲击载荷（包括线性冲击载荷和旋转冲击载荷）的硬盘在大寻道位移情况下的位置误差进行了研究，建立的有限元模型包括旋转电机、磁盘、外壳、磁头组件等整个硬盘系统，旋转与静止部分、磁头与磁盘之间均采用弹簧连接。Shi 等[138-145]对纳米间隙磁头/磁盘系统机械组件的振动特性、抗冲击响应特性进行了深入的数值模拟和实验研究，提出了冲击振动响应的一致能谱理论，这些成果为更深入地开展磁头/磁盘系统在近接触/接触领域的研究奠定了坚实的理论基础。

近年来，Zheng 等[146]建立了一个非工作状态下硬盘加载/卸载过程的冲击有限元模型，包括 Dimple（悬臂顶端一个小凸起）预载荷、悬臂材料、Dimple 高度、Dimple 直径等参数，并把最大碰撞压力和 Dimple 分离高度作为这些参数的函数进行相关研究，指出预载荷的增加和悬臂弹性模量的增大都能使 Dimple 分离高度减小。Yu 等[147]通过有限元法研究了旋转磁盘与浮动块间的碰撞，采用一个三维热力学碰撞模型研究了球状浮动块与旋转磁盘碰撞的动力学和热力学响应。Rai 和 Bogy[148]通过一个旋转的磁头模型模拟了冲击载荷参数对磁头/磁盘界面失效的影响，结果表明硬盘各部件对其抗冲击性能都有重要影响。魏浩东等[149,150]通过建立硬盘磁头悬臂与支承接触面系统的动力学模型，研究了不同周期与幅值的正弦加速度脉冲载荷作用下硬盘的冲击动态特性问题，讨论了冲击响应对气膜承载力的影响。结果表明：加速度冲击载荷的幅值和周期对浮动块的稳定性有影响，挤压效应会影响浮动块的气膜承载力。Chen 等[151]对遭受锤击碰撞和线性碰撞条件下磁盘的动力学响应进行了研究，结果表明遭受锤击碰撞时磁盘的响应更为明显。Lee 等[152]通过定义磁头/磁盘的接触模型，并考虑浮动块的表面几何形貌和接触位置，研究了浮动块运动与表面几何形貌的接触位置关系以及力学参数对接触位置和浮动块稳定性的影响。通过采用简化动力学模型[152]和非工作条件下硬盘有限元模型，史二梅[153]、王希超[154]、徐明[155]研究了磁头/磁盘界面动力学特性及瞬态接触行为。

1.4.3 磁头/磁盘系统冲击响应实验研究

测量浮动块与磁盘之间的距离，研究硬盘遭受外界冲击时磁头/磁盘间的冲击响应，是浮动块设计的基础，也是降低飞行高度、提高硬盘存储密度的基础。

Suk 等[156,157]通过在浮动块上安装电容传感器的方法来测量其飞行高度，并建立了一个基于电容传感器与浮动块长度关系函数的刻度因子。研究表明，电容测量法存在较大误差。虽然 Suk 等对误差产生的原因进行了解释，但电容测量法在以后的研究中很少出现。

光干涉测量法是一种比较常见的方法。Hitach 公司于 1984 年开发了单色光干涉（monochromatic interference）测量系统[158]，开辟了实验研究磁头动态特性的先河。该单色光干涉测量系统的测量范围为 0.1~2μm，测量精度为±5nm。Henze 等[159]在白光干涉的基础上，提出了一种多通道干涉法（multi-channel interferometric method）。该多通道干涉法不受磁头/磁盘小间隙和磁盘表面微纹结构的影响，可以对真实浮动块和磁盘的间隙与倾角进行绝对测量。

Song 等[160]采用横向塞曼激光器作为外差光源并结合高速相位测量技术，对浮动块的飞行高度进行了测量，其精度可以达到 0.1nm。在测量过程中，为了避免磁盘倾斜、光学系统振动和其他环境因素对测量精度的影响，引入了三点分布补偿法（tri-spot distribution compensation method），该方法的测量系统示意图如图 1-5 所示。杨明楚等[161]基于磁记录微观摩擦学性能测试仪系统，采用双色光入射，并用玻璃半球模拟磁头进行测量，实现了动态摩擦力、正压力和飞行间隙等参数的在线测量。Li 和 Menon[162]采用理论和实验相结合的方法，对基于相对光强的光干涉技术测量飞行高度时的各种影响因素进行了系统的分析，为进一步改善其测量精度和工程实用性提供了新的思路。Zhu 和 Liu[163]采用一种偏振光强干涉仪测试飞行高度，在测量磁头/磁盘相互作用时具有较高的灵敏度。Liu 等[164]提出了一种双光束偏振干涉法，在结构和光路设计上同时考虑了两种测试方法。偏振光干涉法的主要思想是利用偏振方向不同的光尽可能互不干扰地分别投射在浮动块和盘片上，经反射后检偏干涉，通过探测直流光强量，求解相位信息得到飞行高度。这种方法具有光路结构简单、稳定性较好的优点。更重要的是，斜入射方案可以在线测试磁头折射率，适合不同的磁头条件。偏振光干涉法和白光干涉法都属于光强干涉方法，存在光源光强的不稳定性和探测器漂移可能造成的误差,这对于分辨亚纳米量级的变化是很困难的。

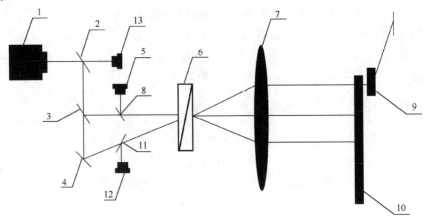

图1-5 三点分布补偿法测量系统示意图
1、横向塞曼He-Ne激光器;2、3、8、11、分光器;4、平面镜;
5、12、13、检测器;6、沃拉斯顿棱镜;7、凸透镜;9、浮动块;10、磁盘

外差干涉法探测的基本原理[165]是采用相干性好的激光器作光源,在接收信号光的同时加入参考光。Hsu 和 Lee[166]结合外差干涉与偏振光干涉的优点,使用圆偏振外差光源实现对磁头/磁盘静态间隙的高分辨率测量。

此外,Deng 等[167]采用 PPL(progressive power lenses)干涉仪和 Guzik 测试仪论证了脉冲宽度(PW50)和飞行高度具有良好的相关性,采用非入侵方式(non-invasive method)在模拟气压环境下研究了硬盘磁头飞行特性、工作性能和海拔的关系。IBM公司的 Smith[168]分析了磁头读线圈中的磁效应和热效应与飞行高度的关系,探讨了 In-Situ 测试的可行性。Yuan 等[169]对单频写入法进行了改进,提出了一种三重谐波法(triple-harmonic method),三重谐波法在较宽通道密度范围内提供了三个相当幅值和能量密度的谐波,基于 Wallace 公式,采用第2谐波或第3谐波与第1谐波幅值之比对飞行高度进行计算。这种方法具有信号强、灵敏度高的特点。Zhu 和 Liu[170]通过分析上述谐波比测试方法的各种影响因素,提出了一种误差修正函数,在此基础上又发展了多频测试方法,可以通过优化磁盘盘片上的数据信息频率模式减小飞行高度误差。

读回信号测量法主要基于 Wallace 公式。Shi 等[171]基于 Wallace 公式,利用读回信号测量了磁头/磁盘间距的变化,并通过激光多普勒测振仪进行了验证。Chainer 和 Yarmchuk[172]通过读信号幅值测量了磁头与磁道之间的动态波动。Klaassen 和 Peppen[173]基于读传感器的脉冲宽度测量了磁头/磁盘间距的波动,研究表明波动距离正比于脉冲宽度。Yuan 和 Liu[174]采用波形与频率的对数谐波比来实时测量磁头/磁盘的间距,对数谐波比的线性化过程减少了间距损失。Marchon 等[175]研究了三重谐波法与读回信号法用于测量磁头/磁盘空间波动的有效性,研究表明精确的磁记录空间波动可以通过对读回信号密度比进行快速傅里叶变换(fast Fourier transform, FFT)得到。Boettcher 等[176]推导出了一个适用于垂直和水平磁记录读回信号的解析模型,该模型适用于离散和连续的磁记录介质。Takano[177]基于传统的可逆性原理推出了一个灵敏性函数,并把该函数与读回模型函数进行比较,该灵敏性函数和读回模型函数都是通过有限元法构造的。

1.5 本书的主要内容

本书以磁记录硬盘内磁头/磁盘系统为研究对象,对磁头/磁盘间纳米间隙气膜静、动态特性进行详细介绍,力求揭示纳米间隙气膜条件下的表面/界面行为规律和特性,使读者对纳米间隙润滑理论及其在磁头/磁盘系统中的应用有一个全面的认识。

全书分三篇:第一篇为基本理论,第二篇为研究方法,第三篇为工程应用。

第一篇包含第 1 章和第 2 章。

第 1 章为绪论,介绍磁记录硬盘的结构和工作原理,同时介绍纳米间隙气膜润滑理论的研究进展和气膜动态特性研究进展,包括纳米间隙气膜修正润滑方程、数值求解方法、非线性动力学和磁头/磁盘系统冲击响应的研究进展。

第 2 章为气膜润滑理论,介绍润滑气体的基本性质和流动特性、气体润滑机理、Reynolds 方程及其修正等内容,以期使读者对传统气膜润滑机理和纳米间隙气膜润滑机理有一个对比性的了解和认识。

第二篇包含第 3 章和第 4 章。

第 3 章介绍纳米间隙气膜润滑方程的数值计算方法,包括最小二乘有限差分法、有限体积法、基于压力梯度的自适应网格技术、多重网格法和修正的 LSFD 法,这些求解 Reynolds 方程的数值计算方法,是本书的重点内容之一,主要用于磁头/磁盘系统的静态特性分析。

第 4 章介绍纳米间隙气膜非线性动力学分析方法,主要包括纳米间隙气膜动力学分析模型建立、单自由度模型非线性动力学分析方法、二自由度模型非线性动力学分析方法和基于 Reynolds 方程的磁头/磁盘系统动态特性分析,这是进行磁头/磁盘系统动态特性研究的基础,也是本书的重点内容。

第三篇包含第 5~8 章。

第 5 章为纳米间隙气膜静态特性研究,主要采用第 3 章纳米间隙气膜润滑方程的数值计算方法对不同尺寸和表面形貌的浮动块的压力分布进行计算,这些浮动块包括二维平板浮动块、IBM3380 浮动块、二轨道浮动块、三垫式浮动块、TP1212 浮动块和两种负压浮动块,另外研究了飞行参数对气膜静态特性(包括气膜承载力和气膜压力中心)的影响。

第 6 章为表面粗糙度和表面容纳系数对气膜静态特性的影响，介绍包含表面粗糙度和/或表面容纳系数的气膜润滑方程，详细研究表面粗糙度或表面容纳系数对气膜静态承载特性的影响，以及表面粗糙度和表面容纳系数对气膜静态承载特性的复合影响。

第 7 章为纳米间隙气膜动态特性研究，包括单自由度系统非线性动力学分析、二自由度系统非线性动力学分析、预紧力和磁盘转速对浮动块飞行特性的影响、空气/氦气混合气中浮动块的飞行特性以及浮动块发生触盘时的动态特性分析等内容，研究所用到的基本理论参见第 4 章内容。

第 8 章为磁头/磁盘系统冲击响应分析，内容主要包括硬盘系统有限元模型、磁头/磁盘系统冲击响应计算模型、磁头/磁盘系统冲击响应分析以及磁头/磁盘系统冲击响应实验测量，详细介绍分析的基本流程、结果以及实验的原理、装置和结果，为磁头/磁盘系统冲击响应分析提出新的研究思路。

第 2 章　气膜润滑理论

2.1　润滑气体的基本性质

2.1.1　气体的基本定律

实验研究表明，理想气体遵从以下状态方程[178]：

$$p = \rho R T \tag{2-1}$$

式中，p 为气体的压强；ρ 为气体的密度；R 为取决于气体种类的常数；T 为气体的温度。研究表明，润滑气体在一定参数范围内遵从理想气体的状态方程。

一定质量的气体从一种状态变为另一种状态的过程称为气体的多变过程，理想气体多变过程的特征方程可近似地表示为

$$pV^n = 常数 \quad 或 \quad p^{\frac{1}{n}}V = 常数 \tag{2-2}$$

式中，

$$n = \zeta - \psi(\zeta - 1) \tag{2-3}$$

式(2-2)和式(2-3)中，V 为气体的体积；n 为多变指数；$\zeta(=c_p/c_v$，c_p 为比定压热容，c_v 为比定容热容)为等熵指数；$\psi(=p/(c-c_v)$，c 为多变过程比热容)为相对热交换系数。

实际上，多变过程指 ψ 等于常数的状态变化过程。由于 c_p、c_v 为常数，故 ζ 为常数。由式(2-3)可知，n 也为常数。

根据 ψ 值的不同，多变过程分为等容过程、等压过程、等温过程和等熵过程，下面分别进行说明。

(1) 当 $\psi \to \pm\infty$ 时，$n \to \mp\infty$，根据式(2-2)，V 为常数，此过程为比体积不变的过程，称为等容过程。等容过程中，气体的压力 p 和热力学温度 T 成正比，即

$$\frac{p}{T} = 常数 \tag{2-4}$$

此过程外加热量全部转换为内能增量，对外界不做功。

(2) 当 $\psi = \zeta/(\zeta-1)$ 时，$n=0$，根据式(2-2)，p 为常数，此过程为压力不变的过程，称为等压过程。等压过程中，气体的体积 V 和热力学温度 T 成正比，即

$$\frac{V}{T} = 常数 \tag{2-5}$$

此过程外加热量的部分用来对外做功,部分转换为内能增量。

(3) 当 $\psi=1$ 时,$n=1$,根据式(2-2),pV 为常数,此过程为温度不变的过程,称为等温过程。等温过程中,气体的压力 p 和体积 V 成反比,即

$$pV = 常数 \tag{2-6}$$

此过程外加热量全部对外做功,内能增量为零。

(4) 当 $\psi=0$ 时,$n=\zeta$,根据式(2-2),pV^ζ 为常数,此过程对外界没有热量交换,称为等熵过程。等熵过程中,气体的压力 p 和体积 V 满足:

$$pV^\zeta = 常数 \tag{2-7}$$

式中,ζ 为等熵指数,在理想气体状态下也称比热比。此过程外加热量为零,气体通过减少内能来对外做功。

2.1.2 气体的压缩性

气体的压缩性表述为:在一定温度条件下,气体在外力作用下体积缩小的性质,通常用体积压缩率 κ 和体积弹性模量 E_V 表示。

体积压缩率 κ 表示当温度保持不变时,单位压强增量引起气体体积的相对缩小量,表达式如下:

$$\kappa = \frac{1}{\mathrm{d}p}\frac{\mathrm{d}\rho}{\rho} = -\frac{1}{\mathrm{d}p}\frac{\mathrm{d}V}{V} \tag{2-8}$$

由于压强增加时气体的体积减小,即体积的变化与压强的变化方向相反,式(2-8)中的负号保证体积压缩率 κ 恒为正值。从式(2-8)可知,气体的体积压缩率 κ 越大,说明气体的可压缩性越大。

气体的体积弹性模量 E_V 表示气体在一定温度下受压时,压力撤销后气体恢复到原有状态的能力,表达式如下:

$$E_V = \frac{1}{\kappa} = -V\frac{\mathrm{d}p}{\mathrm{d}V} \tag{2-9}$$

气体的体积弹性模量 E_V 与体积压缩率 κ 互为倒数,E_V 越大,气体的压缩性越小。

对于理想气体而言,体积弹性模量 E_V 的值很小,使得体积压缩率 κ 很大,分析时必须考虑气体的可压缩性。当体积弹性模量 E_V 很大时,体积压缩率 κ 很小,可以忽略气体的可压缩性。例如,水的弹性模量 E_V=2000MPa,其压缩性可忽略。

根据伯努利方程:

$$\frac{\mathrm{d}p}{\mathrm{d}\rho} = \frac{1}{E_V} \frac{\rho v^2}{2} \tag{2-10}$$

式中，v 为气体的流速；$\rho v^2/2$ 为气体的动压力。

可以看出，在气体的流动过程中，当动压力 $\rho v^2/2$ 比体积弹性模量 E_V 小得多时，可压缩性可忽略。或者当气体流速足够小时，可压缩性可忽略。对空气而言，当 $v<100\text{m/s}$ 时，空气的可压缩性可忽略；而当 $v>100\text{m/s}$ 时，不能忽略空气的可压缩性。

2.1.3 气体的膨胀性

气体的膨胀性表述为：在一定压强条件下，气体体积随温度升高而增大的性质，用体膨胀系数 α_V 表示。

体膨胀系数 α_V 表示当压强不变时，升高单位温度所引起气体体积的相对增加量，表达式如下：

$$\alpha_V = \frac{1}{\mathrm{d}T} \frac{\mathrm{d}V}{V} \tag{2-11}$$

实验研究表明，气体的膨胀性较大；液体的膨胀性较小，工程中一般不考虑。

2.1.4 气体的传输性

气体的黏性、热传导性和质量扩散性统称为气体分子的传输性，这些性质是非均匀流场中分子运动引起动量、热量和质量传输或迁移的结果[178]。下面分别进行介绍。

1. 气体的黏性

流场中的气体，由于速度分布的不均匀，各层间分子传输会产生流体的内摩擦力，这是气体产生黏性的主要因素。

流体中的切应力遵守牛顿定律：

$$\tau = \pm \mu \frac{\mathrm{d}v}{\mathrm{d}n} \tag{2-12}$$

式中，μ 为动力黏度。切应力与速度梯度成正比，"±"的选取以确保 τ 为正值。

$$\upsilon = \frac{\mu}{\rho} \tag{2-13}$$

式中，υ 为运动黏度，其在工程设计中应用很广。

流体的黏度与温度 T 和压力 p 有关，但一般受压力的影响较小，可以忽略。气体黏度随温度的变化规律，一般采用幂次律和 Sutherland 公式表示。

幂次律表达式如下：

$$\frac{\mu}{\mu_0} \approx \left(\frac{T}{T_0}\right)^n \tag{2-14}$$

式中，n 为常数，取值取决于气体的种类，大多数气体的 n 值接近 0.7；T_0 为热力学温度参考值。

Sutherland 公式如下：

$$\frac{\mu}{\mu_0} \approx \left(\frac{T}{T_0}\right)^{3/2} \frac{T_0+S}{T+S} \tag{2-15}$$

式中，S 为 Sutherland 常数，是一个取决于气体种类的温度常数；μ_0 为气体黏度的参考值。

表 2-1 所示为几种气体的幂次律和 Sutherland 公式中的参数及误差。表 2-2 所示为几种常用气体在不同温度下的动力黏度。

表 2-1　几种气体的幂次律和 Sutherland 公式中的参数及误差

气体	T_0/K	μ_0/($\times 10^{-4}$Pa·s)	n	相对误差/%（温度范围/K）	S/K	误差为±2%的温度范围/K
空气	273.1	0.1716	0.666	±4(210~1900)	110.6	167~1900
Ar	273.1	0.2125	0.720	±3(200~1500)	144.4	122~1500
CO_2	273.1	0.1370	0.790	±5(209~1700)	222.2	190~1700
CO	273.1	0.1657	0.710	±2(230~1500)	136.1	130~1500
N_2	273.1	0.1663	0.670	±3(222~1500)	106.7	100~1500
O_2	273.1	0.1919	0.690	±2(230~2000)	138.9	186~2000
H_2	273.1	0.0841	0.680	±2(80~1100)	96.7	224~1100
水蒸气	273.1	0.1703	1.040	±3(280~1500)	861.1	360~1500

表 2-2　几种常用气体在不同温度下的动力黏度 μ($\times 10^{-5}$Pa·s)

温度/℃	Ne	Kr	Xe	Ar	O_2	He	N_2	CO_2	SO_2	H_2	CH_4	C_3H_8
−200	1.17	—	—	0.64	—	0.805	—	—	—	0.34	—	—
−100	2.22	—	—	1.43	1.31	1.43	1.16	0.91	—	0.63	0.68	—
0	3.03	2.38	2.15	2.12	1.94	1.90	1.70	1.39	1.17	0.86	1.05	0.77
100	3.72	3.12	2.88	2.75	2.48	2.33	2.13	1.86	1.64	1.05	1.36	1.02
200	4.33	3.80	3.55	3.23	2.93	2.72	2.51	2.30	2.08	1.24	1.64	1.27
300	4.88	4.41	4.16	3.65	3.38	3.12	2.85	2.70	2.50	1.41	1.89	1.50
400	5.41	4.96	4.71	4.19	3.76	3.48	3.18	3.05	2.88	1.57	2.12	1.75
500	5.90	5.45	5.22	4.60	4.12	3.82	3.47	3.37	3.22	1.72	2.31	1.98

2. 气体的热传导性

流场中的介质，由于温度分布不均而使分子运动，由分子运动引起的热量传输称为热传导性。实验研究表明热传导遵从傅里叶定律：

$$q = -K\nabla T \tag{2-16}$$

式中，q 为热流密度；K 为热导率；∇T 为温度梯度。式(2-16)表明，介质中热传导引起的热流密度与温度梯度成反比。

热导率随温度的变化规律，同样采用幂次律和 Sutherland 公式表示。

幂次律表达式如下：

$$\frac{K}{K_0} \approx \left(\frac{T}{T_0}\right)^n \tag{2-17}$$

式中，n 为取决于气体种类的常数，有别于气体黏度幂次律表达式中的常数 n；T_0 为热力学温度参考值。

Sutherland 公式如下：

$$\frac{K}{K_0} \approx \left(\frac{T}{T_0}\right)^{3/2} \frac{T_0 + S}{T + S} \tag{2-18}$$

式中，S 为取决于气体种类的常数，有别于气体黏度 Sutherland 公式中的常数 S；K_0 为热力学温度参考值。

表 2-3 所示为几种常用气体热导率幂次律和 Sutherland 公式中的 n、S 值及温度范围。

表 2-3　几种常用气体热导率幂次律和 Sutherland 公式中的 n、S 值及温度范围

气体	T_0/K	λ_0/[×10^{7}W/(cm·K)]	n	相对误差/%(温度范围/K)	S/K	误差为±2%的温度范围/K
空气	273.1	2.413	0.81	±3(208～1000)	194.4	167～1000
Ar	273.1	1.634	0.73	±4(214～1500)	150.0	150～1500
CO$_2$	273.1	1.434	1.38	±2(180～600)	2222.0	180～600
CO	273.1	2.322	0.85	±2(206～600)	177.8	128～600
N$_2$	273.1	2.422	0.76	±4(208～1200)	166.7	144～1200
O$_2$	273.1	2.545	0.86	±2(217～600)	222.2	200～600
H$_2$	273.1	16.261	0.85	±2(203～700)	166.7	180～700
水蒸气	273.1	1.792	1.20	±2(200～800)	1278.0	200～800

3. 气体的质量扩散性

由气体分子随机运动而引起介质中的质量传输现象称为质量扩散[178]。实验研究表明，质量扩散遵从 Fich 定律：

$$\frac{\dot{m}}{A} = -D\nabla \rho_i \tag{2-19}$$

式中，$\dot{m}/A$ 为介质的质量通量矢量；$\nabla \rho_i$ 为介质密度梯度；D 为质量扩散系数。

式(2-19)表明,质量扩散所引起的某介质成分的质量通量矢量与该成分介质密度梯度成正比。

气体的扩散系数分为自扩散系数和互扩散系数,表达式分别如下。

自扩散系数:

$$D = \frac{1}{3}\overline{v}\lambda \tag{2-20}$$

互扩散系数:

$$D_{1\text{-}2} = D_{2\text{-}1} = \frac{n_1 D_{2\text{-}2} + n_2 D_{1\text{-}1}}{n_1 + n_2} \tag{2-21}$$

式中,$\overline{v}$ 为分子的平均速度;λ 为分子平均自由程;n_1、n_2 为两种气体的分子密度。

表 2-4 和表 2-5 分别为部分气体的自扩散系数和互扩散系数。

表 2-4 几种气体的自扩散系数

气体	温度/℃	D/(cm²/s)	气体	温度/℃	D/(cm²/s)	气体	温度/℃	D/(cm²/s)
H_2	23	1.455	CO	0	0.190	CO_2	0	0.0965
	0	1.290	N_2	0	0.178		89.5	0.1614
He	23	1.555		−195.5	0.0168		−78.3	0.0505
CH_4	0	0.206	O_2	0	0.181	Kr	0	0.0795
	25	0.223		−195.5	0.0153		200	0.2140
Ne	0	0.452	HCL	22	0.1246	Xe	0	0.0480
	−195.5	0.492	Ar	0	0.157		105	0.0900

表 2-5 几种气体的互扩散系数

气体	$D_{1\text{-}2}$/(cm²/s)	气体	$D_{1\text{-}2}$/(cm²/s)	气体	$D_{1\text{-}2}$/(cm²/s)
H_2-He	1.300	He-Ne	0.906	CO-O_2	0.188
H_2-Ne	0.678	He-N_2	0.607	CO-CO_2	0.137
H_2-CO	0.651	He-CO_2	0.540	O_2-CO_2	0.138
H_2-O_2	0.697	Ne-CO_2	0.232		
H_2-CO_2	0.557	Ne-CO	0.192		

2.1.5 分子平均自由程

研究分子的碰撞规律时,可把气体分子看成相互无吸引力且有效直径为 d 的弹性小球,把分子间的碰撞看作完全的弹性碰撞[178]。

如图 2-1 所示,跟踪分子 A,观察它在 Δt 时间内与多少分子碰撞。假设其他分子均静止不动,只有分子 A 在它们之间以平均速度 $\overline{v}$ 运动。分子 A 的运动轨迹为一条折线,以 A 的中心运动轨迹为轴线,以分子的有效直径 d 为半径,作一个曲折圆柱体。凡是中心在此圆柱体内的分子都会与 A 相碰撞。圆柱体的截面积用符号 σ 表示，也称为分子的碰撞截面积，表示为

$$\sigma = \pi d^2 \tag{2-22}$$

在 Δt 时间内，分子 A 所走过的路程为 $\bar{v} \Delta t$，相应圆柱体的体积为 $\sigma \bar{v} \Delta t$。设气体分子数密度为 n，则中心在此圆柱体内的分子总数（即在 Δt 时间内与 A 相碰撞的分子数）为 $n\sigma\bar{v}\Delta t$。

每个分子在单位时间内与其他分子碰撞的平均次数称为分子的碰撞频率，用符号 Z 表示。碰撞频率表达式如下：

$$Z = n\sigma\bar{v} = \pi d^2 n \bar{v} \tag{2-23}$$

考虑到所有分子都在运动，且速度各不相同，将平均速度修正为

$$\bar{u} = \sqrt{2}\bar{v} \tag{2-24}$$

这样，碰撞频率表达式修正为

$$Z = \sqrt{2} n \sigma \bar{v} = \sqrt{2} \pi d^2 n \bar{v} \tag{2-25}$$

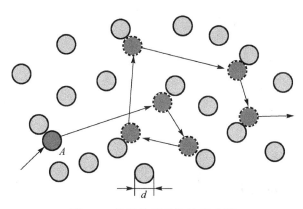

图 2-1 分子的运动轨迹示意图

分子在连续两次碰撞之间所通过自由路程的平均值称为分子的平均自由程，用符号 λ 表示。表达式如下：

$$\lambda = \frac{\bar{v}}{Z} = \frac{1}{\sqrt{2}\pi d^2 n} = \frac{kT}{\sqrt{2}\pi d^2 p} \tag{2-26}$$

式中，k 为 Boltzmann 常量，且 $k=1.38\times10^{-23}$J/K；p 为气体的压强。从式(2-26)可以看出，对单一气体而言，分子平均自由程与热力学温度成正比，与压强成反比。

分子平均自由程 λ 和碰撞频率 Z 由气体的性质与状态决定，它们反映了分子间碰撞的频繁程度，决定了气体的扩散、热传导等的快慢。

表 2-6 所示为几种常用气体在标准状态下的分子平均自由程。

表 2-6　几种常用气体在标准状态下的分子平均自由程 $\lambda(\times 10^{-4}\text{cm})$

温度/℃	He	H_2	N_2	O_2	空气	CO_2	CO	NH_4
15	—	11.80	6.28	6.79	—	4.19	—	—
20	14.40	9.00	4.90	5.20	4.90	3.20	4.50	3.50

2.2　润滑气体的流动特性

2.2.1　润滑气体的流动状态

雷诺数 Re 是一种用来表征流体流动情况的无量纲参数，表达式如下：

$$Re = \frac{UL}{v} = \frac{\rho UL}{\mu} \tag{2-27}$$

对于润滑气体的流动：

$$Re \approx \frac{惯性力}{黏性力} = \frac{UL}{v}\left(\frac{h}{L}\right)^2 = \frac{\rho UL}{\mu}\left(\frac{h}{L}\right)^2 \tag{2-28}$$

式中，U 为流体流动速度；L 为特征长度；h 为流层(或气膜)厚度。

实验研究发现，当 Re 达到某一临界值 Re_{cr}(为 2300～2800)时，气体的流动状态发生改变。当 $Re<Re_{cr}$ 时，流动为层流；当 $Re>Re_{cr}$ 时，流动为湍流。

对于润滑流动，一般情况下 $UL/v<2\times10^4$，$(h/L)^2\approx 10^{-6}$。根据式(2-28)，$Re\approx 2\times 10^{-2}\ll 1$。这表明，在润滑流动中，一般为层流状态，很少出现湍流，且惯性力与黏性力相比很小，可以忽略。

此外，任一点上的剪应力与剪切变形速率呈线性函数关系的流体，即遵循式(2-12)所示牛顿定律的流体，称为牛顿流体，否则称为非牛顿流体。润滑气体基本都是牛顿流体。

2.2.2　气体的薄层流动

在两壁面所形成的狭窄空间里，气体由于压差和黏性作用而发生的流动，统称为薄层流动，其特点与边界层流动类似[178]。

设在笛卡儿坐标系 xyz 中，x 轴、y 轴与壁面平行或在壁面上，z 轴指向层厚方向，x、y、z 方向的速度分量分别为 u、v、w，特征尺寸分别为 L、B、h。

对于薄层流动，存在：

(1) 薄层厚度 h 比其他两个方向的尺寸 L 和 B 要小得多；

(2) 沿 z 方向的速度分量可忽略不计;
(3) 流动状态为层流,且为牛顿流体(遵循牛顿定律)。

取雷诺数为 Re,则式(2-29)成立:

$$h/L、h/B、w/u、w/v \approx 1/\sqrt{Re} \tag{2-29}$$

根据边界层理论,薄层流动的基本方程如下:

$$\begin{cases} \dfrac{\partial(\rho u)}{\partial x} + \dfrac{\partial(\rho w)}{\partial z} = 0 \\ u\dfrac{\partial u}{\partial x} + w\dfrac{\partial u}{\partial z} = -\dfrac{1}{\rho}\dfrac{\mathrm{d}p}{\mathrm{d}x} + \dfrac{\upsilon}{3}\left(\dfrac{\partial^2 u}{\partial z^2} + 4\dfrac{\partial^2 u}{\partial x^2}\right) \\ u\dfrac{\partial h}{\partial x} + w\dfrac{\partial h}{\partial z} = \dfrac{1}{\rho}\left(u\dfrac{\partial p}{\partial x} + wu\dfrac{\partial p}{\partial z}\right) + \dfrac{K}{\rho}\nabla^2 T + \dfrac{\phi}{\rho} \end{cases} \tag{2-30}$$

式中,耗散函数 ϕ 为

$$\phi = \mu\left(\dfrac{\partial u}{\partial z} + \dfrac{\partial w}{\partial z}\right)^2 + \dfrac{4}{3}\mu\left[\left(\dfrac{\partial u}{\partial x}\right)^2 + \left(\dfrac{\partial w}{\partial z}\right)^2 - \dfrac{\partial u}{\partial x}\dfrac{\partial w}{\partial z}\right] \tag{2-31}$$

本书仅介绍两平板间气体的薄层流动,给出主要的流动参数表达式及结果。

1. 两平行平板间的流动

如图 2-2 所示,两平行平板间距为 h_0,设板长为 L、宽为 B。

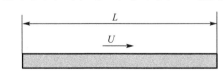

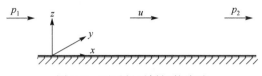

图 2-2 两平行平板间的流动

1) 两平行平板固定不动

边界条件为:流动为沿 x 轴的一维流动,$U=0$;两端压力分别为 p_1 和 p_2;当 $z=0$ 和 h_0 时,$u=0$。此时,基本流动方程如下:

$$\dfrac{\mathrm{d}p}{\mathrm{d}\lambda} = \mu\dfrac{\mathrm{d}^2\mu}{\mathrm{d}z^2} \tag{2-32}$$

(1) 流速 u、平均流速 u_m 和最大流速 u_{max}：

$$u = -\frac{1}{2\mu}\frac{dp}{d\lambda}(h_0 z - z^2) = \frac{p_1 - p_2}{2\mu L}(h_0 z - z^2) \tag{2-33}$$

$$u_m = -\frac{h_0^2}{12\mu}\frac{dp}{dx} = \frac{h_0^2(p_1 - p_2)}{12\mu L} \tag{2-34}$$

$$u_{max} = -\frac{h_0^2}{8\mu}\frac{dp}{dx} = \frac{h_0^2(p_1 - p_2)}{8\mu L} \tag{2-35}$$

(2) 质量流量 q_m 和体积流量 q_V：

$$q_m = -\frac{Bh_0^3}{24\mu RT}\frac{dp^2}{dx} = \frac{Bh_0^3}{24\mu RT}\frac{p_1^2 - p_2^2}{L} \tag{2-36}$$

$$q_V = -\frac{Bh_0^3}{12\mu}\frac{dp}{dx} = \frac{Bh_0^3}{12\mu}\frac{p_1 - p_2}{L} \tag{2-37}$$

(3) 压力分布 p（设 $p_1 > p_2$）：

$$p^2 = -\frac{24\mu RTm}{Bh_0^3}x + p_1^2 = \frac{24\mu RTm}{Bh_0^3}(L - x) + p_2^2 \tag{2-38}$$

$$p_1^2 - p_2^2 = \frac{24\mu RT}{h_0^3}\frac{L}{B}q_m \tag{2-39}$$

(4) 摩擦应力 τ：

$$\tau = \mu\frac{du}{dz} = -\frac{dp}{dx}\left(\frac{h_0}{2} - z\right) = \frac{p_1 - p_2}{L}\left(\frac{h_0}{2} - z\right) \tag{2-40}$$

这样，当 $z=0$ 时：

$$\tau = \frac{p_1 - p_2}{2L}h_0 \tag{2-41}$$

当 $z=h_0/2$ 时：

$$\tau = 0 \tag{2-42}$$

当 $z=h_0$ 时：

$$\tau = -\frac{p_1 - p_2}{2L}h_0 \tag{2-43}$$

2) 两平行平板有相对运动

边界条件为：上平板以速度 U 沿 x 轴方向移动；两段无压差，即 $p_1=p_2$；当 $z=0$ 时，$u=0$；当 $z=h_0$ 时，$u=U$。

(1) 流速 u 和平均流速 u_m：

$$u = \left(1 - \frac{z}{h_0}\right)U \tag{2-44}$$

$$u_m = \frac{1}{2}U \tag{2-45}$$

(2) 质量流量 q_m 和体积流量 q_V：

$$q_m = \frac{1}{2}\rho B h_0 V = \frac{p_a}{2RT} Bh \tag{2-46}$$

$$q_V = \frac{1}{2} B h_0 U \tag{2-47}$$

(3) 摩擦应力 τ：

$$\tau = \mu \frac{U}{h_0} \tag{2-48}$$

3) 两平行平板有相对运动且两端有压差

此时的流动即 1) 和 2) 的合成，有

$$u = \frac{p_1 - p_2}{2\mu L}(h_0 z - z^2) \pm \left(1 - \frac{z}{h_0}\right)U \tag{2-49}$$

$$q_V = \frac{B h_0^3 (p_1 - p_2)}{12\mu L} \pm \frac{1}{2} B h_0 U \tag{2-50}$$

式中，"±"由平板相对速度方向和两端压差的正负来确定。

2. 两倾斜平板间的流动

两倾斜平板间的流动分为间隙沿流向逐渐扩大（扩散缝）和间隙沿流向逐渐缩小（收缩缝）两种情形[178]，下面分别进行说明。

1) 间隙沿流向逐渐扩大

如图 2-3 所示，设两倾斜平板间任一点间隙的高度为 h，则 h 的表达式为

$$h = h_1 + x \tan \alpha \tag{2-51}$$

式中，

$$\tan \alpha = \frac{h_2 - h_1}{L} \tag{2-52}$$

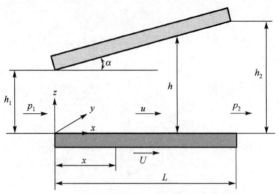

图 2-3　两倾斜平板间隙沿流向逐渐增大

质量流量 q_m 和体积流量 q_V：

$$q_\mathrm{m} = -\frac{Bh^3}{24\mu RT}\frac{\mathrm{d}p^2}{\mathrm{d}x} \tag{2-53}$$

$$q_\mathrm{V} = -\frac{Bh^3}{12\mu}\frac{\mathrm{d}p}{\mathrm{d}x} \tag{2-54}$$

压力分布 p：

$$p^2 = \frac{12\mu RT q_\mathrm{m}}{B\tan\alpha}\left(\frac{1}{h^2}-\frac{1}{h_1^2}\right)+p_1^2 = \frac{12\mu RT q_\mathrm{m}}{B\tan\alpha}\left(\frac{1}{h^2}-\frac{1}{h_2^2}\right)+p_2^2 \tag{2-55}$$

2) 间隙沿流向逐渐缩小

如图 2-4 所示，同样，设两倾斜平板间任一点间隙的高度为 h，则 h 的表达式为

$$h = h_1 - x\tan\alpha \tag{2-56}$$

式中，

$$\tan\alpha = \frac{h_1-h_2}{L} \tag{2-57}$$

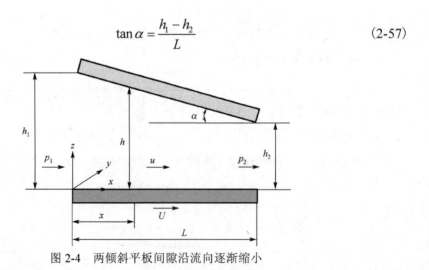

图 2-4　两倾斜平板间隙沿流向逐渐缩小

质量流量 q_m 与体积流量 q_V 如式(2-53)和式(2-54)所示。
压力分布 p：

$$p^2 = \frac{12\mu R T q_\mathrm{m}}{B\tan\alpha}\left(\frac{1}{h_1^2}-\frac{1}{h^2}\right)+p_1^2 = \frac{12\mu R T q_\mathrm{m}}{B\tan\alpha}\left(\frac{1}{h_2^2}-\frac{1}{h^2}\right)+p_2^2 \tag{2-58}$$

这样，由式(2-55)或式(2-58)，可得

$$p_1^2 - p_2^2 = \pm\frac{12\mu R T q_\mathrm{m}}{B\tan\alpha}\left(\frac{1}{h_1^2}-\frac{1}{h_2^2}\right) \tag{2-59}$$

式中，间隙沿流向逐渐扩大时取"+"，间隙沿流向逐渐缩小时取"-"。

3) 两倾斜平板有相对运动且两端无压差

如图 2-3 和图 2-4 所示，下平板以速度 U 运动，上平板固定不动，$p_1=p_2=0$，则速度 u 的表达式如下：

$$u = -\frac{1}{2\mu}\frac{\mathrm{d}p}{\mathrm{d}x}(hz-z^2)+U\left(1-\frac{z}{h}\right) \tag{2-60}$$

质量流量 q_m 和体积流量 q_V：

$$q_\mathrm{m} = -\frac{Bh^3}{24\mu RT}\frac{\mathrm{d}p^2}{\mathrm{d}x}+\frac{BUh}{2RT}p \tag{2-61}$$

$$q_\mathrm{V} = -\frac{Bh^3}{12\mu}\frac{\mathrm{d}p}{\mathrm{d}x}+\frac{Uh}{2} \tag{2-62}$$

切应力 τ：

$$\tau = -\frac{1}{2}\frac{\mathrm{d}p}{\mathrm{d}h}(h-2z)-u\frac{U}{h}=-\frac{\mu U}{h} \tag{2-63}$$

结合式(2-62)，并根据此状况下的边界条件，得出压力分布函数如下：

$$p = \pm\frac{6\mu}{B\tan\alpha}\left[q_\mathrm{V}\left(\frac{1}{h^2}-\frac{1}{h_1^2}\right)-V\left(\frac{1}{h}-\frac{1}{h_1}\right)\right] \tag{2-64}$$

式中，"+"表示速度方向与间隙增加的方向一致；"-"表示速度方向与间隙减小的方向一致。

2.3 气体的润滑机理

2.3.1 气体动压润滑机理

为便于阐述，从如图 2-5 所示的两倾斜平板润滑机理开始进行说明。图 2-5 中

上水平板以速度 U 运动,下倾斜板固定不动,两端部间隙分别为 h_1、h_2,两板水平方向长度为 L,宽度为无限宽,笛卡儿坐标系定义在上板入口处。

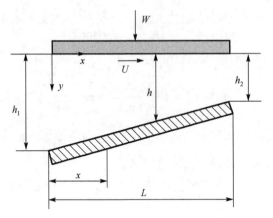

图 2-5 两倾斜平板润滑示意图

根据膜内压力和黏滞力的平衡关系,得

$$\frac{dp}{dx} = -\frac{d\tau}{dy} \tag{2-65}$$

忽略惯性力并假设润滑流体为牛顿流体,则

$$\frac{dp}{dx} = \mu \frac{d^2 u}{dy^2} \tag{2-66}$$

代入边界条件:

$$\begin{cases} y = 0, & u = U \\ y = h, & u = 0 \end{cases} \tag{2-67}$$

式(2-66)的解为

$$u = \frac{1}{2\mu} \frac{dp}{dx}(y^2 - hy) - U\left(\frac{y}{h} - 1\right) \tag{2-68}$$

质量流量 q_m 为

$$q_m = \rho \int_0^h u \omega dy = \rho \omega \left(\frac{Uh}{2} - \frac{h^3}{12\mu} \frac{dp}{dx} \right) \tag{2-69}$$

根据气体状态方程 $p\rho^{-1}=RT$,代入式(2-69),得

$$q_m = \frac{\omega}{RT}\left(\frac{Uh}{2}p - \frac{h^3}{12\mu}p\frac{dp}{dx}\right) \tag{2-70}$$

因为流动的连续性,所以 q_m=常数,则

第 2 章 气膜润滑理论

$$\frac{\mathrm{d}q_\mathrm{m}}{\mathrm{d}x} = 0 \tag{2-71}$$

这样，

$$\frac{\mathrm{d}}{\mathrm{d}x}\left(ph^3\frac{\mathrm{d}p}{\mathrm{d}x}\right) = 6\mu U\frac{\mathrm{d}(ph)}{\mathrm{d}x} \tag{2-72}$$

式(2-72)即一维动压润滑方程。

根据两个倾斜平板润滑的几何关系，任意处膜厚度 h 的表达式为

$$h = h_1 - \frac{x}{L}(h_1 - h_2) \tag{2-73}$$

对式(2-72)和式(2-73)进行无量纲化，定义：

$$H = h/h_2, \quad H_1 = h_1/h_2, \quad X = x/L \tag{2-74}$$

则无量纲化后式(2-72)和式(2-73)的表达式如下：

$$\begin{cases} \dfrac{\mathrm{d}}{\mathrm{d}X}\left(pH^3\dfrac{\mathrm{d}p}{\mathrm{d}X}\right) = \varLambda\dfrac{\mathrm{d}}{\mathrm{d}X}(pH) \\ H = H_1 - (H_1 - 1)X \end{cases} \tag{2-75}$$

式中，$\varLambda$ 为轴承数。

这样，通过简单推导，可得到以下结果。

(1) 对不可压缩润滑膜，承载力 w、摩擦力 F 和压力中心(最大压力点位置)x_o 分别为

$$w = \frac{\varLambda}{(H_1-1)^2}\left(\ln H_1 - 2\frac{H_1-1}{H_1+1}\right) \tag{2-76}$$

$$F = -\frac{2}{H_1-1}\left[\pm 3\frac{H_1-1}{H_1+1} - \frac{1}{2}(1\pm 3)\ln H_1\right] \tag{2-77}$$

$$x_o = \frac{H_1}{H_1+1} \tag{2-78}$$

(2) 对于可压缩润滑膜，当 $\varLambda \to \infty$ 时，有近似解：

$$w = \frac{H_1\ln H_1}{H_1-1} - 1 \tag{2-79}$$

$$F = \frac{\ln H_1}{H_1-1} \tag{2-80}$$

$$x_o = \frac{H_1}{H_1-1} - \frac{H_1-1}{2[H_1(\ln H_1-1)+1]} \tag{2-81}$$

气膜润滑的精确解(误差在 Λ^{-2} 数量级)为

$$w = \frac{H_1 \ln H_1}{H_1 - 1} - 1 - \frac{H_1^2 - 1}{\Lambda} + o(\Lambda^{-2}) \tag{2-82a}$$

$$F = \frac{\ln H_1}{H_1 - 1} \pm 3\frac{H_1 - 1}{\Lambda} W \tag{2-82b}$$

式中,"+"表示运动平板表面,即 $y=0$;"−"表示固定平板表面,即 $y=h$。

从上面的分析可知,当两个倾斜平板做相对运动时,其间的润滑气体在黏滞力的作用下产生压升力,从而具有法向支撑能力。动压润滑必须具备两个条件:①两个润滑表面具有相对运动的速度,且保证润滑气体从大口流入、从小口流出;②两个润滑表面具有一定的夹角,即 $H_1=h_1/h_2\neq 1$。对于不可压缩润滑而言,H_1 的最佳值域是(2, 3),当 $H_1=2.38$ 时,承载力最大。

2.3.2 气体静压润滑机理

与气体动压润滑不同,气体静压润滑的主要特点是由外部为轴承提供加压气体[178]。因此,具备一定压力和容量的气源与控制气体进入的节流器,便是静压轴承不同于动压轴承的两个重要特点。节流器的结构形式及其中润滑气体的流动特性是静压轴承润滑首要讨论的问题。

设孔式供气轴承,通过一个节流孔流过的气体质量流量为

$$q_{m0} = C_D A_0 \rho_0 (2RT_0)^{1/2} \left(\frac{\kappa}{\kappa-1}\right)^{1/2} \left[\left(\frac{p_d}{p_s}\right)^{2/\kappa} - \left(\frac{p_d}{p_s}\right)^{(\kappa+1)/\kappa}\right]^{1/2} \tag{2-83}$$

式中,C_D 为流量系数,通常 $C_D=0.7\sim 0.8$;A_0 为节流孔的面积;p_d 为节流末端压力。

通过全部气孔的总流量为

$$q_m = N q_{m0} \tag{2-84}$$

式中,N 为供气孔数目。

通过轴承间隙的流量,径向轴承为

$$q_{mj} = \frac{(p_d^2 - p_a^2)\pi D h_0^3}{24\mu NRTl} \tag{2-85}$$

止推轴承为

$$q_{mt} = \frac{(p_d^2 - p_a^2)\pi h_0^3}{12\mu RT \ln(b/a)} \tag{2-86}$$

式中,D、l、b、a 为轴承尺寸参数。

由流动的连续性,有

$$q_m = q_{mj} \text{ 或 } q_m = q_{mt} \qquad (2\text{-}87)$$

假设 $p_d/P_s \to 1$，则可推出关系式：

$$K_g = 1/[2G(1-K_g)] \qquad (2\text{-}88)$$

式中，K_g 为表压比（或节流比）；G 为轴承因子，表达式分别为

$$K_g = \frac{p_d - p_a}{P_s - p_a} \qquad (2\text{-}89)$$

$$G = F_p F_g F_d \qquad (2\text{-}90)$$

式中，F_p 为压力因子；F_g 为气体性能因子；F_d 为尺寸因子。表达式分别如下：

$$F_p = \frac{p_a/P_s}{(1+p_a/P_s)(1-p_a/P_s)^{1/2}} \qquad (2\text{-}91)$$

$$F_g = \frac{24\mu(2RT)^{1/2}}{p_a} \qquad (2\text{-}92)$$

尺寸因子 F_d 的表达式分径向轴承和止推轴承两种情况，对于径向轴承：

$$F_d = \frac{C_D N l A_0}{\pi D h_0^3} \qquad (2\text{-}93)$$

对于止推轴承：

$$F_d = \frac{C_D d^2 \ln(b/a)}{8 h_0^3} \qquad (2\text{-}94)$$

式(2-88)给出了静压气体轴承供气的表压比和轴承因子之间的关系。对于不可压缩润滑的情况，式(2-88)可简化为

$$K_g = \frac{2}{1 + \left(1 + \dfrac{4}{G^2}\right)^{1/2}} \qquad (2\text{-}95)$$

根据式(2-88)或式(2-95)，当给定供气条件和轴承尺寸参数时，即可确定轴承的最佳表压比，进而可通过式(2-96)给出关系曲线，求得轴承承载系数 C_L。于是，可求得静压气体轴承的主要性能。

$$C_L = 2\sin\frac{\pi}{n}\left(1 - \frac{2L}{3}\right)\left[K_{g1}\cos\frac{\pi}{n} + K_{g2}\cos\frac{\pi}{n} + \cdots\right] \qquad (2\text{-}96)$$

式中，K_{g1}、$K_{g2}\cdots$ 分别是不同供气孔下的 K_g 值。

反之，若给定表压比和轴承性能，也可反推出轴承的几何参数和供气参数。

总之，静压气体轴承的关键是通过外部加压供气，通过节流器的节流作用，在

轴承具有一定偏心条件下,建立轴承的承载和刚度机制,从而实现支撑载荷效果。因此,从结构上考虑,气体静压轴承设计的关键是节流器的设计,这是决定整个轴承性能的基础。从性能分析上考虑,在给定几何条件和供气条件下,首要的是确定合适的表压比(或节流比),从而可计算轴承的各种性能和结构形式。

2.4 气膜润滑方程的一般形式

2.4.1 磁头/磁盘界面

对于本书所讨论的磁头/磁盘界面而言,当硬盘工作时,浮动块悬浮于磁盘上方,工作原理类似于前面所述的气体动压润滑。

图 2-6(a)所示为基于 Ω 浮动块的磁头/磁盘界面示意图。浮动块有 3 个自由度,分别为垂直于磁盘表面的上下移动和平行于 x、y 方向的转动(俯仰角和侧倾角)。其中,俯仰角用参数 α 表示,侧倾角用参数 β 表示。浮动块与磁盘之间的间隙为浮动块的飞行高度,用参数 h 表示。浮动块尾部与磁盘之间的间隙为最小飞行高度,用参数 h_{min} 表示。

从图 2-6(a)可以看出,读写磁头被固定在浮动块的尾部。浮动块的表面具有一定的表面几何形貌,这样的设计使得浮动块在气膜承载力的作用下获得更好的飞行稳定性,并使读写磁头尽可能地靠近磁盘。

图 2-6(b)给出了 Ω 浮动块的表面几何形貌。在图 2-6(b)中,浮动块的长(L)和宽(B)分别为 $L=1.0\text{mm}$ 和 $B=0.8\text{mm}$,表面 S_1、表面 S_2 与表面 S_3 的高度差分别为 3.2nm 和 3.5nm。

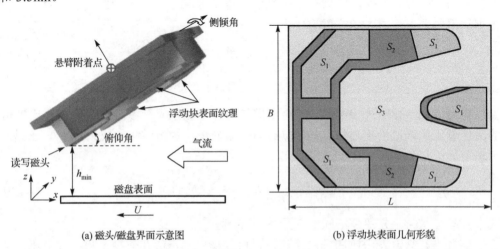

(a) 磁头/磁盘界面示意图　　(b) 浮动块表面几何形貌

图 2-6　基于 Ω 浮动块的磁头/磁盘界面示意图及浮动块的表面几何形貌

浮动块表面几何形貌的设计是硬盘工程设计的一项重要工作，这是降低浮动块飞行高度和提高硬盘磁记录密度的关键性技术之一。在对浮动块进行设计时，需要求解 Reynolds 方程获得磁头/磁盘界面的气膜承载力。然而，在求解 Reynolds 方程之前，首先要根据浮动块的表面几何形貌和飞行参数(包括最小飞行高度 $h_{\min}$、俯仰角 α 和侧倾角 β)计算出气膜的厚度 $h(x,y)$，具体的表达式为

$$h(x,y) = h_0(x,y) + (x-x_0)\tan\alpha + (y-y_0)\tan\beta \tag{2-97}$$

式中，$h_0(x,y)$ 为浮动块表面形貌的几何高度；(x_0, y_0) 为悬臂附着点的坐标值。

2.4.2 一般形式 Reynolds 方程的推导

气膜润滑的基本方程为 Reynolds 方程，该方程是从 Navier-Stokes 方程出发，考虑润滑层内流动的边界层特点和流体的连续性，以及气体所满足的状态方程，经过数学推导而得出，下面对其推导过程进行概述。

基于可压缩流体 Navier-Stokes 方程的表达式如下：

$$\begin{cases} \rho\dfrac{\mathrm{d}u}{\mathrm{d}t} = -\dfrac{\partial p}{\partial x} + \dfrac{\partial}{\partial x}\left[2\mu\dfrac{\partial u}{\partial x} - \dfrac{2}{3}\mu\left(\dfrac{\partial u}{\partial x}+\dfrac{\partial v}{\partial y}+\dfrac{\partial w}{\partial z}\right)\right] + \dfrac{\partial}{\partial y}\left[\mu\left(\dfrac{\partial u}{\partial y}+\dfrac{\partial v}{\partial x}\right)\right] + \dfrac{\partial}{\partial z}\left[\mu\left(\dfrac{\partial u}{\partial z}+\dfrac{\partial w}{\partial x}\right)\right] \\ \rho\dfrac{\mathrm{d}v}{\mathrm{d}t} = -\dfrac{\partial p}{\partial y} + \dfrac{\partial}{\partial y}\left[2\mu\dfrac{\partial v}{\partial y} - \dfrac{2}{3}\mu\left(\dfrac{\partial u}{\partial x}+\dfrac{\partial v}{\partial y}+\dfrac{\partial w}{\partial z}\right)\right] + \dfrac{\partial}{\partial z}\left[\mu\left(\dfrac{\partial v}{\partial z}+\dfrac{\partial w}{\partial y}\right)\right] + \dfrac{\partial}{\partial x}\left[\mu\left(\dfrac{\partial u}{\partial y}+\dfrac{\partial v}{\partial x}\right)\right] \\ \rho\dfrac{\mathrm{d}w}{\mathrm{d}t} = -\dfrac{\partial p}{\partial z} + \dfrac{\partial}{\partial z}\left[2\mu\dfrac{\partial w}{\partial z} - \dfrac{2}{3}\mu\left(\dfrac{\partial u}{\partial x}+\dfrac{\partial v}{\partial y}+\dfrac{\partial w}{\partial z}\right)\right] + \dfrac{\partial}{\partial x}\left[\mu\left(\dfrac{\partial w}{\partial x}+\dfrac{\partial u}{\partial z}\right)\right] + \dfrac{\partial}{\partial y}\left[\mu\left(\dfrac{\partial v}{\partial z}+\dfrac{\partial w}{\partial y}\right)\right] \end{cases} \tag{2-98}$$

磁头/磁盘界面的气膜厚度远远小于浮动块长和宽的尺度，所以相对于 $\partial/\partial z$，包含有 $\partial/\partial x$ 和 $\partial/\partial y$ 的项可以忽略。因此，式(2-98)简化为

$$\begin{cases} \rho\dfrac{\mathrm{d}u}{\mathrm{d}t} = -\dfrac{\partial p}{\partial x} + \dfrac{\partial}{\partial z}\left(\mu\dfrac{\partial u}{\partial z}\right) \\ \rho\dfrac{\mathrm{d}v}{\mathrm{d}t} = -\dfrac{\partial p}{\partial y} + \dfrac{\partial}{\partial z}\left(\mu\dfrac{\partial v}{\partial z}\right) \\ \dfrac{\partial p}{\partial z} = 0 \end{cases} \tag{2-99}$$

式中，方程左边的惯性力要远远小于方程右边的黏性力，所以方程进一步简化为

$$\begin{cases} \dfrac{\partial p}{\partial x} = \dfrac{\partial}{\partial z}\left(\mu\dfrac{\partial u}{\partial z}\right) \\ \dfrac{\partial p}{\partial y} = \dfrac{\partial}{\partial z}\left(\mu\dfrac{\partial v}{\partial z}\right) \end{cases} \tag{2-100}$$

式(2-100)对 z 积分，得

$$\begin{cases} \dfrac{\partial u}{\partial z} = \dfrac{1}{\mu}\dfrac{\partial p}{\partial x}z + \dfrac{c_1}{\mu} \\ \dfrac{\partial v}{\partial z} = \dfrac{1}{\mu}\dfrac{\partial p}{\partial y}z + \dfrac{c_2}{\mu} \end{cases} \quad (2\text{-}101)$$

式中，c_1 和 c_2 均为积分常数。

润滑黏度 μ 与厚度方向的温度有关，在推导的过程中，可以把润滑黏度近似为一个常数或者厚度方向的黏度平均值。

式(2-101)对 z 积分，得

$$\begin{cases} u = \dfrac{1}{2\mu}\dfrac{\partial p}{\partial x}z^2 + \dfrac{c_1}{\mu}z + c_3 \\ v = \dfrac{1}{2\mu}\dfrac{\partial p}{\partial y}z^2 + \dfrac{c_2}{\mu}z + c_4 \end{cases} \quad (2\text{-}102)$$

式中，c_3 和 c_4 均为积分常数。

对于传统基于连续假设的 Reynolds 方程，速度边界条件为

$$\begin{cases} z = 0, \ u = U, \ v = V \\ z = h, \ u = 0, \ v = 0 \end{cases} \quad (2\text{-}103)$$

运用式(2-103)所示的速度边界条件，求解出积分常数 c_1、c_2、c_3 和 c_4。那么，式(2-102)可写成

$$\begin{cases} u = \dfrac{1}{2\mu}\dfrac{\partial p}{\partial x}(z^2 - zh) + U\left(1 - \dfrac{z}{h}\right) \\ v = \dfrac{1}{2\mu}\dfrac{\partial p}{\partial y}(z^2 - zh) + V\left(1 - \dfrac{z}{h}\right) \end{cases} \quad (2\text{-}104)$$

式中，速度分量 u 和 v 分别包含沿 x 和 y 方向的压力梯度和磁盘转速，分别对应 Poiseuille 流和 Couette 流。

在控制体内，流过控制体积表面的质量等于该控制体积的变化率，具体的表达式为

$$\dfrac{\partial \rho}{\partial t} + \dfrac{\partial}{\partial x}(\rho u) + \dfrac{\partial}{\partial y}(\rho v) + \dfrac{\partial}{\partial z}(\rho w) = 0 \quad (2\text{-}105)$$

式(2-105)的积分形式为

$$\int_0^h \left[\dfrac{\partial \rho}{\partial t} + \dfrac{\partial}{\partial x}(\rho u) + \dfrac{\partial}{\partial y}(\rho v) + \dfrac{\partial}{\partial z}(\rho w) \right] \mathrm{d}z = 0 \quad (2\text{-}106)$$

Leibniz 积分法则表明：

$$\int_0^h \frac{\partial}{\partial x}[f(x,y,z)]\mathrm{d}z = -f(x,y,z)\frac{\partial h}{\partial x} + \frac{\partial}{\partial x}\left[\int_0^h f(x,y,z)\mathrm{d}z\right] \tag{2-107}$$

现在，分别对方程(2-106)中的每一项进行积分。对于 u，可得

$$\begin{aligned}
\int_0^h \frac{\partial}{\partial x}(\rho u)\mathrm{d}z &= -(\rho u)_{z=h}\frac{\partial h}{\partial x} + \frac{\partial}{\partial x}\left(\int_0^h \rho u \mathrm{d}z\right) = \frac{\partial}{\partial x}\left(\int_0^h \rho u \mathrm{d}z\right) \\
&= \frac{\partial}{\partial x}\int_0^h \rho\left[\frac{1}{2\mu}\frac{\partial p}{\partial x}(z^2-zh) + U\left(1-\frac{z}{h}\right)\right]\mathrm{d}z \\
&= \frac{\partial}{\partial x}\left[-\rho\frac{1}{2\mu}\frac{\partial p}{\partial x}\left(\frac{1}{3}z^3 - \frac{1}{2}z^2 h\right) + \rho U\left(z - \frac{1}{2h}z^2\right)\right]_0^h \\
&= \frac{\partial}{\partial x}\left(\frac{\rho h^3}{12\mu}\frac{\partial p}{\partial x} + \frac{U\rho h}{2h}\right)
\end{aligned} \tag{2-108}$$

类似地，对于 v 可得

$$\begin{aligned}
\int_0^h \frac{\partial}{\partial y}(\rho v)\mathrm{d}z &= -(\rho v)_{z=h}\frac{\partial h}{\partial y} + \frac{\partial}{\partial y}\left(\int_0^h \rho v \mathrm{d}z\right) = \frac{\partial}{\partial y}\left(\int_0^h \rho v \mathrm{d}z\right) \\
&= \frac{\partial}{\partial y}\int_0^h \rho\left[\frac{1}{2\mu}\frac{\partial p}{\partial y}(z^2-zh) + V\left(1-\frac{z}{h}\right)\right]\mathrm{d}z \\
&= \frac{\partial}{\partial y}\left[-\rho\frac{1}{2\mu}\frac{\partial p}{\partial y}\left(\frac{1}{3}z^3 - \frac{1}{2}z^2 h\right) + \rho V\left(z - \frac{1}{2h}z^2\right)\right]_0^h \\
&= \frac{\partial}{\partial y}\left(\frac{\rho h^3}{12\mu}\frac{\partial p}{\partial y} + \frac{V\rho h}{2h}\right)
\end{aligned} \tag{2-109}$$

通过直接积分，w 表示为

$$\int_0^h \frac{\partial}{\partial z}(\rho w)\mathrm{d}z = \rho w_{z=h} = \rho\frac{\partial h}{\partial t} \tag{2-110}$$

将式(2-104)、式(2-108)~式(2-110)代入式(2-106)，得

$$\frac{\partial}{\partial x}\left(\frac{\rho h^3}{\mu}\frac{\partial p}{\partial x}\right) + \frac{\partial}{\partial y}\left(\frac{\rho h^3}{\mu}\frac{\partial p}{\partial y}\right) = 6U\frac{\partial}{\partial x}(\rho h) + 6V\frac{\partial}{\partial y}(\rho h) + 12\frac{\partial}{\partial t}(\rho h) \tag{2-111}$$

根据压力与密度、温度之间的关系：$P=\rho RT$，得可压缩流体的 Reynolds 方程如下：

$$\frac{\partial}{\partial x}\left(\frac{\rho h^3}{\mu}\frac{\partial p}{\partial x}\right) + \frac{\partial}{\partial y}\left(\frac{\rho h^3}{\mu}\frac{\partial p}{\partial y}\right) = 6U\mu\frac{\partial}{\partial x}(ph) + 6V\mu\frac{\partial}{\partial y}(ph) + 12\mu\frac{\partial}{\partial t}(ph) \tag{2-112}$$

式中，左边的两项是由压力沿 x 和 y 方向的梯度产生的，称为扩散项；右边的前两项是由流体流动产生的，称为对流项；右边最后一项是由时间变化而导致的，称为挤压项，挤压项仅在随时间变化的情况下才存在。

为了计算和表达方便，需对 Reynolds 方程进行无量纲处理，式(2-112)引入下列无量纲变量：

$$P = \frac{p}{P_s}, \quad T = \frac{tU}{L}, \quad X = \frac{x}{L}, \quad Y = \frac{y}{L}, \quad H = \frac{h}{h_{\min}} \quad (2\text{-}113)$$

式中，P_s 为环境压力。

这样，稳态情况下，无量纲 Reynolds 方程表达式为

$$\frac{\partial}{\partial X}\left(PH^3 \frac{\partial P}{\partial X}\right) + \frac{\partial}{\partial Y}\left(PH^3 \frac{\partial P}{\partial Y}\right) = \Lambda_x \frac{\partial}{\partial X}(PH) + \Lambda_y \frac{\partial}{\partial Y}(PH) + \sigma \frac{\partial}{\partial T}(PH) \quad (2\text{-}114)$$

式中，Λ_x 和 Λ_y 为 x、y 方向的轴承数，σ 为挤压数。表达式分别为

$$\Lambda_x = \frac{6\mu UL}{P_s h_{\min}^2}, \quad \Lambda_y = \frac{6\mu VW}{P_s h_{\min}^2}, \quad \sigma = \frac{12\mu \omega L^2}{P_s h_{\min}^2} \quad (2\text{-}115)$$

从式(2-112)和式(2-114)可以知道，Reynolds 方程是一个包含压力、密度、表面速度、气膜厚度和流体速度的二阶偏微分方程，这个方程是磁头/磁盘界面的控制方程。

2.5 纳米间隙气膜润滑方程及修正

2.5.1 稀薄效应

一般形式的 Reynolds 方程是基于流体力学的连续理论，在边界上不会产生流体的滑动流。然而，只有临近固体表面的流体与固体表面之间有很高的分子碰撞率时，这种非滑动条件的假设才会成立。但是，这种非滑动条件的假设要求有很短的分子平均自由程。然而，如果分子平均自由程的值与气膜厚度的值相当，流体就不能认为是连续流体，而是呈现出一些分子的紊乱现象，且直接与固体表面接触的流体层会产生一定的滑流速度，这种现象称为稀薄效应。

前面已经提到，在气体动力学中，气体分子被看作刚性圆球，两个气体分子在两次碰撞间运动的平均距离称为气体分子的平均自由程，用 λ 表示。而气体分子平均自由程与流体膜厚度之间的比值称为克努森数，用 K_n 表示。K_n 用来表示气体稀薄效应的程度，表达式为

$$K_n = \frac{\lambda}{h} \quad (2\text{-}116)$$

式中，h 为流体膜的厚度。

根据 K_n，可以对流体的流动类型进行划分，主要包括连续流、滑动流、过渡流和自由分子流四种类型，具体划分如下。

连续流：
$$K_n < 0.01 \tag{2-117}$$

滑动流：
$$0.01 \leqslant K_n < 3 \tag{2-118}$$

过渡流：
$$K_n \geqslant 3, \quad \frac{K_n}{Re^{0.5}} \leqslant 10 \tag{2-119}$$

自由分子流：
$$\frac{K_n}{Re^{0.5}} > 10 \tag{2-120}$$

现在硬盘浮动块的飞行高度约为 10nm，克努森数 K_n 已经大于 1。因此，需要考虑气体稀薄效应的影响。

2.5.2 Reynolds 方程的修正

在滑动流区域，流体仍然看作传统的连续流理论，但需要修改边界条件。稀薄效应是通过在普通的 Reynolds 方程中加入修正项来实现的。

对于 Reynolds 方程的一阶修正模型，气体分子的边界速度为

$$\begin{cases} z=0: \quad u = U + \frac{2-\varphi}{\varphi}\lambda\frac{\partial u}{\partial z}\bigg|_{z=0}, \quad v = V + \frac{2-\varphi}{\varphi}\lambda\frac{\partial v}{\partial z}\bigg|_{z=0} \\ z=h: \quad u = -\frac{2-\varphi}{\varphi}\lambda\frac{\partial u}{\partial z}\bigg|_{z=h}, \quad v = -\frac{2-\varphi}{\varphi}\lambda\frac{\partial v}{\partial z}\bigg|_{z=h} \end{cases} \tag{2-121}$$

式中，φ 称为表面容纳系数，表面容纳系数是一个与表面材料、温度及表面粗糙度等有关的参数，它表示分子与固体表面间的能量传递量。从能量方面定义，表达式如下：

$$\varphi = \frac{E_i - E_r}{E_i - E_w} \tag{2-122}$$

式中，E_i 为单位区域内的总能量；E_r 为单位区域内被镜面反射的反射分子带走的能量；E_w 为单位区域内被漫反射的反射分子带走的能量。当 $\varphi=0$ 时，式(2-122)中的分子为零，即 $E_i=E_r$。此时，单位区域内被镜面反射的反射分子带走的能量等于总能量，分子表现为完全的镜面反射。当 $\varphi=1$ 时，式(2-122)中分子与分母的值相等，即

$E_r=E_w$。此时,单位区域内被镜面反射的反射分子带走的能量等于被漫反射的反射分子带走的能量,分子表现为完全的漫反射。

从式(2-121)可以看出,气体分子在边界上与浮动块和磁盘的速度不相等,即出现了滑移。一阶修正模型的 Reynolds 方程表达式为

$$\frac{\partial}{\partial X}\left[\left(1+\frac{6K_n}{PH}\right)PH^3\frac{\partial P}{\partial X}-\Lambda_x PH\right]+\frac{\partial}{\partial Y}\left[\left(1+\frac{6K_n}{PH}\right)PH^3\frac{\partial P}{\partial Y}-\Lambda_y PH\right]=\sigma\frac{\partial}{\partial T}(PH) \quad (2\text{-}123)$$

对于 Reynolds 方程的二阶修正模型,气体分子的边界速度为

$$\begin{cases} z=0: \quad u=U+\lambda\frac{\partial u}{\partial z}-\frac{\lambda^2}{2}\frac{\partial^2 u}{\partial z^2}\bigg|_{z=0}, \quad v=V+\lambda\frac{\partial v}{\partial z}-\frac{\lambda^2}{2}\frac{\partial^2 v}{\partial z^2}\bigg|_{z=0} \\ z=h: \quad u=-\lambda\frac{\partial u}{\partial z}-\frac{\lambda^2}{2}\frac{\partial^2 u}{\partial z^2}\bigg|_{z=h}, \quad v=-\lambda\frac{\partial v}{\partial z}-\frac{\lambda^2}{2}\frac{\partial^2 v}{\partial z^2}\bigg|_{z=h} \end{cases} \quad (2\text{-}124)$$

二阶修正模型的 Reynolds 方程表达式为

$$\frac{\partial}{\partial X}\left\{\left[1+\frac{6K_n}{PH}+6\left(\frac{K_n}{PH}\right)^2\right]PH^3\frac{\partial P}{\partial X}-\Lambda_x PH\right\}$$
$$+\frac{\partial}{\partial Y}\left\{\left[1+\frac{6K_n}{PH}+6\left(\frac{K_n}{PH}\right)^2\right]PH^3\frac{\partial P}{\partial Y}-\Lambda_y PH\right\}=\sigma\frac{\partial}{\partial T}(PH) \quad (2\text{-}125)$$

Reynolds 方程的一阶修正模型和二阶修正模型通过引入气体分子的边界速度滑移,研究了稀薄效应对气膜承载力的影响。然而,这两种修正模型不能准确模拟硬盘磁头/磁盘界面气膜承载力。因此,基于线性化的 Boltzmann 方程,Fukui 和 Kaneko 推导出了一个适用于任意克努森数的 Reynolds 方程,即 FK 模型,表达式为

$$\begin{cases} \dfrac{\partial}{\partial X}\left(QPH^3\dfrac{\partial P}{\partial X}-\Lambda_x PH\right)+\dfrac{\partial}{\partial y}\left(QPH^3\dfrac{\partial P}{\partial y}-\Lambda_y PH\right)=\sigma\dfrac{\partial}{\partial T}(PH) \\ Q=\dfrac{Q_P(D,\alpha)}{Q_{con}(D)} \end{cases} \quad (2\text{-}126)$$

式中,Q 为流量因数;Q_P 为 Poiseuille 流系数;Q_{con} 为连续流的 Poiseuille 流系数;D 为修正的克努森数 K_n 的倒数。D 和 Q_{con} 的表达式分别为

$$D=\frac{\sqrt{\pi}}{2}K_n^{-1}=\frac{\sqrt{\pi}}{2}\frac{h}{\lambda}=D_0 PH \quad (2\text{-}127)$$

$$Q_{con}=\frac{D}{6} \quad (2\text{-}128)$$

式中,D_0 为最小气膜厚度(或最小飞行高度)处克努森数的倒数。

FK 模型的具体推导过程如下：首先，基于表面容纳系数 $\varphi=1$ 推出了一种包含 49 组数据的 Poiseuille 流系数 Q_P 的数据库，如表 2-7 所示。

表 2-7　$\varphi=1$ 时的 Poiseuille 流系数 Q_P 数据库

D	Q_P	D	Q_P	D	Q_P	D	Q_P
100	17.693	9	2.608	0.8	1.548	0.07	2.167
90	16.028	8	2.449	0.7	1.559	0.06	2.228
80	14.363	7	2.292	0.6	1.576	0.05	2.302
70	12.698	6	2.134	0.5	1.602	0.04	2.397
60	11.033	5	1.991	0.4	1.641	0.035	1.454
50	9.370	4	1.846	0.35	1.668	0.03	2.522
40	7.708	3.5	1.777	0.3	1.703	0.025	2.604
35	6.878	3	1.711	0.25	1.748	0.02	2.707
30	6.049	2.5	1.649	0.2	1.808	0.015	2.846
25	5.222	2	1.595	0.15	1.895	0.01	3.060
20	4.398	1.5	1.554	0.1	2.033		
15	3.578	1	1.539	0.09	2.071		
10	2.768	0.9	1.542	0.08	2.115		

然后，采用数学方法对上述数据库的 49 组数据进行曲线拟合，得到 Poiseuille 流系数 Q_P 的表达式如下：

$$\begin{cases} Q_P = \dfrac{D}{6} + 1.0162 + \dfrac{1.0653}{D} - \dfrac{2.1354}{D^2}, & 5 \leqslant D \\ Q_P = 0.13852D + 1.25087 + \dfrac{0.15653}{D} - \dfrac{0.00969}{D^2}, & 0.15 \leqslant D < 5 \\ Q_P = -2.22919D + 2.10673 + \dfrac{0.01653}{D} - \dfrac{0.0000694}{D^2}, & 0.01 \leqslant D < 0.15 \end{cases} \quad (2\text{-}129)$$

将式 (2-128) 和式 (2-129) 代入式 (2-126) 的第二项，就可得出流量因数 Q 的表达式如下：

$$Q = \frac{Q_P(D,\alpha)}{Q_{con}(D)} = K_1 + K_2(PH)^{-1} + K_3(PH)^{-2} - K_4(PH)^{-3} \quad (2\text{-}130)$$

式中，K_1、K_2、K_3 和 K_4 为系数，不同 D 值对应的 K_1、K_2、K_3 和 K_4 值如表 2-8 所示。

表 2-8　FK 模型中不同 D 值所对应的系数

D	K_1	K_2	K_3	K_4
$5 \leqslant D$	1	$6.0972 D_0^{-1}$	$6.3918 D_0^{-2}$	$12.8124 D_0^{-3}$
$0.15 \leqslant D < 5$	0.83112	$7.50522 D_0^{-1}$	$0.93918 D_0^{-2}$	$0.05814 D_0^{-3}$
$0.01 \leqslant D < 0.15$	−13.37514	$12.64038 D_0^{-1}$	$0.09918 D_0^{-2}$	$0.0004164 D_0^{-3}$

对于连续模型、一阶修正模型、二阶修正模型和 FK 模型，可以用一个通用的表达式表示：

$$\frac{\partial}{\partial X}\left(QPH^3\frac{\partial P}{\partial X}-\Lambda_x PH\right)+\frac{\partial}{\partial Y}\left(QPH^3\frac{\partial P}{\partial Y}-\Lambda_y PH\right)=\sigma\frac{\partial}{\partial T}(PH) \quad (2\text{-}131)$$

式中，不同的流量因数 Q 对应不同的模型，如表 2-9 所示。

表 2-9　不同模型中流量因数的表达式

流量因数 Q	模型
1	连续修正模型
$1+\dfrac{6K_n}{PH}$	一阶修正模型
$1+\dfrac{6K_n}{PH}+6\left(\dfrac{K_n}{PH}\right)^2$	二阶修正模型
$K_1+K_2(PH)^{-1}+K_3(PH)^{-2}-K_4(PH)^{-3}$	FK 模型

图 2-7 给出了一维无限宽浮动块示意图和基于连续模型、一阶修正模型、二阶修正模型、FK 模型求解的一维稳态压力分布。其中，$H_1=h_1/h_{\min}=2$；$\Lambda_x=61.6$；$K_n=1.25$。

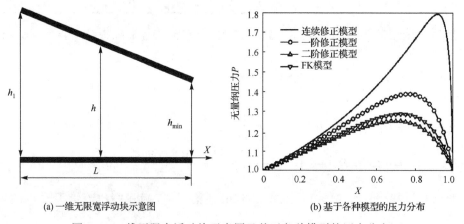

(a) 一维无限宽浮动块示意图　　(b) 基于各种模型的压力分布

图 2-7　一维无限宽浮动块示意图及基于各种模型的压力分布

从图 2-7 可以看出，连续模型(没有考虑气体稀薄效应时)的压力幅值最大，且与其他模型相比压力幅值差距明显。FK 模型计算的压力幅值处于一阶修正模型和二阶修正模型之间。研究表明，FK 模型计算的压力值最接近实际的测量值。

2.5.3　两种新型修正模型的推导

1. LFR 模型[35]

FK 模型广泛应用于纳米间隙气膜承载力的计算。然而，从表 2-9 可以看出，该

模型流量因数 Q 的表达式比较复杂,从而导致 FK 模型的数学表达式比较复杂,这给数值求解该模型带来了许多麻烦。基于 FK 模型,一个数学表达式相对简单的新型修正模型被推导出来,即 LFR 模型。

LFR 模型的基本思想是通过最小二乘方法,利用一个分段线性函数逼近 FK 模型的 Poiseuille 流系数 Q_P 而得到。

首先,把函数 Q_P 的定义域分成 n 个小区域,在每个小区域 $[d_{li}, d_{ri}]$ 内,假设一个线性函数 $Q_{P\text{-new}}$,表达式为

$$Q_{P\text{-new}} = a_1 + a_2 D, \quad D \geqslant 0.01 \tag{2-132}$$

式中,a_1 和 a_2 是两个在各个子区域内的待定系数。Q_P 可以通过线性函数 $Q_{P\text{-new}}$ 来近似,它们的关系为

$$Q_P = Q_{P\text{-new}} + e = a_1 + a_2 D + e, \quad D \in [d_{li}, d_{ri}] \tag{2-133}$$

式中,e 为残差,它是 Q_P 和 $Q_{P\text{-new}}$ 的差值。

最小二乘逼近的思想是使 Q_P 和 $Q_{P\text{-new}}$ 之间差值的平方和达到最小值,即

$$\min S_r = \sum_{j=1}^{m} e_j^2 = \sum_{j=1}^{m} (Q_P|_j - a_1 - a_2 D_j)^2 \tag{2-134}$$

式中,m 为每个子域内观察点的数目。

这个标准有很多优点,包括给出一组数据,就只能产生唯一的直线。式(2-134)对每个系数求偏导数并使之等于零,就能确定系数 a_1 和 a_2。

这样,基于式(2-132)可得到流量因数的表达式为

$$Q = 6[a_2 + a_1/(D_0 PH)] = C_1 + C_2/(PH) \tag{2-135}$$

式中,

$$C_1 = 6a_2, \quad C_2 = \frac{6a_1}{D_0} \tag{2-136}$$

将式(2-135)代入式(2-131),得

$$\frac{\partial}{\partial X}\left[\left(C_1 + \frac{C_2}{PH}\right)PH^3 \frac{\partial P}{\partial X} - \Lambda_x PH\right] + \frac{\partial}{\partial Y}\left[\left(C_1 + \frac{C_2}{PH}\right)PH^3 \frac{\partial P}{\partial Y} - \Lambda_y PH\right] = \sigma \frac{\partial}{\partial T}(PH) \tag{2-137}$$

式中,C_1 和 C_2 是与 D 的取值有关的系数,取值如表 2-10 所示。

表 2-10 LFR 模型中不同 D 值对应的系数值

D	C_1	C_2
$0.01 \leqslant D < 0.031$	−159.95279	$19.64363/D_0$
$0.031 \leqslant D < 0.076$	−45.97878	$16.18521/D_0$
$0.076 \leqslant D < 0.165$	−19.31806	$14.20477/D_0$

续表

D	C_1	C_2
$0.165 \leqslant D < 0.368$	−6.26909	$12.15143/D_0$
$0.368 \leqslant D < 0.687$	−1.85821	$10.53179/D_0$
$0.687 \leqslant D < 1.306$	−0.04096	$9.28421/D_0$
$1.306 \leqslant D < 4.18$	0.68849	$8.26618/D_0$
$4.18 \leqslant D < 21.5$	0.96904	$6.95964/D_0$
$21.5 \leqslant D \leqslant 100$	0.99786	$6.34676/D_0$

为了验证 LFR 模型的有效性，分别基于 LFR 模型和 FK 模型对一维无限宽浮动块(图 2-7(a))的压力分布求解，并对基于两种模型求解的压力分布和计算时间进行比较，压力分布如图 2-8 所示，计算时间比较如表 2-11 所示。

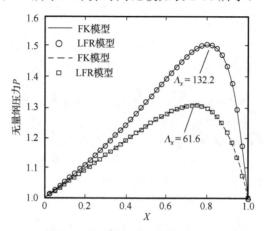

图 2-8　基于 LFR 模型和 FK 模型的压力分布图

表 2-11　基于 LFR 模型和 FK 模型的计算时间比较

模型	Λ_x	计算时间/s	模型	Λ_x	计算时间/s
FK 模型	132.2	30	FK 模型	61.6	34
LFR 模型	132.2	26	LFR 模型	61.6	29

从图 2-8 和表 2-11 可以看出，LFR 模型不但表达式简单，且计算效率高，模拟精度好。

2. PSO 模型[36]

LFR 模型虽然准确地模拟了 FK 模型，且计算效率高于 FK 模型。但这种模型是在 FK 模型的基础上提出来的，其对 Poiseuille 流系数数据库(表 2-7)的拟合程度不及 FK 模型。为了得到精度高于 FK 模型的新模型，基于 Poiseuille 流系数数据库，另一种新模型被推导出来，即 PSO 模型。具体实施过程如下。

首先，将这种 Poiseuille 流系数数据库的 49 组数据适当分成 8 组，并在每一小组内假设一个二次函数，表达式如下：

$$Q_{\text{P-new}} = a + bD + cD^{-1} \tag{2-138}$$

式中，a、b 和 c 均为待定系数。

然后，在一定的误差要求范围内，对每组均采用最小二乘法进行曲线拟合，曲线拟合所用的数据是从 Poiseuille 流系数数据库中选取的。求出系数 a、b 和 c 在每一小组内的值如表 2-12 所示。

表 2-12 PSO 模型中不同 D 值对应的系数值

D	a	b	c
$0.01 \leqslant D < 0.035$	2.6455	−9.7488	0.0051
$0.035 \leqslant D < 0.09$	2.1850	−2.8937	0.0130
$0.09 \leqslant D < 0.35$	1.7273	−0.4636	0.0350
$0.35 \leqslant D < 0.9$	1.4061	0.0428	0.0868
$0.9 \leqslant D < 3.5$	1.2745	0.1343	0.1295
$3.5 \leqslant D < 9.0$	1.0764	0.1647	0.4391
$9.0 \leqslant D < 35.0$	1.0421	0.1662	0.6347
$35.0 \leqslant D$	1.0202	0.1667	0.8848

这样，基于式 (2-138)，可得到流量因数的表达式为

$$Q = N_1 + N_2 \frac{K_n}{PH} + N_3 \left(\frac{K_n}{PH}\right)^2 \tag{2-139}$$

式中，N_1、N_2 和 N_3 为基于 a、b 和 c 的系数，其值如表 2-13 所示。

表 2-13 PSO 模型中 N_1、N_2 和 N_3 的取值

D	N_1	N_2	N_3
$0.01 \leqslant D < 0.035$	−58.4929	17.9108	0.0390
$0.035 \leqslant D < 0.09$	−17.3621	14.7931	0.0993
$0.09 \leqslant D < 0.35$	−2.7816	11.6943	0.2674
$0.35 \leqslant D < 0.9$	0.2568	9.5197	0.6631
$0.9 \leqslant D < 3.5$	0.8059	8.6287	0.9893
$3.5 \leqslant D < 9.0$	0.9881	7.2875	3.3545
$9.0 \leqslant D < 35.0$	0.9972	7.0553	4.8488
$35.0 \leqslant D$	0.9999	6.9070	6.7594

这样，基于 PSO 模型的修正 Reynolds 方程如下：

$$\frac{\partial}{\partial X}\left[(N_1PH^3+N_2K_nH^2+N_3K_n^2P^{-1}H)\frac{\partial P}{\partial X}-\Lambda_x PH\right]$$
$$+\frac{\partial}{\partial Y}\left[(N_1PH^3+N_2K_nH^2+N_3K_n^2P^{-1}H)\frac{\partial P}{\partial Y}-\Lambda_y PH\right]=\sigma\frac{\partial}{\partial T}(PH) \quad (2\text{-}140)$$

为了比较 PSO 模型与 FK 模型的精度，从 Poiseuille 流系数数据库中任意选取 12 组数据，并分别计算两种模型与选取数据之间的相对误差。相对误差的表达式如下：

$$\text{Er}_i=\frac{(X_i-Y)}{Y}\times 100\%,\quad i=1,2 \quad (2\text{-}141)$$

式中，X_1、X_2 分别为 FK 模型和 PSO 模型中 Poiseuille 流系数 $Q_P(D)$ 的值；Y 为 Poiseuille 流系数数据库中的值；Er_1、Er_2 分别为基于 FK 模型和 PSO 模型的相对误差。

基于 FK 模型和 PSO 模型计算的 Poiseuille 流系数 $Q_P(D)$ 的相对误差如表 2-14 所示，表 2-14 中的符号"+""−"分别指 $\text{Er}_i>0$、$\text{Er}_i<0$。

从表 2-14 可以看出，基于 PSO 模型的 Poiseuille 流系数的相对误差明显低于基于 FK 模型的相对误差。也就是说，PSO 模型的精度要高于 FK 模型。

表 2-14 基于两种模型的 Poiseuille 流系数的误差分析

D	Y	X_1	X_2	相对误差 $\text{Er}_1/(\%)$	相对误差 $\text{Er}_2/(\%)$
0.01	3.060	3.0434	3.0580	−0.5425	−0.0654
0.02	2.707	2.7151	2.7055	0.2992	−0.0554
0.05	2.302	2.2981	2.3003	−0.1694	−0.0738
0.10	2.033	2.0422	2.0309	0.4525	−0.1033
0.20	1.808	1.8190	1.8096	0.6084	0.0885
0.40	1.641	1.6370	1.6402	−0.2438	−0.0488
1.0	1.539	1.5362	1.5383	−0.1819	−0.0455
4.0	1.846	1.8435	1.8441	−0.1354	−0.1029
10.0	2.768	2.8138	2.7676	1.6546	−0.0145
30.0	6.049	6.0951	6.0493	0.7621	0.0050
60.0	11.033	11.0792	11.0339	0.4187	0.0082
90.0	16.028	16.0736	16.0285	0.2845	0.0031

同样，为了验证 PSO 模型的有效性，分别基于 PSO 模型和 FK 模型对一维无限宽浮动块(图 2-7(a))的压力分布求解，并对基于两种模型求解的压力分布和计算时间进行比较，压力分布如图 2-9 所示，计算时间比较如表 2-15 所示。

从图 2-9 和表 2-15 可以看出，PSO 模型不但表达式简单，且计算效率高，模拟精度好。此外，PSO 模型的计算精度要高于 FK 模型，计算效率略低于 FK 模型。

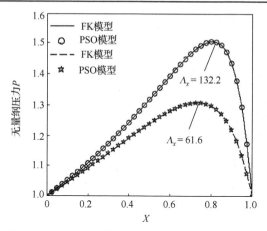

图 2-9 基于 PSO 模型和 FK 模型的压力分布图

表 2-15 基于 PSO 模型和 FK 模型的计算时间比较

模型	Λ_x	计算时间/s	模型	Λ_x	计算时间/s
FK 模型	132.2	30	FK 模型	61.6	34
PSO 模型	132.2	28	PSO 模型	61.6	30

至此,完成了两种新模型的推导过程。需要指出的是,在本书后面的相关计算过程中,主要用到这两种模型。

第二篇 研究方法

第3章 纳米间隙气膜润滑方程的数值计算方法

3.1 最小二乘有限差分法

纳米间隙气膜润滑方程是一个复杂的二阶偏微分方程,需要通过数值方法进行求解。通过求解气膜润滑方程,可以得到纳米间隙气膜的压力分布及其承载特性。

LSFD 法[84]是基于加权最小二乘有限差分理论而提出的一种方法,可认为是普通差分法的推广。LSFD 法中的导数是通过泰勒展开式和加权最小二乘技术实现的,是一种有效的无网格法。

3.1.1 一维泰勒级数公式

为了更容易地认识 LSFD 法,从简单的一维网格点开始。图 3-1 所示为网格点一维分布图。

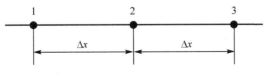

图 3-1 网格点一维分布图

图 3-1 中,网格点 2 位于网格点 1 和网格点 3 的正中间,有

$$\Delta x = x_2 - x_1 = x_3 - x_2 \tag{3-1}$$

网格点 2 周围的泰勒展开式如下:

$$\phi_1 = \phi_2 - \Delta x \left(\frac{\mathrm{d}\phi}{\mathrm{d}x}\right)_2 + \frac{1}{2}(\Delta x)^2 \left(\frac{\mathrm{d}^2\phi}{\mathrm{d}x^2}\right)_2 - \cdots \tag{3-2}$$

$$\phi_3 = \phi_2 + \Delta x \left(\frac{\mathrm{d}\phi}{\mathrm{d}x}\right)_2 + \frac{1}{2}(\Delta x)^2 \left(\frac{\mathrm{d}^2\phi}{\mathrm{d}x^2}\right)_2 + \cdots \tag{3-3}$$

将式(3-2)和式(3-3)第三项后面的导数项去掉,并联立方程,可得

$$\left(\frac{\mathrm{d}\phi}{\mathrm{d}x}\right)_2 = \frac{\phi_3 - \phi_1}{2\Delta x} \qquad (3\text{-}4)$$

$$\left(\frac{\mathrm{d}^2\phi}{\mathrm{d}x^2}\right)_2 = \frac{\phi_1 - 2\phi_2 + \phi_3}{(\Delta x)^2} \qquad (3\text{-}5)$$

一维泰勒展开式的未知变量仅为一个空间方向上的导数,要求解这些导数,需要用到一些配置点沿着各自空间方向的一维泰勒级数展开式。这种方法可以很容易地扩展到二维情形,需要用到二维泰勒展开式。

3.1.2 二维泰勒级数公式

图 3-2 所示为某参考点及其周围支撑域的选取。

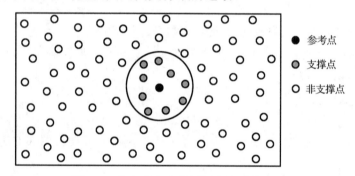

图 3-2 某参考点及其周围支撑域的选取

通过应用参考点局部支撑域的二维泰勒展开式,参考点附近的函数值可通过该点处的函数值及其导数来近似求得,表达式如下:

$$\begin{aligned}
\phi = {} & \phi_0 + \Delta x\left(\frac{\partial\phi}{\partial x}\right)_0 + \Delta y\left(\frac{\partial\phi}{\partial y}\right)_0 + \frac{1}{2}(\Delta x)^2\left(\frac{\partial^2\phi}{\partial x^2}\right)_0 + \frac{1}{2}(\Delta y)^2\left(\frac{\partial^2\phi}{\partial y^2}\right)_0 \\
& + (\Delta x)(\Delta y)\left(\frac{\partial^2\phi}{\partial x\partial y}\right)_0 + \frac{1}{6}(\Delta x)^3\left(\frac{\partial^3\phi}{\partial x^3}\right)_0 + \frac{1}{6}(\Delta y)^3\left(\frac{\partial^3\phi}{\partial y^3}\right)_0 \\
& + \frac{1}{2}(\Delta x)^2\cdot(\Delta y)\left(\frac{\partial^3\phi}{\partial x^2\partial y}\right)_0 + \frac{1}{2}(\Delta x)(\Delta y)^2\left(\frac{\partial^3\phi}{\partial x\partial y^2}\right)_0 + \cdots
\end{aligned} \qquad (3\text{-}6)$$

将式(3-6)中三阶以上的导数项去掉,剩余 9 个未知变量,分别为:2 个一阶导数、3 个二阶导数和 4 个三阶导数。这样,像传统有限差分法一样,9 个未知变量需要 9 个方程联立求解。

如图 3-2 所示,在以参考点为圆心、以 d_0 为半径的圆形支撑域内选择 9 个邻近点,分别应用式(3-6),可得

$$\phi_j - \phi_0 = \pmb{s}_j^{\mathrm{T}} \cdot \mathrm{d}\pmb{\varphi}, \quad j = 1, 2, \cdots, 9 \tag{3-7}$$

式中,

$$\pmb{s}_j^{\mathrm{T}} = \left[\Delta x_j, \Delta y_j, \frac{1}{2}(\Delta x_j)^2, \frac{1}{2}(\Delta y_j)^2, (\Delta x_j)(\Delta y_j), \frac{1}{6}(\Delta x_j)^3, \frac{1}{6}(\Delta y_j)^3, \frac{1}{2}(\Delta x_j)^2(\Delta y), \frac{1}{2}(\Delta x_j)(\Delta y_j)^2 \right] \tag{3-8}$$

$$\mathrm{d}\pmb{\varphi}^{\mathrm{T}} = \left[\left(\frac{\partial \phi}{\partial x}\right)_0, \left(\frac{\partial \phi}{\partial y}\right)_0, \left(\frac{\partial^2 \phi}{\partial x^2}\right)_0, \left(\frac{\partial^2 \phi}{\partial y^2}\right)_0, \left(\frac{\partial^2 \phi}{\partial x \partial y}\right)_0, \left(\frac{\partial^3 \phi}{\partial x^3}\right)_0, \left(\frac{\partial^3 \phi}{\partial y^3}\right)_0, \left(\frac{\partial^3 \phi}{\partial x^2 \partial y}\right)_0, \left(\frac{\partial^3 \phi}{\partial x \partial y^2}\right)_0 \right] \tag{3-9}$$

式中,下标 0 为参考点处的函数值;下标 j 为支撑点 j 处的函数值,$\Delta x_j = x_j - x_0$, $\Delta y_j = y_j - y_0$,(x_j, y_j) 为支撑点 j 的坐标。因式(3-7)去掉了三阶以上的导数项,故二阶导数具有二阶精度,一阶导数具有三阶精度。

若定义如下两式成立:

$$\Delta \pmb{\varphi}^{\mathrm{T}} = [\phi_1 - \phi_0, \phi_2 - \phi_0, \cdots, \phi_9 - \phi_0] \tag{3-10}$$

$$\pmb{S}^{\mathrm{T}} = [\pmb{s}_1, \pmb{s}_2, \cdots, \pmb{s}_9]_{9 \times 9} \tag{3-11}$$

则式(3-7)可进一步简化为如下矩阵形式:

$$\Delta \pmb{\varphi} = \pmb{S} \mathrm{d} \pmb{\varphi} \tag{3-12}$$

式(3-12)中的方阵 $\pmb{S}$ 包含了支撑点的所有几何分布信息。如果方阵 $\pmb{S}$ 是非奇异的,则

$$\mathrm{d}\pmb{\varphi} = \pmb{S}^{-1} \Delta \pmb{\varphi} \tag{3-13}$$

同一维有限差分法类似,利用式(3-13)中的导数,可生成有限差分方程组。所不同的是,二维公式用到了参考点周围的 9 个支撑点。

若支撑域内的支撑点与参考点的距离非常小或支撑点非常靠近,则可能得到病态或非奇异的矩阵。为了解决这个难点,采用支撑域的半径 d_0 来规范局部间距 $(\Delta x_j, \Delta y_j)$。

$$\Delta \bar{x}_j = \frac{\Delta x_j}{d_0}, \quad \Delta \bar{y}_j = \frac{\Delta y_j}{d_0} \tag{3-14}$$

与矩阵 $S(\Delta x, \Delta y)$ 相比,矩阵 $\bar{S}(\Delta \bar{x}, \Delta \bar{y})$ 的条件数得到极大的改进,减轻了由小间距 $(\Delta x, \Delta y)$ 引起的负面影响,此时:

$$\mathrm{d}\pmb{\varphi} = \pmb{D} \bar{\pmb{S}}^{-1} \Delta \pmb{\varphi} \tag{3-15}$$

式中,$\bar{\pmb{S}}$ 为结式矩阵;$\pmb{D}$ 为尺度矩阵。表达式分别如下:

$$\overline{S} = \begin{bmatrix} \dfrac{\Delta X_1}{d_0} & \dfrac{\Delta Y_1}{d_0} & \dfrac{1}{2}\left(\dfrac{\Delta X_1}{d_0}\right)^2 & \cdots & \dfrac{1}{2}\left(\dfrac{\Delta X_1}{d_0}\right)\left(\dfrac{\Delta Y_1}{d_0}\right)^2 \\ \dfrac{\Delta X_2}{d_0} & \dfrac{\Delta Y_2}{d_0} & \dfrac{1}{2}\left(\dfrac{\Delta X_2}{d_0}\right)^2 & \cdots & \dfrac{1}{2}\left(\dfrac{\Delta X_2}{d_0}\right)\left(\dfrac{\Delta Y_2}{d_0}\right)^2 \\ \vdots & \vdots & \vdots & & \vdots \\ \dfrac{\Delta X_{SN}}{d_0} & \dfrac{\Delta Y_{SN}}{d_0} & \dfrac{1}{2}\left(\dfrac{\Delta X_{SN}}{d_0}\right)^2 & \cdots & \dfrac{1}{2}\left(\dfrac{\Delta X_{SN}}{d_0}\right)\left(\dfrac{\Delta Y_{SN}}{d_0}\right)^2 \end{bmatrix} \quad (3\text{-}16)$$

$$\boldsymbol{D} = \mathrm{diag}\left(d_0^{-1},\ d_0^{-1},\ d_0^{-2},\ d_0^{-2},\ d_0^{-2},\ d_0^{-3},\ d_0^{-3},\ d_0^{-3},\ d_0^{-3}\right) \quad (3\text{-}17)$$

靠近参考点的节点对计算结果的影响较大,而远离参考点的节点对计算结果的影响较小。若给定总误差,通常希望参考点附近重要区域的误差较小,而远离参考点的节点承受较高的误差。

最小二乘法允许采用大量的节点,避免矩阵奇异的问题,得到 $\mathrm{d}\boldsymbol{\varphi}$ 的最佳逼近解。但最小二乘法在支撑点附近生成近乎均匀的误差分布,这并不是最佳的误差分布。因此,需要引入与距离有关的权函数对误差进行重新分布。

有 5 种不同的权函数,表达式分别如下[86]:

$$\begin{cases} W_{1i} = 1 \\ W_{2i} = \sqrt{\dfrac{4}{\pi}}(1-\overline{r}_i^2)^4 \\ W_{3i} = \dfrac{1}{\overline{r}_i} \\ W_{4i} = 1 - 6\overline{r}_i^2 + 8\overline{r}_i^3 - 3\overline{r}_i^4 \\ W_{5i} = \dfrac{1}{\overline{r}_i^4} \end{cases} \quad (3\text{-}18)$$

其中,

$$\overline{r}_i = \dfrac{\sqrt{\Delta x_i^2 + \Delta y_i^2}}{d_0} \quad (3\text{-}19)$$

式中,i 为支撑点;d_0 为支撑域半径,且 $0 \leqslant \overline{r}_i \leqslant 1$。

这样,式(3-15)可表示为

$$\mathrm{d}\boldsymbol{\varphi}_{9\times 1} = \boldsymbol{D}_{9\times 9}(\overline{\boldsymbol{S}}^{\mathrm{T}}_{9\times SN}\boldsymbol{W}_{SN\times SN}\overline{\boldsymbol{S}}_{SN\times 9})^{-1}\overline{\boldsymbol{S}}^{\mathrm{T}}_{9\times SN}\boldsymbol{W}_{SN\times SN}\Delta\boldsymbol{\varphi}_{SN\times 1} \quad (3\text{-}20)$$

式中,

$$\boldsymbol{W} = \begin{bmatrix} W_1 & & 0 \\ & \ddots & \\ 0 & & W_{SN} \end{bmatrix} \quad (3\text{-}21)$$

矩阵 $\bar{\boldsymbol{S}}$ 和 $\boldsymbol{D}$ 分别由式(3-16)和式(3-17)给出。

若要求一阶、二阶导数逼近，仅需考虑式(3-9)的前五项即可，但高阶项的存在能提高方法的准确度。对于一组固定的支撑点，系数矩阵保持不变，且它的逆矩阵仅需要计算一次。与传统的有限差分法相比，LSFD 法能求解更为复杂的问题。

3.1.3 LSFD 法求解一维 Reynolds 方程

对一维无限宽气膜浮动块而言，基于气体稀薄效应的无量纲一维 Reynolds 方程表示如下：

$$\frac{\partial}{\partial X}\left(QPH^3\frac{\partial P}{\partial X}-\Lambda_x PH\right)=0 \tag{3-22}$$

式中，

$$Q=Q_\mathrm{P}(D,\alpha)/Q_\mathrm{con}(D) \tag{3-23}$$

$$H(X)=\frac{h_2-h_1}{h_1}(1-X)+1 \tag{3-24}$$

$$\Lambda_x=\frac{6\mu UL}{p_a h_1^2} \tag{3-25}$$

选用 PSO 模型，将流量因数表达式代入无量纲一维 Reynolds 方程后，得

$$\frac{\partial}{\partial X}\left[(N_1 PH^3+N_2 K_n H^2+N_3 K_n^2 P^{-1}H)\frac{\partial P}{\partial X}-\Lambda_x PH\right]=0 \tag{3-26}$$

这样，式(3-20)重写为如下形式：

$$\mathrm{d}\boldsymbol{P}_{4\times 1}=\boldsymbol{D}_{4\times 4}(\bar{\boldsymbol{S}}_{4\times SN}^\mathrm{T}\boldsymbol{W}_{SN\times SN}\bar{\boldsymbol{S}}_{SN\times 4})^{-1}_{4\times 4}\bar{\boldsymbol{S}}_{4\times SN}^\mathrm{T}\boldsymbol{W}_{SN\times SN}\Delta\boldsymbol{P}_{SN\times 1} \tag{3-27}$$

式中，

$$\begin{cases}\boldsymbol{D}=\mathrm{diag}(d_0^{-1},d_0^{-2},d_0^{-3},d_0^{-4})\\ \boldsymbol{W}=\mathrm{diag}(W_1,W_2,\cdots,W_{SN})\end{cases} \tag{3-28}$$

$$\bar{\boldsymbol{S}}^\mathrm{T}=\begin{bmatrix}\dfrac{\Delta X_{i1}}{d_0} & \cdots & \dfrac{\Delta X_{ij}}{d_0} & \cdots & \dfrac{\Delta X_{iSN}}{d_0}\\[6pt] \dfrac{\Delta X_{i1}^2}{2d_0^2} & \cdots & \dfrac{\Delta X_{ij}^2}{2d_0^2} & \cdots & \dfrac{\Delta X_{iSN}^2}{2d_0^2}\\[6pt] \dfrac{\Delta X_{i1}^3}{3!d_0^3} & \cdots & \dfrac{\Delta X_{ij}^3}{3!d_0^3} & \cdots & \dfrac{\Delta X_{iSN}^3}{3!d_0^3}\\[6pt] \dfrac{\Delta X_{i1}^4}{4!d_0^4} & \cdots & \dfrac{\Delta X_{ij}^4}{4!d_0^4} & \cdots & \dfrac{\Delta X_{iSN}^4}{4!d_0^4}\end{bmatrix} \tag{3-29}$$

权函数的选取为式(3-18)中的第四项，即

$$W_i=1-6\bar{r}_i^2+8\bar{r}_i^3-3\bar{r}_i^4 \tag{3-30}$$

对于第 i 个参考点，新的 Reynolds 方程可表述为如下形式：

$$F_i = \left(\frac{\partial P}{\partial X}\right)_i^2 (N_1 H_i^3 - N_3 K_n^2 P_i^{-2} H_i) + \frac{\partial H}{\partial X}\bigg|_i \frac{\partial P}{\partial X}\bigg|_i (3N_1 P_i H_i^2 + 2N_2 K_n H_i + N_3 K_n^2 P_i^{-1})$$
$$+ \frac{\partial^2 P}{\partial X^2}\bigg|_i (N_1 P_i H_i^3 + N_2 K_n H_i^2 + N_3 K_n^2 P_i^{-1} H_i) - \Lambda_x H_i \frac{\partial P}{\partial X}\bigg|_i - \Lambda_x P_i \frac{\partial H}{\partial X}\bigg|_i \tag{3-31}$$

压力 P 的一阶、二阶导数分别表示为

$$\frac{\partial P}{\partial X}\bigg|_i = \sum_j^{SN} a_{1j}^i P_j^i - \left(\sum_j^{SN} a_{1j}^i\right) P_i \tag{3-32}$$

$$\frac{\partial^2 P}{\partial X^2}\bigg|_i = \sum_j^{SN} a_{2j}^i P_j^i - \left(\sum_j^{SN} a_{2j}^i\right) P_i \tag{3-33}$$

式中，a_{1j}^i 和 a_{2j}^i 分别为一阶、二阶导数的权系数，由参考点和支撑点的坐标值决定。

将式(3-32)和式(3-33)代入式(3-31)，得

$$F_i = \frac{\partial P}{\partial X}\bigg|_i \left[\sum_j^{SN} a_{1j}^i P_j^i - \left(\sum_j^{SN} a_{1j}^i\right) P_i\right] (N_1 H_i^3 - N_3 K_n^2 P_i^{-2} H_i)$$
$$+ \frac{\partial H}{\partial X}\bigg|_i \left[\sum_j^{SN} a_{1j}^i P_j^i - \left(\sum_j^{SN} a_{1j}^i\right) P_i\right] (3N_1 P_i H_i^2 + 2N_2 K_n H_i + N_3 K_n^2 P_i^{-1})$$
$$+ \left[\sum_j^{SN} a_{2j}^i P_j^i - \left(\sum_j^{SN} a_{2j}^i\right) P_i\right] (N_1 P_i H_i^3 + N_2 K_n H_i^2 + N_3 K_n^2 P_i^{-1} H_i)$$
$$- \Lambda_x H_i \left[\sum_j^{SN} a_{1j}^i P_j^i - \left(\sum_j^{SN} a_{1j}^i\right) P_i\right] - \Lambda_x P_i \frac{\partial H}{\partial X}\bigg|_i \tag{3-34}$$

在式(3-34)的迭代过程中，仅 P、$\partial P/\partial X$ 和 $\partial^2 P/\partial X^2$ 有增量，而其他值都保持上一步迭代的值不变，故：

$$F_i + \Delta F_i = \frac{\partial P}{\partial X}\bigg|_i \left[\sum_j^{SN} a_{1j}^i P_j^i - \left(\sum_j^{SN} a_{1j}^i\right)(P_i + \Delta P_i)\right] (N_1 H_i^3 - N_3 K_n^2 P_i^{-2} H_i)$$
$$+ \frac{\partial H}{\partial X}\bigg|_i \left[\sum_j^{SN} a_{1j}^i P_j^i - \left(\sum_j^{SN} a_{1j}^i\right)(P_i + \Delta P_i)\right] (3N_1 P_i H_i^2 + 2N_2 K_n H_i + N_3 K_n^2 P_i^{-1})$$
$$+ \left[\sum_j^{SN} a_{2j}^i P_j^i - \left(\sum_j^{SN} a_{2j}^i\right)(P_i + \Delta P_i)\right] (N_1 P_i H_i^3 + N_2 K_n H_i^2 + N_3 K_n^2 P_i^{-1} H_i)$$
$$- \Lambda_x H_i \left[\sum_j^{SN} a_{1j}^i P_j^i - \left(\sum_j^{SN} a_{1j}^i\right)(P_i + \Delta P_i)\right] - \Lambda_x (P_i + \Delta P_i)\frac{\partial H}{\partial X}\bigg|_i = 0 \tag{3-35}$$

采用 Gauss-Seidel 迭代法求解，压力增量 ΔP_i 表示为

$$\Delta P_i = -F_i / \text{deno} \tag{3-36}$$

式中，分母 deno 的表达式为

$$\begin{aligned}\text{deno} &= \frac{\partial P}{\partial X}\bigg|_i \left(-\sum_j^{SN} a_{1j}^i\right)(N_1 H_i^3 - N_3 K_n^2 P_i^{-2} H_i) \\ &+ \frac{\partial H}{\partial X}\bigg|_i \left(-\sum_j^{SN} a_{1j}^i\right)(3N_1 P_i H_i^2 + 2N_2 K_n H_i + N_3 K_n^2 P_i^{-1}) \\ &+ \left(-\sum_j^{SN} a_{2j}^i\right)(N_1 P_i H_i^3 + N_2 K_n H_i^2 + N_3 K_n^2 P_i^{-1} H_i) \\ &- \Lambda_x H_i \left(-\sum_j^{SN} a_{1j}^i\right) - \Lambda_x \frac{\partial H}{\partial X}\bigg|_i\end{aligned} \tag{3-37}$$

当计算满足如下收敛条件时，计算结束：

$$\sum_{i=1}^{\text{inode}} F_i^2 \leqslant \varepsilon \tag{3-38}$$

式中，inode 为计算域中的内点；F_i 为第 i 个代数方程的余值，设定收敛标准为 $\varepsilon=10^{-3}$。

3.1.4 LSFD 法求解二维 Reynolds 方程

对于二维平板浮动块，基于气体稀薄效应的无量纲二维 Reynolds 方程表示如下[86]：

$$\frac{\partial}{\partial X}\left(QPH^3 \frac{\partial P}{\partial X} - \Lambda_x PH\right) + \frac{\partial}{\partial Y}\left(QPH^3 \frac{\partial P}{\partial Y} - \Lambda_y PH\right) = 0 \tag{3-39}$$

式中，

$$Q = Q_P(D,\alpha) / Q_{\text{con}}(D) \tag{3-40}$$

$$H(X) = 1 + \frac{L}{h_1}(1-X)\tan\theta \tag{3-41}$$

$$\Lambda_x = \frac{6\mu U L}{p_a h_1^2}, \quad \Lambda_y = \frac{6\mu V B}{p_a h_1^2} \tag{3-42}$$

$$\frac{\partial H}{\partial X} = -\frac{L}{h_1}\tan\theta, \quad \frac{\partial H}{\partial Y} = 0 \tag{3-43}$$

同样，选用 PSO 模型，将流量因数表达式代入无量纲二维 Reynolds 方程后，得

$$\begin{aligned}&\frac{\partial}{\partial X}\left[(N_1 PH^3 + N_2 K_n H^2 + N_3 K_n^2 P^{-1} H)\frac{\partial P}{\partial X} - \Lambda_x PH\right] \\ &+ \frac{\partial}{\partial Y}\left[(N_1 PH^3 + N_2 K_n H^2 + N_3 K_n^2 P^{-1} H)\frac{\partial P}{\partial Y} - \Lambda_y PH\right] = 0\end{aligned} \tag{3-44}$$

权函数的选取为式(3-18)中的第四项，对于第 i 个参考点，新的 Reynolds 方程可表述为

$$F_i = \left[\left(\frac{\partial P}{\partial X}\right)_i^2 + \left(\frac{\partial P}{\partial Y}\right)_i^2\right](N_1 H_i^3 - N_3 K_n^2 P_i^{-2} H_i)$$
$$+ \left(\left.\frac{\partial H}{\partial X}\right|_i \left.\frac{\partial P}{\partial X}\right|_i + \left.\frac{\partial H}{\partial Y}\right|_i \left.\frac{\partial P}{\partial Y}\right|_i\right)(3N_1 P_i H_i^2 + 2N_2 K_n H_i + N_3 K_n^2 P_i^{-1})$$
$$+ \left(\left.\frac{\partial^2 P}{\partial X^2}\right|_i + \left.\frac{\partial^2 P}{\partial Y^2}\right|_i\right)(N_1 P_i H_i^3 + N_2 K_n H_i^2 + N_3 K_n^2 P_i^{-1} H_i) \quad (3\text{-}45)$$
$$- H_i\left(\Lambda_x \left.\frac{\partial P}{\partial X}\right|_i + \Lambda_y \left.\frac{\partial P}{\partial Y}\right|_i\right) - P_i\left(\Lambda_x \left.\frac{\partial H}{\partial X}\right|_i + \Lambda_y \left.\frac{\partial H}{\partial Y}\right|_i\right)$$

压力 P 的一阶、二阶导数分别表示为

$$\left.\frac{\partial P}{\partial X}\right|_i = \sum_j^{SN} a_{1j}^i P_j^i - \left(\sum_j^{SN} a_{1j}^i\right) P_i, \quad \left.\frac{\partial^2 P}{\partial X^2}\right|_i = \sum_j^{SN} a_{3j}^i P_j^i - \left(\sum_j^{SN} a_{3j}^i\right) P_i \quad (3\text{-}46)$$

$$\left.\frac{\partial P}{\partial Y}\right|_i = \sum_j^{SN} a_{2j}^i P_j^i - \left(\sum_j^{SN} a_{2j}^i\right) P_i, \quad \left.\frac{\partial^2 P}{\partial Y^2}\right|_i = \sum_j^{SN} a_{4j}^i P_j^i - \left(\sum_j^{SN} a_{4j}^i\right) P_i \quad (3\text{-}47)$$

式(3-46)和式(3-47)中，a_{1j}^i、a_{2j}^i 和 a_{3j}^i、a_{4j}^i 分别表示一阶、二阶导数的权系数。

将式(3-46)和式(3-47)代入式(3-45)，得

$$F_i = \left\{\left.\frac{\partial P}{\partial X}\right|_i \left[\sum_j^{SN} a_{1j}^i P_j^i - \left(\sum_j^{SN} a_{1j}^i\right) P_i\right]\right.$$
$$\left.+ \left.\frac{\partial P}{\partial Y}\right|_i \left[\sum_j^{SN} a_{2j}^i P_j^i - \left(\sum_j^{SN} a_{2j}^i\right) P_i\right]\right\}(N_1 H_i^3 - N_3 K_n^2 P_i^{-2} H_i)$$
$$+ \left\{\left.\frac{\partial H}{\partial X}\right|_i \left[\sum_j^{SN} a_{1j}^i P_j^i - \left(\sum_j^{SN} a_{1j}^i\right) P_i\right] + \left.\frac{\partial H}{\partial Y}\right|_i \left[\sum_j^{SN} a_{2j}^i P_j^i - \left(\sum_j^{SN} a_{2j}^i\right) P_i\right]\right\}$$
$$\cdot (3N_1 P_i H_i^2 + 2N_2 K_n H_i + N_3 K_n^2 P_i^{-1}) + \left\{\left[\sum_j^{SN} a_{3j}^i P_j^i - \left(\sum_j^{SN} a_{3j}^i\right) P_i\right]\right. \quad (3\text{-}48)$$
$$\left.+ \left[\sum_j^{SN} a_{4j}^i P_j^i - \left(\sum_j^{SN} a_{4j}^i\right) P_i\right]\right\}(N_1 P_i H_i^3 + N_2 K_n H_i^2 + N_3 K_n^2 P_i^{-1} H_i)$$
$$- H_i\left\{\Lambda_x\left[\sum_j^{SN} a_{1j}^i P_j^i - \left(\sum_j^{SN} a_{1j}^i\right) P_i\right] + \Lambda_y\left[\sum_j^{SN} a_{2j}^i P_j^i - \left(\sum_j^{SN} a_{2j}^i\right) P_i\right]\right\}$$
$$- P_i\left(\Lambda_x \left.\frac{\partial H}{\partial X}\right|_i + \Lambda_y \left.\frac{\partial H}{\partial Y}\right|_i\right)$$

在式(3-48)的迭代过程中，仅 P、$\partial P/\partial X$、$\partial P/\partial Y$、$\partial^2 P/\partial X^2$ 和 $\partial^2 P/\partial Y^2$ 有增量，而其他值都保持上一步迭代的值不变，故：

$$\begin{aligned}
F_i + \Delta F_i = & \left\{\frac{\partial P}{\partial X}\bigg|_i \left[\sum_j^{SN} a_{1j}^i P_j^i - \sum_j^{SN} a_{1j}^i (P_i + \Delta P_i)\right] + \frac{\partial P}{\partial Y}\bigg|_i \left[\sum_j^{SN} a_{2j}^i P_j^i - \sum_j^{SN} a_{2j}^i (P_i + \Delta P_i)\right]\right\} \\
& \cdot (N_1 H_i^3 - N_3 K_n^2 P_i^{-2} H_i) + \left\{\frac{\partial H}{\partial X}\bigg|_i \left[\sum_j^{SN} a_{1j}^i P_j^i - \sum_j^{SN} a_{1j}^i (P_i + \Delta P_i)\right]\right. \\
& \left. + \frac{\partial H}{\partial Y}\bigg|_i \left[\sum_j^{SN} a_{2j}^i P_j^i - \left(\sum_j^{SN} a_{2j}^i\right)(P_i + \Delta P_i)_i\right]\right\} (3N_1 P_i H_i^2 + 2N_2 K_n H_i + N_3 K_n^2 P_i^{-1}) \\
& + \left\{\left[\sum_j^{SN} a_{3j}^i P_j^i - \sum_j^{SN} a_{3j}^i (P_i + \Delta P_i)\right] + \left[\sum_j^{SN} a_{4j}^i P_j^i - \sum_j^{SN} a_{4j}^i (P_i + \Delta P_i)\right]\right\} \\
& \cdot (N_1 P_i H_i^3 + N_2 K_n H_i^2 + N_3 K_n^2 P_i^{-1} H_i) - H_i \left\{\Lambda_x \left[\sum_j^{SN} a_{1j}^i P_j^i - \sum_j^{SN} a_{1j}^i (P_i + \Delta P_i)\right]\right. \\
& \left. + \Lambda_y \left[\sum_j^{SN} a_{2j}^i P_j^i - \sum_j^{SN} a_{2j}^i (P_i + \Delta P_i)\right]\right\} - (P_i + \Delta P_i)\left(\Lambda_x \frac{\partial H}{\partial X}\bigg|_i + \Lambda_y \frac{\partial H}{\partial Y}\bigg|_i\right) = 0
\end{aligned}$$

(3-49)

采用 Gauss-Seidel 迭代法进行求解，压力增量 ΔP_i 表达式如式(3-36)所示，分母 deno 的表达式为

$$\begin{aligned}
\text{deno} = & \left[\left(\frac{\partial P}{\partial X}\right)_i \left(-\sum_j^{SN} a_{1j}^i\right) + \left(\frac{\partial P}{\partial Y}\right)_i \left(-\sum_j^{SN} a_{2j}^i\right)\right] (N_1 H_i^3 - N_3 K_n^2 P_i^{-2} H_i) \\
& + \left[\frac{\partial H}{\partial X}\bigg|_i \left(-\sum_j^{SN} a_{1j}^i\right) + \frac{\partial H}{\partial Y}\bigg|_i \left(-\sum_j^{SN} a_{2j}^i\right)\right] (3N_1 P_i H_i^2 + 2N_2 K_n H_i + N_3 K_n^2 P_i^{-1}) \\
& + \left[\left(-\sum_j^{SN} a_{3j}^i\right) + \left(-\sum_j^{SN} a_{4j}^i\right)\right] (N_1 P_i H_i^3 + N_2 K_n H_i^2 + N_3 K_n^2 P_i^{-1} H_i) \\
& - H_i \left(\Lambda_x \sum_j^{SN} a_{1j}^i + \Lambda_y \sum_j^{SN} a_{2j}^i\right) - \left(\Lambda_x \frac{\partial H}{\partial X}\bigg|_i + \Lambda_y \frac{\partial H}{\partial Y}\bigg|_i\right)
\end{aligned}$$

(3-50)

当计算满足式(3-38)所示的收敛条件时，计算结束。

3.2 有限体积法

有限体积法[66]是在有限差分法的基础上发展起来的，且具有有限元法的一些优点。有限体积法要在物理坐标系进行积分，在控制体内具有质量守恒的特点，非常适合模拟大梯度的计算。

对于磁头/磁盘界面的气膜润滑方程,当浮动块飞行高度降低和浮动块表面几何形状较复杂时,局部区域具有较大的表面压力梯度,尤其是在浮动块的尾部区域,有限体积法能很好地解决大压力梯度的问题。

3.2.1 控制体的质量守恒

对于二维平板浮动块,基于 LFR 模型的磁头/磁盘界面气膜润滑方程为

$$\frac{\partial}{\partial X}\left(Q\frac{\partial P}{\partial X}-\Lambda_x PH\right)+\frac{\partial}{\partial Y}\left(Q\frac{\partial P}{\partial Y}-\Lambda_y PH\right)=0 \tag{3-51}$$

式中,

$$Q=C_1 PH^3+C_2 H^2 \tag{3-52}$$

引入流体质量变量 J_x、J_y,并定义:

$$J_x=Q\frac{\partial P}{\partial X}-\Lambda_x PH \tag{3-53}$$

$$J_y=Q\frac{\partial P}{\partial Y}-\Lambda_y PH \tag{3-54}$$

在如图 3-3 所示的控制体内,根据质量守恒定律,流进控制体的流体质量等于流出控制体的流体质量,故式(3-51)离散为

$$J_e-J_w+J_n-J_s=0 \tag{3-55}$$

式中,J_e 和 J_w 分别为 $J_x\Delta Y$ 在控制体边界 e 和 w 上的值;J_n 和 J_s 分别为 $J_y\Delta X$ 在控制体边界 n 和 s 上的值。基于式(3-53)和式(3-54),J_x 和 J_y 是无量纲压力 P 的函数。在数值迭代计算过程中,J_x 和 J_y 用迭代过程中最近一次 P 来计算。

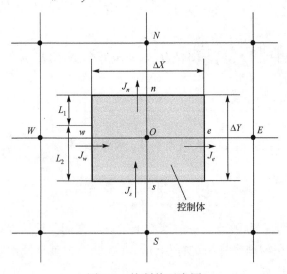

图 3-3 控制体示意图

3.2.2 控制体的边界不连续性

对于浮动块而言，为了其飞行的稳定性，浮动块表面常设计成复杂的几何形状。故在控制体的边界上不可避免地出现了浮动块高度不连续现象。例如，在如图 3-3 所示的控制体边界 $w(w=L_1+L_2)$ 上，L_1 和 L_2 的长度不等。

控制体边界 w 上的流体质量等于 L_1 和 L_2 上的流体质量之和，即

$$J_w = G_w + \bar{G}_w \tag{3-56}$$

式中，G_w 和 $\bar{G}_w$ 分别为流过 L_1 和 L_2 的流体质量，表达式分别为

$$\begin{aligned}G_w &= (\Lambda_x H)_w L_1 \frac{P_W + P_O}{2} - Q_w L_1 \frac{P_O - P_W}{(\delta X)_w} \\ &= F_w \xi_w \Delta Y \frac{P_W + P_O}{2} - D_w \xi_w \Delta Y (P_O - P_W)\end{aligned} \tag{3-57}$$

$$\begin{aligned}\bar{G}_w &= (\Lambda_x \bar{H})_w L_2 \frac{P_W + P_O}{2} - \bar{Q}_w L_2 \frac{P_O - P_W}{(\delta X)_w} \\ &= \bar{F}_w (1-\xi_w) \Delta Y \frac{P_W + P_O}{2} - \bar{D}_w (1-\xi_w) \Delta Y (P_O - P_W)\end{aligned} \tag{3-58}$$

其中，

$$F_w = (\Lambda_x H)_w, \quad D_w = Q_w/(\delta X)_w, \quad \bar{F}_w = (\Lambda_x \bar{H})_w, \quad \bar{D}_w = \bar{Q}_w/(\delta X)_w \tag{3-59}$$

式(3-57)~式(3-59)中，P_W 和 P_O 分别是节点 W 和 O 处的压力值；$(\delta X)_w$ 是边界 w 与点 O 间的距离；ΔY 等于 L_1 和 L_2 长度之和；$\xi_w(=L_1/\Delta Y)$ 为控制体积边界 w 上的高度不连续因子。

对于浮动块而言，在进行数值计算之前，需要根据其表面形状计算出控制体边界的高度不连续因子。例如，假设边界 w 上有 N 个节点，且每一个节点对应的浮动块高度值都能计算出来，则平均高度为

$$h_{\text{avg}} = \frac{1}{N}\sum_{i=1}^{N} h_i \tag{3-60}$$

因此，高度不连续因子的表达式为

$$\xi_w h_{\max} + (1-\xi_w) h_{\min} = h_{\text{avg}} \tag{3-61}$$

式中，$h_{\max}$、$h_{\min}$、h_{avg} 分别为最大飞行高度、最小飞行高度和平均飞行高度。

式(3-61)是基于控制体边界 w 上有两个高度不连续所推导出来的(图 3-3)，但该式同样适用于具有多个高度不连续的情况。

假设在控制体边界 w 上有 3 个不连续高度，如图 3-4 所示。流过 L_a、L_b 和 L_c 的流体质量分别为

$$G_{wa} = F_a \xi_a \Delta Y \frac{P_W + P_O}{2} - D_a \xi_a \Delta Y (P_O - P_W) \tag{3-62}$$

$$G_{wb} = F_b \xi_b \Delta Y \frac{P_W + P_O}{2} - D_b \xi_b \Delta Y (P_O - P_W) \quad (3\text{-}63)$$

$$G_{wc} = F_c \xi_c \Delta Y \frac{P_W + P_O}{2} - D_c \xi_c \Delta Y (P_O - P_W) \quad (3\text{-}64)$$

式(3-62)~式(3-64)中,

$$\Delta Y = L_a + L_b + L_c, \quad \xi_a = L_a/\Delta Y, \quad \xi_b = L_b/\Delta Y, \quad \xi_c = L_c/\Delta Y \quad (3\text{-}65)$$

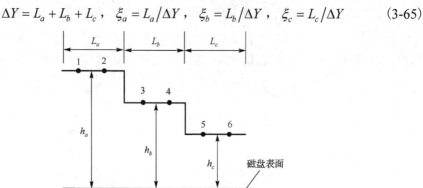

图 3-4 控制体边界有 3 个不连续高度示意图

为简化计算,假设 $L_a = L_b = L_c$。因此,流过边界的总流体质量为

$$\begin{aligned} J_w &= G_{wa} + G_{wb} + G_{wc} \\ &= (F_a \xi_a + F_b \xi_b + F_c \xi_c) \Delta Y \frac{P_W + P_O}{2} - (D_a \xi_a + D_b \xi_b + D_c \xi_c) \Delta Y (P_O - P_W) \\ &= \frac{1}{6}(F_a + F_b + F_c) \Delta Y (P_W + P_O) - \frac{1}{3}(D_a + D_b + D_c) \Delta Y (P_O - P_W) \end{aligned} \quad (3\text{-}66)$$

图 3-4 中,$h_1 = h_2 = h_a$, $h_3 = h_4 = h_b$, $h_5 = h_6 = h_c$。因此,平均高度表达式为

$$h_{\text{avg}} = \frac{1}{6}\sum_{i=1}^{6} h_i = \frac{1}{6}(2h_a + 2h_b + 2h_c) \quad (3\text{-}67)$$

根据式(3-61),高度不连续因子表达式如下:

$$\xi_w h_a + (1 - \xi_w) h_c = \frac{1}{6}(2h_a + 2h_b + 2h_c) \quad (3\text{-}68)$$

所以,

$$\xi_w = \frac{1}{3}(h_a + h_b - 2h_c)/(h_a - h_c) \quad (3\text{-}69)$$

将式(3-69)代入式(3-56)~式(3-58),整理得

$$\begin{aligned} J_w = G_w + \overline{G}_w &= \left[\frac{1}{3}F_a + \frac{1}{3}\frac{F_a(h_b - h_c) + F_c(h_a - h_b)}{h_a - h_c} + \frac{1}{3}F_c\right]\Delta Y \frac{P_W + P_O}{2} \\ &\quad - \left[\frac{1}{3}D_a + \frac{1}{3}\frac{D_a(h_b - h_c) + D_c(h_a - h_b)}{h_a - h_c} + \frac{1}{3}D_c\right]\Delta Y (P_O - P_W) \end{aligned} \quad (3\text{-}70)$$

式中，
$$F_a = F_w, \quad D_a = D_w, \quad F_c = \overline{F}_w, \quad D_c = \overline{D}_w \tag{3-71}$$

根据式(3-65)和式(3-70)，可以得到

$$F_b = \frac{F_a(h_b - h_c) + F_c(h_a - h_b)}{h_a - h_c} \tag{3-72}$$

$$D_b = \frac{D_a(h_b - h_c) + D_c(h_a - h_b)}{h_a - h_c} \tag{3-73}$$

实际上，在数值计算过程中，F_b 和 D_b 分别通过 F_a、F_c 和 D_a、D_c 来近似表示。

综上，式(3-61)适用于控制体边界具有 3 个不连续高度的情况。同理，对于控制体边界具有多个不连续高度的情况，式(3-61)同样适用。

将式(3-57)、式(3-58)代入式(3-56)，整理后得

$$J_w = (d_w - f_w/2)P_O - (d_w + f_w/2)P_W \tag{3-74}$$

式中，
$$\begin{cases} f_w = [F_w \xi_w + \overline{F}_w(1-\xi_w)]\Delta Y \\ d_w = [D_w \xi_w + \overline{D}_w(1-\xi_w)]\Delta Y \end{cases} \tag{3-75}$$

同理，在控制体边界 e、s 和 n 上，有

$$\begin{cases} J_e = (-d_e - f_e/2)P_O + (d_e - f_e/2)P_E \\ J_s = (d_s - f_s/2)P_O - (d_s + f_s/2)P_S \\ J_n = (-d_n - f_n/2)P_O + (d_n - f_n/2)P_N \end{cases} \tag{3-76}$$

式中，P_E、P_S 和 P_N 分别为节点 E、S 和 N 处的压力值。

将式(3-74)和式(3-76)代入式(3-55)，并考虑中心差分的稳定性问题，得

$$a_O P_O = a_E P_E + a_W P_W + a_N P_N + a_S P_S + b_O \tag{3-77}$$

式中，
$$\begin{cases} a_E = d_e \max[0, 1 - 0.5\mathrm{abs}(P_e)] + \max(-f_e, 0) \\ a_W = d_w \max[0, 1 - 0.5\mathrm{abs}(P_w)] + \max(f_w, 0) \\ a_N = d_n \max[0, 1 - 0.5\mathrm{abs}(P_n)] + \max(-f_n, 0) \\ a_S = d_s \max[0, 1 - 0.5\mathrm{abs}(P_s)] + \max(f_s, 0) \\ a_O = a_E + a_W + a_N + a_S + \max(0, f_e - f_w + f_n - f_s) \\ b_O = \max(0, f_w - f_e + f_s - f_n)P_O \end{cases} \tag{3-78}$$

式中，
$$P_t = f_t / d_t, \quad t = w, e, s, n \tag{3-79}$$

3.2.3 线高斯迭代

式(3-77)是基于节点 O 的控制体得到的离散方程,且系数项中含有各节点压力,是一个非线性方程。为了得到最后的压力值,在数值计算中需要对式(3-77)进行不断的迭代计算,直至迭代残差达到规定的收敛标准。

在对式(3-77)进行迭代时,可把其中某一节点或某几节点处的压力值作为未知数求解。例如,若把式(3-77)中的 P_O 看作未知数,其他节点的压力值均可采用迭代过程中的最近一次压力值表示。这样,节点 O 处的压力值 P_O 很容易计算出来。这种方法称为点高斯迭代法。点高斯迭代法编程较方便,也节约计算机存储空间,但存在收敛速度慢的问题,计算过程中甚至会出现发散现象。

另一种高斯迭代法为线高斯迭代法,把式(3-77)中节点 N、S 处的压力值 P_N、P_S 均看作未知数。这样,式(3-77)可写为

$$a(j)P(i,j-1) + b(j)P(i,j) + c(j)P(i,j+1) = f(j) \tag{3-80}$$

式中,

$$a(j) = -a_S, \quad b(j) = a_O, \quad c(j) = -a_N \tag{3-81}$$

$$P(i,j-1) = P_S, \quad P(i,j) = P_O, \quad P(i,j+1) = P_N \tag{3-82}$$

$$f(j) = a_E P_E + a_W P_W + b_O \tag{3-83}$$

现在,式(3-80)中有 3 个未知数,分别为 $P(i,j-1)$、$P(i,j)$ 和 $P(i,j+1)$。但是,仅 1 个方程不能求解 3 个未知数。

假设浮动块的离散节点分布如图 3-5 所示,且在长度方向的第 i 列有 j_number 个离散节点。因边界点处的压力为已知的环境压力,故在除了边界点以外的 $j\_number-2$ 个节点处,均可以建立如式(3-80)所示的离散方程。此时,$P(i,j-1)$、$P(i,j)$ 和 $P(i,j+1)$ 均为第 i 列节点的压力。第 i 列上共有 $j\_number-2$ 个节点,即有 $j\_number-2$ 个未知节点压力。每一个节点建立一个离散方程,一共可以建立 $j\_number-2$ 个离散方程,其向量表达式为

$$\boldsymbol{Kx} = \boldsymbol{f} \tag{3-84}$$

式中,

$$\boldsymbol{x} = [P(i,2), P(i,3), \cdots, P(i,j), \cdots, P(i,n-1)]^T \tag{3-85}$$

$$\boldsymbol{f} = [f(2), f(3), \cdots, f(j), \cdots, f(n-1)]^T \tag{3-86}$$

$$\boldsymbol{K} = \begin{bmatrix} b_2 & c_2 & & & & \\ a_3 & b_3 & c_3 & & & \\ & a_4 & b_4 & c_4 & & \\ & & \ddots & \ddots & \ddots & \\ & & & a_{n-2} & b_{n-2} & c_{n-2} \\ & & & & a_{n-1} & b_{n-1} \end{bmatrix} \tag{3-87}$$

式(3-85)~式(3-87)中，$n=j\_number$。

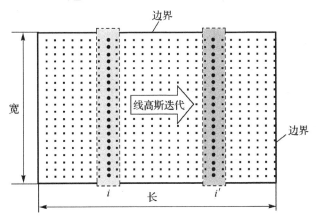

图3-5 浮动块的离散节点分布及线高斯迭代法示意图

求解式(3-84)，就可以获得未知向量 x 的解，即浮动块长度方向上第 i 列节点的压力。之后，通过同样的方法，可以计算第 i' 列节点的压力。

根据式(3-87)，K 是一个三对角矩阵，可通过追赶法求解。可将 K 分解为

$$K = LU \tag{3-88}$$

式中，

$$L = \begin{bmatrix} 1 & & & \\ l_3 & 1 & & \\ & \ddots & \ddots & \\ & & l_{n-1} & 1 \end{bmatrix} \tag{3-89}$$

$$U = \begin{bmatrix} u_2 & e_2 & & \\ & \ddots & \ddots & \\ & & u_{n-2} & e_{n-2} \\ & & & u_{n-1} \end{bmatrix} \tag{3-90}$$

由式(3-88)可得 L 和 U 元素的计算公式：

$$\begin{cases} u_2 = b_2, \quad e_j = c_j \\ l_j = \dfrac{a_j}{u_{j-1}}, \quad u_j = b_j - l_j e_{j-1} \end{cases} \tag{3-91}$$

将式(3-88)代入式(3-84)，得

$$Ly = f \tag{3-92}$$

式中，
$$y = Ux \tag{3-93}$$

式(3-92)的解为
$$\begin{cases} y_1 = f_1 \\ y_j = f_j - l_j y_{j-1}, \quad j = 2, 3, \cdots, n-2 \end{cases} \tag{3-94a}$$

这个循环称为追的过程，相当于消元过程。获得解 y 后，方程(3-94a)的解为
$$\begin{cases} x_{n-2} = \dfrac{y_{n-2}}{u_{n-2}} \\ x_j = \dfrac{y_j - c_j x_{j+1}}{u_j}, \quad j = n-3, \cdots, 2 \end{cases} \tag{3-94b}$$

这个过程称为赶的过程，相当于回代过程。获得 x 后，浮动块第 i 列各节点的压力由式(3-84)计算。计算达到式(3-95)所示的收敛标准时，迭代结束。

$$\sum_{i=2}^{i\_number-1} r_i^2 \leqslant \varepsilon \tag{3-95}$$

3.3　基于压力梯度的自适应网格技术

在数值计算中，网格的分布对计算结果和计算过程都会产生重要影响，不合理的网格分布甚至会导致计算发散。对于简单问题，均匀分布网格就能满足计算的需要。但是，当问题变得复杂的时候，就需要采用网格自适应技术[101]。

3.3.1　磁头/磁盘界面自适应网格技术

对于磁头/磁盘界面这种纳米间隙的气膜润滑方程，当浮动块形状简单、最小飞行高度较高时，均匀分布的网格就能满足计算要求。但当飞行高度较低，且浮动块具有复杂表面形貌时，计算压力就需要采用自适应网格技术。

图 3-6 所示为基于压力梯度的自适应网格技术的基本思想。

基于压力梯度的自适应网格技术的具体实施如下。

(1) 在浮动块 x (长度)方向和 y (宽度)方向设置均匀分布的网格，如图 3-7 所示的 Ω 浮动块均布网格。

(2) 基于均匀分布的网格技术迭代计算，经过 N 步后，获得一个未收敛的中间压力 $P_{i,j}$。

(3) 根据中间压力 $P_{i,j}$ 计算 x 和 y 方向的压力梯度 $dP_{i,j}$，并以压力梯度为变量定义网格密度函数。

(4) 根据网格密度函数重新生成新的自适应网格。

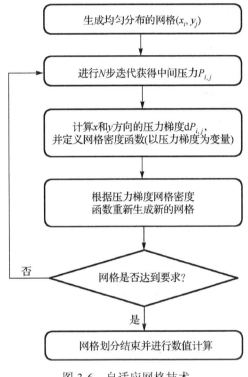

图 3-6 自适应网格技术

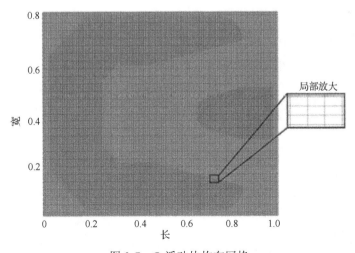

图 3-7 Ω 浮动块均布网格

3.3.2 网格密度函数

如何通过自适应网格方法生成预期要求的网格，关键是网格密度函数的选取。定义网格密度函数的详细过程如下。

在浮动块长度方向上，网格密度函数定义如下：

$$w\left(\frac{x_{i+1}+x_i}{2}\right)(x_{i+1}-x_i) = K(\zeta_{i+1}-\zeta_i) \tag{3-96}$$

式中，$0<x<L$，$0<\zeta<1$。$\zeta(=x/L$，L 为浮动块的长度) 为过渡坐标，$i=1, 2, \cdots, I\_number$(浮动块长度方向的离散节点数)。另外，ζ_{i+1} 和 ζ_i 之间的距离为一个常数，即 $1/(I\_number-1)$。

当 x_{i+1} 和 x_i 之间的距离趋于 0 时，式(3-96)变为

$$w(x)\frac{\mathrm{d}x}{\mathrm{d}\zeta} = K \tag{3-97}$$

式中，

$$K = \int_0^L w(x)\mathrm{d}x \tag{3-98}$$

网格密度函数 $w(x)$ 的表达式为

$$w(x) = \max(\chi k, P_{mx})^\nu \tag{3-99}$$

式中，

$$k = \int_0^L P_{mx}(x)\mathrm{d}x \tag{3-100}$$

P_{mx} 为浮动块长度方向的最大压力梯度；χ 和 ν 为常系数，需要根据不同表面形貌的浮动块进行选取。

浮动块长度方向自适应网格划分过程的 MATLAB 程序流如下。

```
Input x, ζ, weightx, K, I;
let n=2, intergx=0, eps=10⁻⁸;
let X(1)=x(1), X(I)=x(I);
for i=2 to I-1 do
jugde←1
a₁←x(i-1); b₁←weightx(i-1);
a₂←x(i); b₂←weightx(i);
A←x(i); B←weightx(i);
r←x(i);
step←ζ(i)-ζ(i-1);
while (jugde equals 1) do
```

```
                    intergxx←intergx+(b₁+b₂)·(a₂-a₁)/2;
                    if abs(intergxx-K·step·(n-1)) <eps  then
                        X(n)←a₂;
                        intergx←intergx+(b₁+b₂)·(a₂-a₁)/2;
                        n←n+1;
                        b₁←b₂; a₁←a₂;
                        b₂←B; a₂←A;
                    else if abs(intergxx-K·step·(n-1)) >eps & intergxx-
                             K·step·(n-1)>0  then
                        r←a₂;
                        r₁←(a₂+a₁)/2;
                        b₂←(b₂-b₁)/(a₂-a₁)·r₁+b₁-(b₂-b₁)/(a₂-a₁)·a₁;
                        a₁←r₁;
                    else if abs(intergxx-K·step·(n-1)) >eps & intergxx-
                             K·step·(n-1)<0  then
                        if a₂<r then
                            r₂←(a₂+r)/2;
                            b₂←(b₂-b₁)/(a₂-a₁)·r₂+b₁-(b₂-b₁)/(a₂-a₁)·a₁;
                            a₂←r₂;
                        else
                            intergx←intergx+(b₁+b₂)·(a₂-a₁)/2;
                            jugde←2;
                        end if
                    end if
        end while
        end for
        return X;
        end
```

程序流中，weight$x$ 为式 (3-99) 所示的网格密度函数。对于浮动块宽度的方向，可用类似的方法进行自适应网格划分。

3.3.3 Ω 浮动块自适应网格分布

需要说明的是，网格的分布也是节点的分布。浮动块网格分布在长度和宽度方向均采用规则的矩形网格，该网格是通过长度和宽度方向的节点生成的。

在给出 Ω 浮动块自适应网格分布之前，先研究式 (3-99) 网格密度函数中参数 χ 和 ν 对网格分布的影响。为了便于分析，在一维情况下研究参数 χ 和 ν 对节点（即网格）分布的影响。

图 3-8 所示为参数 χ 对节点分布的影响，其中 $\nu=0.5$。从图 3-8 可以看出，随着 χ 的增大，网格在中间区域的节点越来越多，这说明了 χ 的增加会导致节点趋向均匀分布状态。

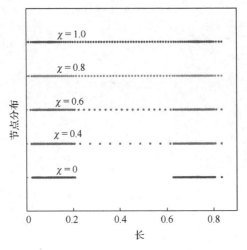

图 3-8　参数 χ 对节点分布的影响

图 3-9 所示为参数 ν 对节点分布的影响，其中 $\chi=0.5$。从图 3-9 可以看出，随着 ν 的增大，网格在中间区域的节点越来越少，这说明 ν 的增加会导致节点趋向非均匀分布状态，即压力梯度大的区域，节点越多。

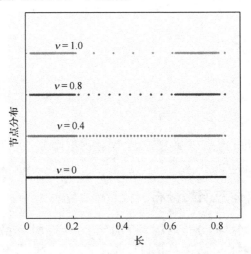

图 3-9　参数 ν 对节点分布的影响

图 3-10 给出了 Ω 浮动块自适应网格分布，其中，$\chi = 0.5$，$\nu = 0.9$。从图 3-10 可以看出，在长度方向上，网格密度在浮动块尾部区域总体大于头部区域，并且在

表面几何高度突变区域更为集中。在宽度方向上，网格分布几乎处于对称状态，这种分布是由浮动块表面形貌的对称性所导致的。

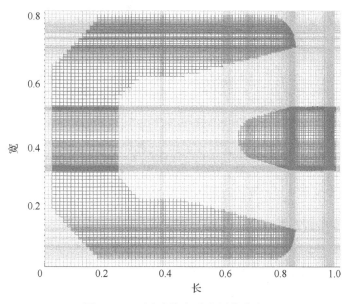

图 3-10　Ω 浮动块自适应网格分布

3.4　多重网格法

多重网格法是一种快速计算方法，迭代求解由偏微分方程组离散以后组成的代数方程组，基本原理在于一定的网格最容易消除波长与网格步长相对应的误差分量。该方法采用不同尺度的网格，不同疏密的网格消除不同波长的误差分量，首先在细网格上采用迭代法，当收敛速度变缓慢时，暗示误差已经光滑，则转移到较粗的网格上消除与该层网格上相对应的较易消除的误差分量，这样逐层进行下去直到消除各种误差分量，再逐层返回到细网格上。

3.4.1　多重网格法各层网格的生成

在多重网格加速迭代过程中，首先需要获得各层网格上的网格信息。图 3-11 给出了 5 重网格法中各层网格生成示意图。

网格生成过程中，第 5 层是通过自适应网格方法生成的，该层网格的密度最大。第 4 层网格以第 5 层网格的奇数网格线生成。类似地，可依次得到第 3 层、第 2 层和第 1 层的网格。

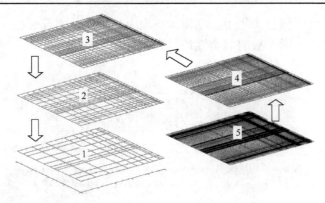

图 3-11　5 重网格法中各层网格生成示意图

3.4.2　多重网格法的实施

把气膜润滑方程式(3-77)写为矩阵形式如下：

$$A_k P_k = b_k \tag{3-101}$$

式中，P_k 为第 k 层网格 G_k 上的压力矢量；A_k 和 b_k 为该层上与压力有关的矩阵系数，$k=1$、2、3、4、5，$k=5$ 时网格密度最大，G_k 为 G_{k+1} 的奇数网格线组成的网格。

在迭代的过程中，式(3-101)会产生残值 R_k，有

$$R_k = b_k - A_k P_k \tag{3-102}$$

结合式(3-101)和式(3-102)，在第 k 层网格上：

$$A_k \overline{P}_k + \delta P_k - \overline{A}_k \overline{P}_k = b_k - \overline{b}_k + R_k \tag{3-103}$$

式中，

$$\delta P_k = P_k - \overline{P}_k \tag{3-104}$$

变量字母上方的符号"-"表示变量在迭代过程中与之对应的近似值。

令 I_k^{k-1} 是从细网格到粗网格的转换算子，I_{k-1}^k 是从粗网格到细网格的转换算子，有

$$A_{k-1} \hat{P}_{k-1} = \hat{b}_{k-1} \tag{3-105}$$

式中，

$$\hat{P}_{k-1} = I_k^{k-1} \overline{P}_k + \delta P_{k-1} \tag{3-106}$$

$$\hat{b}_{k-1} = b_{k-1} + \overline{A}_{k-1} I_k^{k-1} \overline{P}_k - \overline{b}_{k-1} + I_k^{k-1} \overline{R}_k \tag{3-107}$$

G_{k-1} 上迭代完后，通过式(3-105)可以求得校正项 δP_{k-1}，从而更新 G_k 层上的解，即

$$\overline{P}_k^{\text{new}} = \overline{P}_k + I_{k-1}^k \delta P_{k-1} \tag{3-108}$$

3.5 修正的 LSFD 法

修正的 LSFD 法[89]是在 LSFD 法基础上,针对磁头/磁盘界面气膜润滑方程的特殊性所提出来的数值计算方法。修正的 LSFD 法是一种无网格法,在气膜润滑方程的离散过程中,不需要网格信息,只需要离散节点信息。与 LSFD 法相比,修正的 LSFD 法在保证计算精度的前提下,具有较高的计算效率。

3.5.1 LSFD 法的修正

如图 3-12 所示,在一个参考点的周围,有 24 个支撑点。通过这些支撑点,可以构造出参考点处的一阶、二阶导数,其表达式为

$$P_J = P_O + \Delta X_J \frac{\partial P}{\partial X}\bigg|_O + \Delta Y_J \frac{\partial P}{\partial Y}\bigg|_O + \frac{1}{2}(\Delta X_J)^2 \frac{\partial^2 P}{\partial X^2}\bigg|_O \\
+ \frac{1}{2}(\Delta Y_J)^2 \frac{\partial^2 P}{\partial Y^2}\bigg|_O + \Delta X_J \Delta Y_J \frac{\partial^2 P}{\partial X \partial Y}\bigg|_O + \frac{1}{6}(\Delta X_J)^3 \frac{\partial^3 P}{\partial X^3}\bigg|_O \\
+ \frac{1}{6}(\Delta Y_J)^3 \frac{\partial^3 P}{\partial Y^3}\bigg|_O + \frac{1}{2}(\Delta X_J)^2 \Delta Y_J \frac{\partial^3 P}{\partial X^2 \partial Y}\bigg|_O + \frac{1}{2} \Delta X_J (\Delta Y_J)^2 \frac{\partial^3 P}{\partial X \partial Y^2}\bigg|_O + \cdots \quad (3\text{-}109)$$

式中,$J=1, 2, \cdots, 24$。

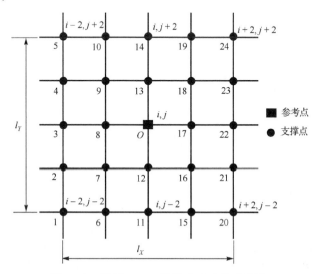

图 3-12 修正 LSFD 法的参考点和支撑点

式(3-109)可以形成一个拥有 24 个方程的方程组。在这个方程组中,只有 9 个未知的偏导数,24 个方程求解 9 个未知数,可以通过最小二乘法进行优化,得到更

为精确的偏导数。然后，把其中的 $\left.\dfrac{\partial P}{\partial X}\right|_O$、$\left.\dfrac{\partial P}{\partial Y}\right|_O$、$\left.\dfrac{\partial^2 P}{\partial X^2}\right|_O$、$\left.\dfrac{\partial^2 P}{\partial Y^2}\right|_O$ 代入气膜润滑方程，就可以得到最后的离散方程。

3.5.2 边界离散点的处理

图 3-12 所示的参考点和支撑点为浮动块内部的离散点，当离散点处于边界时，其分布情况需要特殊处理。图 3-13 给出了浮动块边界附近离散节点的分布情况。

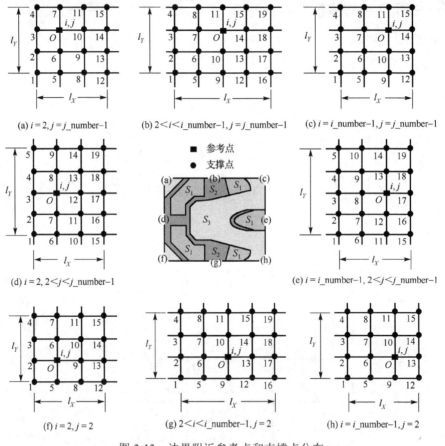

图 3-13 边界附近参考点和支撑点分布

从图 3-13 可以看出，边界附近参考点的支撑点数目最多为 19 个，要少于内部参考点的支撑点数目。需要指出的是，边界上节点的压力为周围环境压力。

当获得内部节点和边界附近节点的离散方程后，就可以通过类似有限体积法中采用的迭代方法对离散方程进行求解。同时，还可以通过自适应网格技术生产网格节点(只需要节点信息)，并通过多重网格法提高计算效率。

第4章 纳米间隙气膜非线性动力学分析方法

4.1 纳米间隙气膜动力学分析模型建立

4.1.1 物理参数分析模型

物理参数分析模型是指在时域分析中建立系统的微分方程。这种运动方程有以下四种推导方法。

(1) 牛顿运动方程。利用牛顿第二定律,根据各质量块之间力的平衡条件直接建立分析模型的方法,是一种直接法。

(2) 汉密尔顿原理。应用拉格朗日泛函根据变分原理推导运动微分方程的方法。

(3) 拉格朗日运动方程。其一般形式既适用于保守系统又适用于非保守系统,也可以根据其一般形式推导运动方程。

(4) 影响系数法。根据结构动力学中的原理提出的,对于机械系统也很实用。

牛顿运动方程适用于直接处理加速度、力等向量,而汉密尔顿原理和拉格朗日运动方程根据能量原理推出,采用的是功、能等标量。一般说来对于简单系统用牛顿运动方程较好,对于多自由度系统采用汉密尔顿原理和拉格朗日运动方程出错的可能性较小,特别是拉格朗日运动方程更为方便。

无论牛顿运动方程、汉密尔顿原理、拉格朗日运动方程还是影响系数法,最后的运动微分方程都可以归结为下列形式:

$$M\ddot{x} + C\dot{x} + Kx = \{p(t)\} \tag{4-1}$$

式中,M 为系统的质量矩阵;C 为系统的阻尼矩阵;K 为系统的刚度矩阵。

如果把质量块看作"节点",把弹簧或阻尼看作由两个相关节点组成的"单元",则和该"节点"有关的刚度 k_i 或阻尼 c_i 都会在该节点号所对应的刚度矩阵和阻尼矩阵的主成分中占有自己的"席位",而 K 或 C 中非对角元素则只有同时和相应的两个质量块均有关时,刚度系数或阻尼系数才占有自己的"席位"。按照这一方法,可以方便地形成刚度矩阵和阻尼矩阵。由于在上述模型中采用了质量型集中参数分析模型,所以质量矩阵是一个对角矩阵。

多自由度分析模型具有如下特点。

(1) 矩阵和列阵的维数等于系统的自由度数。

(2) 运动方程体现了惯性力、阻尼力、弹性力和激励力的平衡。

(3) 质量矩阵 M、阻尼矩阵 C、刚度矩阵 K 均是对称矩阵。

4.1.2 模态参数分析模型

前面所建立的分析模型是物理参数分析模型，一般说来这种分析模型是多个广义坐标相互耦合的二阶常系数微分方程组，求解较为困难。为此，可以采取措施，对相互耦合的微分方程组进行坐标变换，使之变换成一组非耦合的单自由度常系数常微分方程，这组方程称为模态参数分析模型。

由于物理参数模型比较直观，容易理解，首先应建立物理参数分析模型，其次就可以利用系统的主振型矩阵，对耦合的微分方程组进行坐标变换，使其转变为一组非耦合的单自由度方程。然后用单自由度的理论求解方程。最后进行振型叠加，即把单自由度方程的解合成，从而得到多自由度振动系统的响应。这种方法称为振型叠加法，也称为多自由度振动系统的模态分析法。

一般说来，若某一方程涉及一个以上广义坐标，则称广义坐标在该方程中相互耦合，这表明各个广义坐标之间存在相互影响，若不解耦则不可能把多自由度系统分解为多个单自由度振动系统。在多自由度系统的物理参数分析模型中，若其任一系数矩阵是非对角矩阵，则方程组展开后，便会出现各自由度广义坐标间的相互耦合。若质量矩阵为非对角矩阵，则认为存在惯性耦合，若阻尼矩阵是非对角矩阵，则认为存在阻尼耦合。一般来说，在多自由度系统中，三种耦合均可能存在，但当采用集中质量矩阵时，其惯性耦合便不存在。而在一些特定条件下也可能没有弹性耦合和阻尼耦合。当各系数矩阵均为对角矩阵时，方程组是非耦合的，可以分解为一组单自由度的方程。另外，对于同一动力学问题，广义坐标系之间是否存在相互耦合与所选择的广义坐标有关，即所选择的坐标系不同，可能会出现不同的耦合现象。

4.1.3 磁头/磁盘系统分析模型

本书根据磁头/磁盘系统的结构以及硬盘驱动器的工作原理，分别建立物理参数分析模型以及模态参数分析模型，然后采用数值模拟的方式分析磁头/磁盘系统的运动特性，以探讨浮动块的运动特性以及影响其运动的因素。为了更好地分析超低飞行高度浮动块的振动特性，要求模型简练但是不能忽视重要的影响因素[115]。

如图 1-3 所示的磁头/磁盘系统示意图，设浮动块为长为 a、宽为 b 的矩形块，其质量为 m，质心处俯仰角方向的扭转惯量为 I，一般浮动块悬臂部分法线方向的弹性刚度为 k_s，角弹性刚度为 k_θ，阻尼系数分别为 c_s 和 c_θ，浮动块的前后缘部分的气膜轴承现象分别用两个集中弹性体(k_1, k_2)和集中阻尼体(c_1, c_2)表示。质心距离前缘压强中心、后缘压强中心以及磁头部位的距离分别是 d_1、d_2、d_h，磁头距离磁盘的距离为 z_p。

浮动块的运动特性通常用最小飞行高度 $h_{\min}$、俯仰角 α 和侧倾角 β 表示。其中，俯仰角定义为磁盘表面与浮动块纵向的夹角；侧倾角定义为浮动块横截面相对磁盘表面径向偏转的角度，当浮动块内侧高于外侧时定义俯仰角为正。

浮动块的飞行特性受多种因素影响，如浮动块的尺寸、预载力、相对速度以及摆角等。其中，摆角定义为沿浮动块纵向轴和磁盘旋转方向之间的夹角，用符号 δ 表示，规定摆角的正向为浮动块外侧到内侧。

4.1.4 磁头/磁盘系统单自由度模型

应用单自由度模型不足以准确分析磁头/磁盘系统浮动块的运动特性，但更有助于发现与理解浮动块运动的非线性特性。增加俯仰角以及摆角方向的转动惯量以限制浮动块在这两个方向的转动，将磁头/磁盘系统简化为单自由度系统，其示意图如图 4-1 所示。

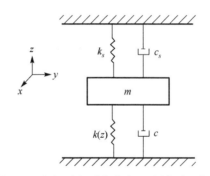

图 4-1 磁头/磁盘系统单自由度模型示意图

浮动块自由振动的运动方程如下：

$$m\ddot{z} + c\dot{z} + k(z)z = 0 \tag{4-2}$$

式中，c 为阻尼比；z 为瞬时飞行高度与稳定飞行高度的差值；$k(z)$ 为气膜刚度。

4.1.5 磁头/磁盘系统二自由度模型

设浮动块的表面为对称形状，摆角 $\delta=0$，可将磁头/磁盘系统简化为二自由度模型来分析其动态特性，二自由度模型示意图如图 4-2 所示。

按质心 G 处的坐标系建立系统的运动微分方程。质心 G 的线位移 z 和角位移 θ 引起的弹簧恢复力分别为 $k_1(z-d_1\theta)$、$k_2(z+d_2\theta)$ 和 $k\theta$；阻尼恢复力分别为 $c_1(\dot{z}-d_1\dot{\theta})$、$c_2(\dot{z}-d_2\dot{\theta})$ 和 $c_\theta\dot{\theta}$。

根据理论力学中刚体平面运动动力学方程，可写出：

$$\begin{cases} m\ddot{z} = -c_1(\dot{z}+d_1\dot{\theta}) - c_2(\dot{z}+d_2\dot{\theta}) - c_s\dot{z} - k_1(z-d_1\theta) - k_2(z+d_2\theta) - k_s z \\ I\ddot{\theta} = -c_1(\dot{z}+d_1\dot{\theta})d_1 + c_2(\dot{z}+d_2\dot{\theta})d_2 - c_\theta\dot{\theta} - k_2(z+d_2\theta)d_2 + k_1(z-d_1\theta)d_1 - k_\theta\theta \end{cases} \tag{4-3}$$

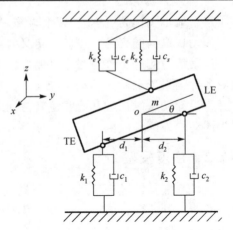

图 4-2 磁头/磁盘系统二自由度模型示意图

写出振动微分方程的矩阵形式如下：

$$\begin{bmatrix} M & 0 \\ 0 & I \end{bmatrix} \begin{Bmatrix} \ddot{z} \\ \ddot{\theta} \end{Bmatrix} + \begin{bmatrix} c_{11} & c_{12} \\ c_{21} & c_{22} \end{bmatrix} \begin{Bmatrix} \dot{z} \\ \dot{\theta} \end{Bmatrix} + \begin{bmatrix} k_{11} & k_{12} \\ k_{21} & k_{22} \end{bmatrix} \begin{Bmatrix} z \\ \theta \end{Bmatrix} = \{0\} \tag{4-4}$$

式中，

$$k_{11} = k_1(z,\theta) + k_2 + k_s \tag{4-5}$$

$$k_{12} = -k_1(z,\theta)d_1 + k_2 d_2 = k_{21} \tag{4-6}$$

$$k_{22} = k_1(z,\theta)d_1^2 + k_2 d_2^2 + k_\theta \tag{4-7}$$

阻尼系数 c_{ij} 的形式与 k_{ij} 的形式相同。

此外，存在如下关系式：

$$c = 2\zeta\sqrt{Mk}, \quad c_\theta = 2\zeta_\theta\sqrt{Mk_\theta}, \quad c_1 = 2\zeta_1\sqrt{Mk_1}, \quad c_2 = 2\zeta_2\sqrt{Mk_2} \tag{4-8}$$

且

$$z_p = z - d_h\theta + h \tag{4-9}$$

式中，h 为瞬时飞行高度。

在前述的磁头/磁盘系统分析模型中，包括几何参数、物理参数和外载荷参数三类。几何参数已完全确定；在物理参数中，有质量参数、刚度参数和阻尼参数，其中，质量参数已知，刚度参数以及阻尼参数通过实验测得。本书计算用浮动块的长 $a=1.25\times10^{-3}$m，宽 $b=0.3\times10^{-3}$m，转动惯量 $I_\theta=2.211\times10^{-13}$kg·m^2，浮动块质量 $m=1.6\times10^{-6}$kg，c_1 和 c_2 分别等于 0.01kg/s 和 0.025kg/s。对于兆级浮动块来说，只有后缘的弹簧刚度 $k_1(z,\theta)$ 是非线性的，它是 z 和 θ 的函数，表达式为

$$k_1(z,\theta) = \beta(z - l\cdot\theta)^\alpha \tag{4-10}$$

4.2 单自由度模型非线性动力学分析方法

磁头/磁盘系统属于弹簧-质量振子构成的振动系统，只有弹性力与弹性系数之间的关系是线性的，振动系统才是线性的。随着磁盘记录密度的不断提高，磁头和磁盘间隙也越来越小。研究发现：当磁头和磁盘间隙低于 10nm 后，系统的垂直刚度 k 随飞行高度的降低呈指数性增加，这一结果可以通过求解磁头和磁盘间压强的广义 Reynolds 方程得到验证。而且随着浮动块飞行高度的降低，其非线性也越来越明显。当磁头和磁盘间隙接近 5nm 时，浮动块的运动出现一个过渡阶段，从稳定飞行阶段过渡到间歇碰撞阶段。本书重点讨论浮动块飞行高度为 5nm 左右，但并未出现磁头和磁盘碰撞这一阶段，因此关键就是求解根据磁头/磁盘系统模型建立的非线性动力学方程。

下面简要介绍几种常用的数值解法，每一种方法都有各自的优势和特点，所以本书针对解法的收敛性、稳定性、效率、精度和费用等几个方面来讨论它对实际问题的有效性，从而为选择最合适的计算方法提供参考。

4.2.1 逐步积分法-线性加速度法

设单自由度系统的力学模型如图 4-3 所示，其运动方程为

$$M\ddot{y}(t) + C(t)\dot{y}(t) + K(t)y(t) = P(t) \tag{4-11}$$

其增量形式的运动方程为

$$M\Delta\ddot{y}(t) + C(t)\Delta\dot{y}(t) + K(t)\Delta y(t) = \Delta P(t) \tag{4-12}$$

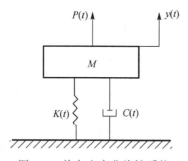

图 4-3 单自由度非线性系统

有很多方法用来对增量形式方程(4-12)进行数值积分，但各种数值积分方法都有一个相同的基本思想，就是把式(4-12)这种增量微分方程转换为代数方程式，而后用代数运算方法求解。为此必须在一定时间间隔内，在位移、速度和加速度之间引入一种简单而合理的关系，使得用三个增量表示的式(4-12)中只保留一个未知增量，从而可以用代数方法求解。

下面介绍的线性加速度法是最基本的逐步积分法之一，这个方法的基本假设是在每个时间增量Δt内加速度线性变化，且阻尼和刚度特性保持常量。

图4-4所示为按照线性加速度假设质量体在Δt时间间隔内的运动情况，即加速度可表达为变量τ的一次方程：

$$\ddot{y}(t+\tau) = \ddot{y}(t) + \frac{\Delta \ddot{y}}{\Delta t}\tau \tag{4-13}$$

式中，τ为时间间隔Δt范围内的局部坐标，它的变化范围为$0 \sim \Delta t$。

将式(4-13)对变量τ进行一次积分，得到速度关于τ的二次方程如下：

$$\dot{y}(t+\tau) = \dot{y}(t) + \ddot{y}(t)\tau + \frac{\Delta \ddot{y}}{\Delta t}\frac{\tau^2}{2} \tag{4-14}$$

将式(4-14)对变量τ再进行一次积分，得到速度关于τ的三次方程如下：

$$y(t+\tau) = y(t) + \dot{y}(t)\tau + \ddot{y}(t)\frac{\tau^2}{2} + \frac{\Delta \ddot{y}}{\Delta t}\frac{\tau^3}{6} \tag{4-15}$$

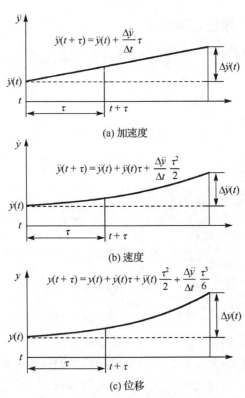

(a) 加速度

(b) 速度

(c) 位移

图4-4 Δt时间段内的运动状态

由式(4-13)和式(4-14)可求得 $\tau=\Delta t$ 时刻的速度和位移增量分别如下：

$$\Delta \dot{y}(t) = \ddot{y}(t)\Delta t + \Delta\ddot{y}(t)\frac{\Delta t}{2} \qquad (4-16)$$

$$\Delta y(t) = \dot{y}(t)\Delta t + \ddot{y}(t)\frac{(\Delta t)^2}{2} + \Delta\ddot{y}(t)\frac{(\Delta t)^2}{6} \qquad (4-17)$$

由式(4-17)可得

$$\Delta\ddot{y}(t) = \frac{6}{(\Delta t)^2}\Delta y(t) - \frac{6}{\Delta t}\dot{y}(t) - 3\ddot{y}(t) \qquad (4-18)$$

将式(4-18)代入式(4-16)，整理后得

$$\Delta\dot{y}(t) = \frac{3}{\Delta t}\Delta y(t) - 3\dot{y}(t) - \frac{\Delta t}{2}\ddot{y}(t) \qquad (4-19)$$

将式(4-18)和式(4-19)代入式(4-12)，整理后得

$$\left[K(t)+6\frac{M}{(\Delta t)^2}+3\frac{C(t)}{\Delta t}\right]\Delta y(t)=\Delta P(t)+M\left[6\frac{\dot{y}(t)}{\Delta t}+3\ddot{y}(t)\right]+C(t)\left[3\dot{y}(t)+\frac{1}{2}\ddot{y}(t)\Delta t\right] \qquad (4-20)$$

式(4-20)可写成如下形式：

$$\tilde{K}(t)\Delta y(t) = \Delta\tilde{P}(t) \qquad (4-21)$$

式中，

$$\tilde{K}(t) = K(t) + 6\frac{M}{(\Delta t)^2} + 3\frac{C(t)}{\Delta t} \qquad (4-22)$$

$$\Delta\tilde{P}(t)=\Delta P(t)+M\left[6\frac{\dot{y}(t)}{\Delta t}+3\ddot{y}(t)\right]+C(t)\left[3\dot{y}(t)+\frac{1}{2}\ddot{y}(t)\Delta t\right] \qquad (4-23)$$

这样，根据式(4-21)可得

$$\Delta y(t) = \frac{\Delta\tilde{P}(t)}{\tilde{K}(t)} \qquad (4-24)$$

将求得的 $\Delta y(t)$ 代入式(4-19)可求得速度增量 $\Delta\dot{y}(t)$，这样就可以得到下一时段的起始值 $y(t+\Delta t)$ 以及 $\dot{y}(t+\Delta t)$。

为了消除近似法的累积误差，不是由式(4-18)求 $\Delta\ddot{y}(t)$，而是将 $y(t+\Delta t)$ 和 $\dot{y}(t+\Delta t)$ 的值直接代入 $t+\Delta t$ 时刻的动态平衡方程，求得加速度下一时段的起始值 $\ddot{y}(t+\Delta t)$，则这一时间间隔内的计算结束。

逐步积分法的精度取决于三个因素：干扰力的变化率；非线性刚度和阻尼的复杂程度；时间步长 Δt 与系统自振周期 T 的比值。

线性加速度法是有条件稳定的，如果所取的时间步长 Δt 超过自振周期 T 的 1/2，

计算结果就可能发散，如果时间步长能够小于自振周期的 1/10，则可以获得可靠的结果。

4.2.2 Wilson-θ 法

Wilson-θ 法是对线性加速度法的一种推广，它的基本假设仍然是加速度按线性变化，只是将这一变化范围延伸到时间步长 Δt 之外，即设：

$$\tau = \theta \Delta t, \quad \theta \geqslant 1.0 \tag{4-25}$$

式中，若取 $\theta = 1.0$，这种方法就退化为线性加速度法。Wilson-θ 法是线性加速度方法的扩展，图 4-5 所示为 Wilson-θ 法的加速度在 τ 范围内的线性变化。

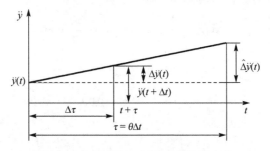

图 4-5 加速度在 τ 范围内的线性变化

把式 (4-16) 和式 (4-17) 中的 Δt 置换成 τ，速度增量和位移增量的表达式分别为

$$\hat{\Delta} \dot{y}(t) = \tau \ddot{y}(t) + \frac{\tau}{2} \hat{\Delta} \ddot{y}(t) \tag{4-26}$$

$$\hat{\Delta} y(t) = \tau \dot{y}(t) + \frac{\tau^2}{2} \ddot{y}(t) + \frac{\tau^2}{6} \hat{\Delta} \ddot{y}(t) \tag{4-27}$$

式 (4-26) 和式 (4-27) 中，符号 "^" 表示对应于时间步长 τ 的增量。

同样，将式 (4-21) 中的 Δt 置换成 τ，可得

$$\tilde{K}(t) \hat{\Delta} y(t) = \hat{\Delta} \tilde{P}(t) \tag{4-28}$$

式中，

$$\hat{K}(t) = K(t) + \frac{6}{\tau^2} M + \frac{3}{\tau} C \tag{4-29}$$

$$\hat{\Delta} \tilde{P}(t) = \hat{\Delta} P(t) + M \left[6 \frac{\dot{y}(t)}{\tau} + 3 \ddot{y}(t) \right] + C(t) \left[3 \dot{y}(t) + \frac{\tau}{2} \ddot{y}(t) \right] \tag{4-30}$$

由式 (4-28) 可计算出位移增量为

$$\hat{\Delta} y(t) = \frac{\hat{\Delta} \tilde{P}(t)}{\tilde{K}(t)} \qquad (4\text{-}31)$$

利用这个位移增量及 t 时刻的速度 $\dot{y}(t)$、加速度 $\ddot{y}(t)$,由式(4-27)得到经过 τ 时间的加速度增量为

$$\hat{\Delta} \ddot{y}(t) = \frac{6}{\tau^2}\hat{\Delta} y(t) - \frac{6}{\tau}\dot{y}(t) - 3\ddot{y}(t) \qquad (4\text{-}32)$$

然后,利用直线内插法,计算 Δt 时间步长的加速度增量为

$$\Delta \ddot{y}(t) = \frac{1}{\theta}\hat{\Delta} \ddot{y}(t) \qquad (4\text{-}33)$$

有了 $t+\Delta t$ 时刻的加速度增量,就可以按线性加速度法计算对应这一时刻的速度增量和位移增量,由式(4-26)和式(4-27),并将 τ 换成 Δt,可得

$$\Delta \dot{y}(t) = \Delta t \ddot{y}(t) + \frac{\Delta t}{2}\Delta \ddot{y}(t) \qquad (4\text{-}34)$$

$$\Delta y(t) = \Delta t \dot{y}(t) + \frac{(\Delta t)^2}{2}\ddot{y}(t) + \frac{(\Delta t)^2}{6}\Delta \ddot{y}(t) \qquad (4\text{-}35)$$

从而求得

$$\begin{cases} y(t+\Delta t) = y(t) + \Delta y(t) \\ \dot{y}(t+\Delta t) = \dot{y}(t) + \Delta \dot{y}(t) \end{cases} \qquad (4\text{-}36)$$

将式(4-36)作为下一步计算的起始条件,继续运算。

Wilson-θ 法具有如下特点。

(1) Wilson-θ 法是一个隐式积分法,因为刚度矩阵 K 是未知位移矢量的系数矩阵。

(2) Wilson-θ 法不需要特别的初始过程,因为在时刻 $t+\Delta t$ 的位移、速度和加速度只是利用在时刻 t 的相同的量来表示。

(3) 当 θ=1.3 时为无条件稳定的差分格式。一般情况下,取 θ=1.4。在许多大型通用程序中,θ 的缺省值都是 1.4。

(4) 由于不必为选取 Δt 的大小而担心,所以 Wilson-θ 法在使用上是比较方便的,即使有时 Δt 可能选取得较大,但是结果仍是稳定的,影响的只是精度。

(5) 由于 Wilson-θ 法是隐式差分格式,所以每一步都必须对方程进行求解,这样它的费用将比较高。

4.2.3 Newmark-β 法

前面介绍的 Wilson-θ 法是通过延伸时间步长在 $\tau = \theta \Delta t (\theta > 1.37)$ 范围内,加速度

按线性变化等假设,并进行逐步积分。Wilson-θ法是无条件稳定的,即$\Delta t/T$的值不受限制,可保证数值积分的稳定性,但是精度较低。

Newmark-β法也可理解为线性加速度方法的扩展,但Newmark-β法用两个参数γ和β分别对线性加速度法中的位移增量式和速度增量式进行修正,以提高计算的精度,即假设:

$$\Delta \dot{y}(t) = \Delta t \ddot{y}(t) + \gamma \Delta t \Delta \ddot{y}(t) \tag{4-37}$$

$$\Delta y(t) = \Delta t \dot{y}(t) + \frac{(\Delta t)^2}{2} \ddot{y}(t) + \beta (\Delta t)^2 \Delta \ddot{y}(t) \tag{4-38}$$

Newmark-β法的关键是γ和β值的选取,其运算步骤与线性加速度法类似。

Newmark-β法具有如下特点。

(1) Newmark-β法是一个隐式积分法。

(2) Newmark-β法不需要特别的初始过程,因为在时刻$t+\Delta t$的位移、速度和加速度只是利用在t时刻的量来表示。

(3) 当满足$\gamma \geqslant 1/2$时,Newmark-β法是无条件稳定的,通常取$\gamma=1/2$,通过调整β值以期达到对加速度的各种修正,当$\beta=1/6$时,即线性加速度法。

(4) 由于Newmark-β法是无条件稳定的,所以避免了Δt选取上的麻烦。同样,由于每一步都必须对原方程进行求解,尽管对K和M的三角分解只需进行一次,但每一步都必须进行回代,所以计算费用较高。

与Wilson-θ法相比,两种方法的求解过程基本相同,在求解的费用上相差无几,但Newmark-β法的计算精度更高。

4.2.4 修正Newmark-β法求解单自由度磁头/磁盘系统动力平衡方程

基于上述计算方法的对比,并针对磁头/磁盘系统浮动块的动力平衡方程,本书采用修正Newmark-β法求解单自由度磁头/磁盘系统动力平衡方程。

与上述传统Newmark-β法相比,修正Newmark-β法针对每一个迭代步有不同的迭代系数。下面针对磁头/磁盘系统详细介绍修正Newmark-β法的求解过程。

基于图4-1所示的磁头/磁盘系统单自由度模型,将z替换为u,动力平衡方程表述如下:

$$m\ddot{u}(t) + c\dot{u}(t) + ku(t) = p(t) \tag{4-39}$$

式中,

$$c = c_1 + c_s \tag{4-40}$$

$$k = k(u) + k_s \tag{4-41}$$

式(4-39)~式(4-41)中,m为浮动块的质量;c_1和c_s分别为气膜以及悬臂的阻尼系数;$u(t)$为相对于平衡位置的飞行高度,即$u(t)$=瞬时飞行高度h−稳定状态的飞行高度h_s;$k(u)$为气膜垂直方向的刚度系数;k_s为悬臂的刚度系数。

当浮动块飞行高度大于10nm时,应用线性分析模型就可以得到较为精确的结果,但对于飞行高度大约为5nm的浮动块,就应考虑影响非线性因素的影响。

Thornton和Bogy[113]的实验研究发现,影响浮动块动态特性最主要的非线性因素是其垂直方向刚度系数相对飞行高度的非线性。实验测得垂直方向的刚度系数k与飞行高度h之间具有如下关系:

$$k(h) = \beta_{eta} h^{\alpha} \tag{4-42}$$

式中,α为气膜刚度系数;β_{eta}为浮动块飞行高度系数。图4-6所示为垂直方向的刚度系数k与飞行高度h之间的关系曲线。

此外,文献[113]的实验研究发现:①随着飞行高度h的降低,刚度呈指数级增加;②飞行高度越低,浮动块越容易受到外界干扰的影响。

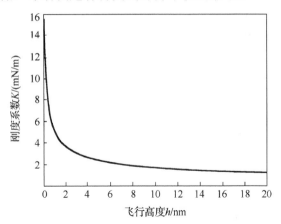

图4-6 气膜垂直方向刚度k与飞行高度h的关系曲线

本书将针对上述几点,通过求解浮动块的平衡方程,得到超低飞行高度浮动块在非稳定飞行状态的运动特性,并与实验结果进行对比验证。

采用修正Newmark-β法求解单自由度磁头/磁盘系统的动力平衡方程的具体思路如下。

(1)利用时间间隔离散连续变量,时间间隔$\Delta t_i = t_{i+1} - t_i$。为方便起见,本书采用统一的时间间隔。

(2)求解目标是根据式(4-39)求出$\ddot{u}(t)$、$\dot{u}(t)$和$u(t)$。

(3)根据已知:

$$\begin{cases} \ddot{u}(t) = \mathrm{d}\dot{u}(t)/\mathrm{d}t \\ \dot{u}(t) = \mathrm{d}u(t)/\mathrm{d}t \end{cases} \tag{4-43}$$

$$\begin{cases} \dot{u}(t) = \dot{u}(t_0) + \int_{t_0}^{t} \ddot{u}(s)\mathrm{d}s \\ u(t) = u(t_0) + \int_{t_0}^{t} \dot{u}(s)\mathrm{d}s \end{cases} \tag{4-44}$$

(4) 离散式(4-39)，将式(4-39)写成如下形式：

$$m\ddot{u}_i + c\dot{u}_i + ku_i = p_i \tag{4-45}$$

$$m\ddot{u}_{i+1} + c\dot{u}_{i+1} + ku_{i+1} = p_{i+1} \tag{4-46}$$

由式(4-44)，可得到

$$\begin{cases} \dot{u}_{i+1} = \dot{u}_i + \int_{t_i}^{t_{i+1}} \ddot{u}(s)\mathrm{d}s \\ u_{i+1} = u_i + \int_{t_i}^{t_{i+1}} \dot{u}(s)\mathrm{d}s \end{cases} \tag{4-47}$$

这样，可根据 u_i、$\dot{u}_i$ 和 $\ddot{u}_i$ 求出 u_{i+1}、$\dot{u}_{i+1}$ 和 $\ddot{u}_{i+1}$ 的表达式。

(5) 化简积分形式 $\int_{t_i}^{t_{i+1}} \ddot{u}(s)\mathrm{d}s$。

积分形式 $\int_{t_i}^{t_{i+1}} \ddot{u}(s)\mathrm{d}s$ 的化简是 Newmark-β 法的关键，通常采用以下三种方式。

① 加速度是常数，并在任一 Δt 上等于 $\ddot{u}(t)$，如图 4-7 所示。

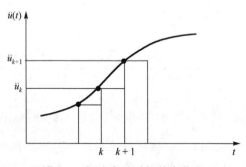

图 4-7 加速度随时间的变化 I

$$\ddot{u}(t) = \ddot{u}_i, \quad t_i \leqslant t \leqslant t_{i+1} \tag{4-48}$$

$$\dot{u}(t) = \dot{u}_i + \int_{t_i}^{t} \ddot{u}_i \mathrm{d}s = \dot{u}_i + \ddot{u}_i(t - t_i) \tag{4-49}$$

这样，可推出：

$$\dot{u}_{i+1} = \dot{u}_i + \ddot{u}_i \Delta t \tag{4-50}$$

$$u_{i+1} = u_i + \int_{t_i}^{t_{i+1}} \dot{u}(t)\mathrm{d}t = u_i + \dot{u}_i \Delta t + \frac{1}{2}\ddot{u}_i(\Delta t)^2 \tag{4-51}$$

② 加速度是常数，并等于从 t 到 $t+\Delta t$ 间隔中点的值，如图 4-8 所示。

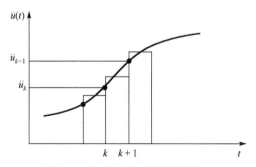

图 4-8 加速度随时间的变化 II

$$\ddot{u}(t) = \frac{\ddot{u}_i + \ddot{u}_{i+1}}{2}, \quad t_i \leqslant t \leqslant t_{i+1} \tag{4-52}$$

$$\dot{u}(t) = \dot{u}_i + \int_{t_i}^{t} \frac{\ddot{u}_i + \ddot{u}_{i+1}}{2} \mathrm{d}s = \dot{u}_i + \frac{\ddot{u}_i + \ddot{u}_{i+1}}{2}(t - t_i) \tag{4-53}$$

这样，可推出：

$$\dot{u}_{i+1} = \dot{u}_i + \frac{\ddot{u}_i + \ddot{u}_{i+1}}{2}\Delta t \tag{4-54}$$

$$u_{i+1} = u_i + \int_{t_i}^{t_{i+1}} \dot{u}(t)\mathrm{d}t = u_i + \dot{u}_i \Delta t + \frac{\ddot{u}_i + \ddot{u}_{i+1}}{4}(\Delta t)^2 \tag{4-55}$$

③ 加速度是线性的，如图 4-9 所示。

$$\ddot{u}(t) = \ddot{u}_i + \frac{\ddot{u}_{i+1} - \ddot{u}_i}{t_{i+1} - t_i}(t - t_i), \quad t_i \leqslant t \leqslant t_{i+1} \tag{4-56}$$

$$\dot{u}(t) = \dot{u}_i + \int_{t_i}^{t} \ddot{u}(s)\mathrm{d}s = \dot{u}_i + \int_{t_i}^{t}\left[\ddot{u}_i + \frac{\ddot{u}_{i+1} - \ddot{u}_i}{t_{i+1} - t_i}(t - t_i)\right]\mathrm{d}t = \dot{u}_i + \ddot{u}_i(t - t_i) + \frac{1}{2}\frac{\ddot{u}_{i+1} - \ddot{u}_i}{t_{i+1} - t_i}(t - t_i)^2 \tag{4-57}$$

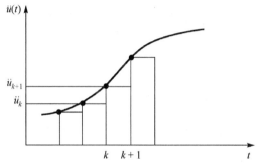

图 4-9 加速度随时间的变化 III

这样，可推出：

$$\dot{u}_{i+1} = \dot{u}_i + \frac{\ddot{u}_i + \ddot{u}_{i+1}}{2}\Delta t \tag{4-58}$$

$$u_{i+1} = u_i + \int_{t_i}^{t_{i+1}} \dot{u}(t)\mathrm{d}t = u_i + \dot{u}_i \Delta t + \frac{\ddot{u}_i}{3}(\Delta t)^2 + \frac{\ddot{u}_{i+1}}{6}(\Delta t)^2 \tag{4-59}$$

综上所述：

$$\dot{u}_{i+1} = \dot{u}_i + (1-a)\ddot{u}_i \Delta t + a\ddot{u}_{i+1}\Delta t \tag{4-60}$$

$$u_{i+1} = u_i + \dot{u}_i \Delta t + (0.5-b)\ddot{u}_i(\Delta t)^2 + b\ddot{u}_{i+1}(\Delta t)^2 \tag{4-61}$$

其中，当加速度是常数，并在任一 Δt 上等于 $\ddot{u}(t)$ 时，$a=0$、$b=0$；当加速度是常数，并等于从 t 到 $t+\Delta t$ 间隔中点的值时，$a=1/2$、$b=1/4$；当加速度是线性的时，$a=1/2$、$b=1/6$。

本书采用的是第三种方式，即假设加速度的变化是线性的。

(6) 针对磁头/磁盘系统的振动方程采用 Newmark-β 法。

由式(4-43)~式(4-47)进行迭代，并化简积分形式 $\int_{t_i}^{t_{i+1}} \ddot{u}(s)\mathrm{d}s$ 可以得到磁头/磁盘系统的求解迭代公式如下：

$$\dot{u}_{i+1} = \dot{u}_i + (1-a)\ddot{u}_i \Delta t + a\ddot{u}_{i+1}\Delta t \tag{4-62}$$

$$u_{i+1} = u_i + \dot{u}_i \Delta t + (0.5-b)\ddot{u}_i(\Delta t)^2 + b\ddot{u}_{i+1}(\Delta t)^2 \tag{4-63}$$

$$\ddot{u}_{i+1} + \frac{c}{m}\dot{u}_{i+1} + \frac{k_i}{m}u_{i+1} = \frac{p_{i+1}}{m} \tag{4-64}$$

且

$$c_1 = 2\zeta_1\sqrt{mk_1}, \quad c_s = 2\zeta_s\sqrt{mk_s} \tag{4-65}$$

假设加速度的变化是线性的，则取 $a=1/2$、$b=1/6$，求解得到

$$\ddot{u}_{i+1} = -\frac{1}{mG_i}[-k_i u_i - (c+k_i\Delta t)\dot{u}_i - Q_i\ddot{u}_i + p_{i+1}] \tag{4-66}$$

式中，

$$G_i = 1 + 2\frac{c}{m}a\Delta t + \frac{k_i}{m}b(\Delta t)^2 \tag{4-67}$$

$$Q_i = \frac{c}{m}(1-a)\Delta t + \frac{k_i}{m}(0.5-b)(\Delta t)^2 \tag{4-68}$$

将式(4-66)代入式(4-62)和式(4-63)，可得

$$\dot{u}_{i+1} = (\cdots)u_i + (\cdots)\dot{u}_i + (\cdots)\ddot{u}_i + (\cdots)p_{i+1} \tag{4-69}$$

$$u_{i+1} = (\cdots)u_i + (\cdots)\dot{u}_i + (\cdots)\ddot{u}_i + (\cdots)p_{i+1} \tag{4-70}$$

由式(4-66)、式(4-69)和式(4-70)，可得

$$\begin{Bmatrix} u_{i+1} \\ \dot{u}_{i+1} \\ \ddot{u}_{i+1} \end{Bmatrix} = F_{Ni} \begin{Bmatrix} u_i \\ \dot{u}_i \\ \ddot{u}_i \end{Bmatrix} + H_{Ni} P_{i+1} \tag{4-71}$$

式中，

$$F_{Ni} = \begin{bmatrix} 1 - \dfrac{k_i b(\Delta t)^2}{mG_i} & \Delta t\left(1 - \dfrac{c + k_i \Delta t}{mG_i} b\Delta t\right) & \dfrac{(\Delta t)^2}{2} - \dfrac{b(G_i + Q_i)(\Delta t)^2}{G_i} \\ -\dfrac{k_i a\Delta t}{mG_i} & 1 - \dfrac{c + k_i \Delta t}{mG_i} a\Delta t & \Delta t - \dfrac{a(G_i + Q_i)\Delta t}{G_i} \\ -\dfrac{k_i}{mG} & -\dfrac{c + k_i \Delta t}{mG_i} & -\dfrac{Q_i}{G_i} \end{bmatrix} \tag{4-72}$$

$$H_{Ni} = \left(\dfrac{1}{mG_i}\right) \begin{Bmatrix} \beta(\Delta t)^2 \\ \gamma \Delta t \\ 1 \end{Bmatrix} \tag{4-73}$$

这样，从 $t=0$ 时刻开始，根据初始时刻的运动状态，用上面给出的公式依次求出下一时刻的运动状态。

这是一个逐步积分的过程，由于在求解过程中没有应用叠加原理，所以此方法可以应用于非线性问题的求解，对于刚度非线性或者阻尼非线性问题，采用分段线性化的方法，在每个积分的小区间内将刚度和阻尼视为常量，就可以根据式(4-71)来进行求解。但是，相对于传统 Newmark-β 法，修正 Newmark-β 法中的迭代系数 F_{Ni} 和 H_{Ni} 并非常数，而是随迭代步中的参数 k_i 变化，因此每一步迭代时都要重新计算 F_{Ni} 和 H_{Ni}。

4.3 二自由度模型非线性动力学分析方法

由于多自由度系统可以通过模态分析法转化为多个单自由度系统进行分析，所以分析单自由度系统是分析多自由度系统的基础。通过对单自由度系统的认识，可以了解若干基本问题，这将有助于研究比较复杂的动力问题。

为了提高结构系统动力响应的计算精度，同时能细致地了解系统的动力特性，本节应用磁头/磁盘系统的二自由度模型进行更加深入的研究。

4.3.1 应用模态分析法求解动力平衡方程

模态分析是机械和结构动力学中一种极为重要的分析方法。模态分析的基本思想是将描述机械、结构动态性能的矩阵方程解耦,从而使具有 N 个自由度系统的动力学特性用单自由度系统来表示。

模态分析的核心内容是确定用以描述结构系统动态特性的固有频率和振型等模态参数。其中固有振动特性分析是通过研究无阻尼的自由振动,得到振动系统的自然属性,即固有频率和振型。本书利用模态分析的方法,即利用模态频率、模态振型以及模态参数,对硬盘驱动器进行直接的动态性能评估。一方面,可以对磁头/磁盘的运动规律作进一步剖析;另一方面,可以对磁头/磁盘系统浮动块的优化设计起到指导作用。

磁头/磁盘系统二自由度模型如图 4-2 所示,振动微分方程的矩阵形式如式(4-4)所示。

4.3.2 动力平衡方程的坐标耦合与解耦

振动微分方程(4-4)存在两个坐标,存在坐标耦合。由式(4-4)可知,$m_{21}=m_{12}=0$、$k_{12}=k_{21}\neq 0$。质量矩阵是对角线的,而刚度矩阵是非对角线的,存在静力耦合。显然,发生坐标耦合后,其运动微分方程组的求解是不方便的。如果能通过一种恰当的坐标变换,使之成为无耦合的坐标系统(即相当于两个单自由度系统),问题就可以得到简化,这种坐标称为解耦坐标。

在耦合的运动微分方程中,利用解耦坐标进行坐标变换,使 M 和 K 变成对角矩阵,则耦合的运动微分方程便变成无耦合独立的运动微分方程,即成为无耦合的坐标系统。

解耦分析法的核心是坐标解耦,即运动微分方程解耦。此方法的关键是找解耦坐标。因为系统的主振型对系统的质量和刚度矩阵具有正交性质,有解耦作用,因此可以通过主振型来建立解耦坐标。经过坐标变换后,运动微分方程不再耦合,变成一组独立的单自由度系统的运动微分方程。显然,这些独立方程的解是以解耦坐标表示的解,需要将其还原为原坐标的解,问题就得到解决。

1. 建立解耦矩阵

对于二自由度无阻尼自由振动问题,其运动微分方程为

$$m\ddot{u}(t) + ku(t) = 0 \tag{4-74}$$

设

$$u(t) = q_n(t)\varphi_n \tag{4-75}$$

式中，
$$q_n(t) = A_n \cos\varpi_n t + B_n \sin\varpi_n t \tag{4-76}$$

所以
$$u(t) = \varphi_n(A_n \cos\varpi_n t + B_n \sin\varpi_n t) \tag{4-77}$$

$$\ddot{u}(t) = -\varpi_n^2 \varphi_n(A_n \cos\varpi_n t + B_n \sin\varpi_n t) \tag{4-78}$$

将式(4-76)～式(4-78)代入式(4-74)，得
$$\left| -\varpi_n^2 \boldsymbol{m}\varphi_n + \boldsymbol{k}\varphi_n \right| q_n(t) = 0 \tag{4-79}$$

要求式(4-79)有非零解，则
$$\left| -\varpi_n^2 \boldsymbol{m}\varphi_n + \boldsymbol{k}\varphi_n \right| = 0 \tag{4-80}$$

即
$$\boldsymbol{k}\varphi_n = \varpi_n^2 \boldsymbol{m}\varphi_n \tag{4-81}$$

式(4-80)可写为
$$(-\varpi_n^2 \boldsymbol{m} + \boldsymbol{k})\varphi_n(t) = 0 \tag{4-82}$$

式(4-82)有非零解的条件是
$$\det(\boldsymbol{k} - \varpi_n^2 \boldsymbol{m}) = 0 \tag{4-83}$$

求解行列式(4-83)可以得到 n 个 ϖ_n，规定：
$$\varpi_1^2 \leqslant \varpi_2^2 \leqslant \varpi_3^2 \leqslant \cdots \leqslant \varpi_n^2 \tag{4-84}$$

ϖ_n 称为振动的第 n 阶固有频率。

设模态矩阵为
$$\boldsymbol{\Phi} = \boldsymbol{\varphi}_{jn} = \begin{bmatrix} \varphi_{11} & \varphi_{12} & \cdots & \varphi_{1N} \\ \varphi_{21} & \varphi_{22} & \cdots & \varphi_{2N} \\ \vdots & \vdots & & \vdots \\ \varphi_{N1} & \varphi_{N2} & \cdots & \varphi_{NN} \end{bmatrix} \tag{4-85}$$

$$\boldsymbol{\Omega}^2 = \begin{bmatrix} \varpi_1^2 & & & \\ & \varpi_2^2 & & \\ & & \ddots & \\ & & & \varpi_N^2 \end{bmatrix} \tag{4-86}$$

这样
$$\boldsymbol{k}\boldsymbol{\Phi} = \boldsymbol{m}\boldsymbol{\Phi}\boldsymbol{\Omega}^2 \tag{4-87}$$

$$k\varphi_n = \varpi_n^2 m\varphi_n, \quad k\varphi_r = \varpi_r^2 m\varphi_r \qquad (4\text{-}88)$$

式(4-88)两端分别左乘 φ_r^T、φ_n^T，得

$$\varphi_r^T k\varphi_n = \varpi_n^2 \varphi_r^T m\varphi_n \qquad (4\text{-}89)$$

$$\varphi_n^T k\varphi_r = \varpi_r^2 \varphi_n^T m\varphi_r \qquad (4\text{-}90)$$

因为 m、k 均为对称阵，所以式(4-89)两端转置，得

$$\varphi_n^T k\varphi_r = \varpi_n^2 \varphi_n^T m\varphi_r \qquad (4\text{-}91)$$

这样，由式(4-90)和式(4-91)，得固有频率与主振型之间的关系为

$$(\varpi_n^2 - \varpi_r^2)\varphi_n^T m\varphi_r = 0 \qquad (4\text{-}92)$$

因为

$$n \neq r \qquad (4\text{-}93)$$

故

$$\varphi_n^T m\varphi_r = 0 \qquad (4\text{-}94)$$

同理

$$\varphi_n^T k\varphi_r = 0 \qquad (4\text{-}95)$$

式(4-95)表明不相等的两个固有频率所对应的两个主振型之间，既存在对质量矩阵的正交性，也存在对刚度矩阵的正交性。用能量观点来解释正交性的物理意义，就是各个主振动之间不会发生能量的传递，好像一个独立的单自由度系统的振动情况一样。

把相互之间存在正交性的各阶主振型的列阵，依序排列成各列，构成振型矩阵 $\boldsymbol{\Phi}_p$。因其具有解耦作用，所以称其为解耦矩阵。

根据主振型的正交性，通过下面的变换，将矩阵对角化。

$\boldsymbol{\Phi}^T k \boldsymbol{\Phi} = K$ 和 $\boldsymbol{\Phi}^T m \boldsymbol{\Phi} = M$ 均为对角矩阵，对角线上的元素 $K_p = \varphi_p^T k\varphi_p$、$M_p = \varphi_p^T m\varphi_p$。

根据主振型列阵只表示系统主振动时各坐标间幅值的相对大小，用主振型列阵构成的解耦矩阵的每一列除以对应的解耦质量 M_j 的平方根，以此组成一个新矩阵，称为解耦正矩阵，记作 $\boldsymbol{\Phi}_N$。

显然，解耦正矩阵也能使质量矩阵对角化，并且得到一个单位质量矩阵：

$$\boldsymbol{\Phi}_N M \boldsymbol{\Phi}_N = M_N = I \qquad (4\text{-}96)$$

式中，M_N 称为解耦正质量矩阵。

$$\boldsymbol{\Phi}_N^T \boldsymbol{K} \boldsymbol{\Phi}_N = \boldsymbol{K}_N \tag{4-97}$$

式中，$\boldsymbol{K}_N$ 称为解耦刚度矩阵。

式(4-96)和式(4-97)中，

$$\boldsymbol{M} = \begin{bmatrix} m & 0 \\ 0 & I_\theta \end{bmatrix} \tag{4-98}$$

$$\boldsymbol{K} = \begin{bmatrix} k_1 + k_2 + k_s & -k_1 d_1 + k_2 d_2 \\ -k_1 d_1 + k_2 d_2 & -k_1 d_1^2 + k_2 d_2^2 + k_\theta \end{bmatrix} \tag{4-99}$$

2. 解耦坐标和方程解耦

对于

$$\boldsymbol{M}\ddot{\boldsymbol{x}} + \boldsymbol{K}\boldsymbol{x} = 0 \tag{4-100}$$

两端分别左乘 $\boldsymbol{\Phi}_P^T$，得

$$\boldsymbol{M}\ddot{\boldsymbol{x}} + \boldsymbol{\Phi}_P^T \boldsymbol{K}\boldsymbol{x} = 0 \tag{4-101}$$

要使 $\boldsymbol{M}$ 和 $\boldsymbol{K}$ 对角化，必须使：

$$\{\boldsymbol{x}\} = \boldsymbol{\Phi}_P \{\boldsymbol{x}_P\} \tag{4-102}$$

相应地，

$$\{\dot{\boldsymbol{x}}\} = \boldsymbol{\Phi}_P \{\dot{\boldsymbol{x}}_P\} \tag{4-103}$$

$$\{\ddot{\boldsymbol{x}}\} = \boldsymbol{\Phi}_P \{\ddot{\boldsymbol{x}}_P\} \tag{4-104}$$

将式(4-102)~式(4-104)代入式(4-101)，得

$$\boldsymbol{M}_P \ddot{\boldsymbol{x}}_P + \boldsymbol{K}_P \boldsymbol{x}_P = 0 \tag{4-105}$$

如果用坐标 $\boldsymbol{x}_P$ 描述系统的运动，则式(4-105)各方程之间不再耦合，其展开后的形式为

$$\begin{cases} M_1 \ddot{x}_{P_1} + K_1 x_{P_1} = 0 \\ M_2 \ddot{x}_{P_2} + K_2 x_{P_2} = 0 \end{cases} \tag{4-106}$$

式(4-106)中的各方程可以单独求解，这个过程即方程解耦，$\boldsymbol{x}_P$ 称为解耦坐标。

3. 考虑阻尼的影响

如果考虑阻尼的影响，则运动微分方程中还需要增加以下阻尼项：

$$\boldsymbol{C} = \begin{bmatrix} c_{11} & c_{12} & \cdots & c_{1n} \\ c_{21} & c_{22} & \cdots & c_{2n} \\ \vdots & \vdots & & \vdots \\ c_{n1} & c_{n2} & \cdots & c_{nn} \end{bmatrix} \tag{4-107}$$

现在，需要解决 C 的对角线化。在这里采用一种较近似的做法：$C_N=\pmb{\Phi}_N^T C\pmb{\Phi}_N$，把不对角的 C_N 矩阵中所有非对角的元素都改为零，只保留对角元素的原有数值。这种处理方法在阻尼较小且各个固有频率值彼此不等、不太相似的情况下，不会引起较大的误差。用这种处理方法，可以方便地求得系统较好的近似解。

4. 初始条件变换

将原坐标表示的初始条件变换到解耦坐标表示的初始条件：

$$A_n = q_N^0 = \frac{\pmb{\varphi}_N^T \pmb{M}\{\pmb{u}_0\}}{M_N} \tag{4-108}$$

$$B_n = \dot{q}_N^0 = \frac{\pmb{\varphi}_N^T \pmb{M}\{\dot{\pmb{u}}_0\}}{M_N} \tag{4-109}$$

5. 采用修正 Newmark-β 法求解

采用修正 Newmark-β 法求出解耦坐标下的位移、速度和加速度，需分别求解每一个独立的单自由度方程，详细求解过程参见 4.2.4 节，在此不再赘述。

6. 坐标转换

将解耦坐标换回原坐标，即求得用原坐标表示的系统的响应：

$$u(t) = \sum_{n=1}^{N} \varphi_n q_n(t) \tag{4-110}$$

$$\dot{u}(t) = \sum_{n=1}^{N} \varphi_n \dot{q}_n(t) \tag{4-111}$$

$$\ddot{u}(t) = \sum_{n=1}^{N} \varphi_n \ddot{q}_n(t) \tag{4-112}$$

7. FFT

采用 FFT 法，利用 MATLAB 编程计算功率谱密度函数，得到基于二自由度模型的浮动块的频谱图。

4.4 基于 Reynolds 方程的磁头/磁盘系统动态特性分析

4.4.1 浮动块平衡方程

从硬盘的工作原理可知，实际浮动块飞行过程中自身重力非常小，其悬浮于高速运动的气体上方,悬臂施加给它的预紧力和气膜施加给它的承载力达到平衡。

浮动块平衡方程表示如下:

$$\begin{cases} M\ddot{z} + C_z\dot{z} + K_z = \iint_A p(x,y)\mathrm{d}A + F_z \\ J_\alpha\ddot{\alpha} + C_\alpha\ddot{\alpha} + K_\alpha\alpha = \iint_A p(x,y)(x-x_p)\mathrm{d}A + M_\alpha \\ J_\beta\ddot{\beta} + C_\beta\ddot{\beta} + K_\beta\beta = \iint_A p(x,y)(x-x_p)\mathrm{d}A + M_\beta \end{cases} \quad (4\text{-}113)$$

式中,z 为浮动块垂直方向的位移;α 为浮动块的俯仰角;β 为浮动块的侧倾角;M 为浮动块的质量;J_α 和 J_β 分别为俯仰角和侧倾角方向的转动惯量;K_z 为刚度系数;K_α 和 K_β 分别为俯仰角和侧倾角方向的刚度系数;x_p 和 y_p 分别为浮动块中心点在 x 和 y 方向的坐标;F_z 为作用于 z 方向的外力;M_α 和 M_β 分别为作用于 α 和 β 方向的外力矩。

浮动块各处飞行高度表达式表示如下:

$$h(z,\alpha,\beta,x,y) = z + (x-x_p)\alpha + (y-y_p)\beta \quad (4\text{-}114)$$

4.4.2 牛顿迭代法

磁头/磁盘系统动态数学模型是将含时间项的 Reynolds 方程[式(2-114)]与浮动块平衡方程进行联立求解。

计算采用一种逐步线性化方法,即牛顿迭代法。设方程 $f(x)=0$ 的近似根为 x_0,那么方程在 x_0 处的泰勒级数展开如下:

$$f(x) = f(x_0) + f'(x_0)(x-x_0) + \frac{f''(x_0)}{2!}(x-x_0)^2 + \cdots \quad (4\text{-}115)$$

忽略高阶项,仅保留式(4-115)的前两项,则

$$f(x_0) + f'(x_0)(x-x_0) = 0 \quad (4\text{-}116)$$

设 $f'(x_0) = 0$,则式(4-116)的根为

$$x_1 = x_0 - \frac{f(x_0)}{f'(x_0)} \quad (4\text{-}117)$$

这样,可以用 x_1 作为方程 $f(x)=0$ 的新解。
若设 x_k 为方程的近似根,根据相同的方法,有

$$x_{k+1} = x_k - \frac{f(x_k)}{f'(x_k)} \quad (4\text{-}118)$$

式中,$k = 0,1,2,\cdots$。

4.4.3 数学模型建立

利用有限元法对 Reynolds 方程进行离散，有限元形式如下：

$$\iint_e 12\mu W \frac{\partial(ph)}{\partial t}\mathrm{d}x\mathrm{d}y + \iint_e [Qph^3\nabla p\nabla W + 6\mu V\nabla(ph)W]\mathrm{d}x\mathrm{d}y = 0 \quad (4\text{-}119)$$

式中，W 为权函数。

浮动块飞行高度 h 与各自由度间的关系可表示为

$$u = \{z, \ \alpha, \ \beta\}' \quad (4\text{-}120)$$

利用式 (4-120) 对式 (4-119) 进行离散时间导数及欧拉隐式处理，函数在时间步长 $n+1$ 内的未知量和时间步长 n 内的已知量之间的关系如下：

$$D(p^{n+1}, u^{n+1}) + \Delta t F(p^{n+1}, u^{n+1}) = D(p^n, u^n) \quad (4\text{-}121)$$

用牛顿法对式 (4-121) 进行泰勒级数展开，得到如下线性方程：

$$\left[\frac{\partial D(p_k^{n+1}, u_k^{n+1})}{\partial p} + \Delta t \frac{\partial F(p_k^{n+1}, u_k^{n+1})}{\partial p}\right]\Delta p + \left[\frac{\partial D(p_k^{n+1}, u_k^{n+1})}{\partial u} + \Delta t \frac{\partial F(p_k^{n+1}, u_k^{n+1})}{\partial u}\right]\Delta u$$
$$= -\Delta t F(p_k^{n+1}, u_k^{n+1}) + D(p^n, u^n) - D(p_k^{n+1}, u_k^{n+1}) \quad (4\text{-}122)$$

式中，k 为迭代次数；Δp 和 Δu 分别为每次迭代时 p^{n+1} 和 u^{n+1} 的增量，且

$$\Delta p = p_{k+1}^{n+1} - p_k^{n+1} \quad (4\text{-}123)$$

$$\Delta u = u_{k+1}^{n+1} - u_k^{n+1} \quad (4\text{-}124)$$

定义形函数 N 为权函数，非线性函数 F 对 p 的导数的泰勒级数展开如下：

$$\frac{\partial F}{\partial p} = \iint_e \left[\frac{\partial Q}{\partial p_j}(ph^3\nabla p\nabla N_i) + Qh^3(N_j\nabla p + p\nabla N_j)\nabla N_i + 6\mu V(h\nabla N_j + N_j\nabla h)N_i\right]\mathrm{d}x\mathrm{d}y \quad (4\text{-}125)$$

为简单起见，式 (4-125) 中省略了上标和下标，p 和 u 均表示当前迭代次数 k 和时间步长 $n+1$ 内的值。同样，对于 F 对 u 的导数，可得到基于不同自由度 (z, α, β) 的三个表达式如下：

$$\frac{\partial F}{\partial u} = \begin{cases} \iint_e \left(\frac{\partial Q}{\partial z}ph^3\nabla p\nabla N_i + 3h^2 Qp\nabla p\nabla N_i + 6\mu V\cdot\nabla p N_i\right)\mathrm{d}x\mathrm{d}y \\ \iint_e \left\{\frac{\partial Q}{\partial \theta}ph^3\nabla p\nabla N_i + 3h^2(x-x_g)Qp\nabla p\nabla N_i + 6\mu V\cdot[\nabla p(x-x_g)+p]N_i\right\}\mathrm{d}x\mathrm{d}y \\ \iint_e \left\{\frac{\partial Q}{\partial \phi}ph^3\nabla p\nabla N_i + 3h^2(y-y_g)Qp\nabla p\nabla N_i + 6\mu V\cdot[\nabla p(y-y_g)+p]N_i\right\}\mathrm{d}x\mathrm{d}y \end{cases} \quad (4\text{-}126)$$

此外，D 对 p 的导数表示如下：

$$\frac{\partial D}{\partial p} = \iint_e (12\mu N_i N_j h) \mathrm{d}x \mathrm{d}y \tag{4-127}$$

D 对 u 的导数表示如下：

$$\frac{\partial D}{\partial u} = \begin{cases} \iint_e (12\mu N_i p) \mathrm{d}x \mathrm{d}y \\ \iint_e [12\mu N_i p(x - x_g)] \mathrm{d}x \mathrm{d}y \\ \iint_e [12\mu N_i p(y - y_g)] \mathrm{d}x \mathrm{d}y \end{cases} \tag{4-128}$$

同样，用牛顿法对浮动块的平衡方程进行离散，得

$$\begin{cases} u^{n+1} = u^n + \Delta t \dot{u}^n + \dfrac{\Delta t^2}{2}(1 - 2\beta_1)\ddot{u}^n + \beta_1 \Delta t^2 \ddot{u}^{n+1} = \dot{u}' + \beta_1 \Delta t^2 \ddot{u}^{n+1} \\ \dot{u}^{n+1} = \dot{u}^n + (1 - \beta_2)\Delta t \ddot{u}^n + \beta_2 \Delta t \ddot{u}^{n+1} = \dot{u}' + \beta_2 \Delta t \ddot{u}^{n+1} \end{cases} \tag{4-129}$$

式中，β_1 和 β_2 为纽曼参数，符号 " ′ " 表示矫正变量。

将加速度、速度和位移代入式(4-113)所示的浮动块平衡方程，得到

$$K_{\mathrm{dyn}} u^{n+1} - F_{\mathrm{prs}}(p^{n+1}) = F_{\mathrm{dyn}}(u^n) - F_{\mathrm{ext}} \tag{4-130}$$

式中，K_{dyn} 为质量、阻尼和刚度；F_{prs} 为因空气轴承力而产生的力和力矩；F_{ext} 为外部作用的力和力矩；F_{dyn} 为由时间步长 n 产生的力与力矩。且

$$K_{\mathrm{dyn}} = \frac{M}{\beta_1 \Delta t^2} + C \frac{\beta_2}{\beta_1 \Delta t} + K \tag{4-131}$$

$$F_{\mathrm{dyn}}(u^n) = \frac{M}{\beta_1 \Delta t^2} u' - C\left(\dot{u}' - \frac{\beta_2}{\beta_1 \Delta t} u'\right) \tag{4-132}$$

基于当前迭代次数 k 和时间步长 $n+1$ 的变量，对式(4-130)进行泰勒级数展开，得

$$-\frac{\partial F_{\mathrm{prs}}(p_k^{n+1})}{\partial p} \Delta p + K_{\mathrm{dyn}} \Delta u - F_{\mathrm{prs}}(p_k^{n+1}) - K_{\mathrm{dyn}} u_k^{n+1} + F_{\mathrm{dyn}}(u^n) - F_{\mathrm{ext}} \tag{4-133}$$

式中，F_{prs} 对 p 的导数给出如下：

$$\frac{\partial F_{\mathrm{prs}}}{\partial p} = \begin{cases} \iint_e (N_j) \mathrm{d}x \mathrm{d}y \\ \iint_e [N_j(x - x_g)] \mathrm{d}x \mathrm{d}y \\ \iint_e [N_j(y - y_g)] \mathrm{d}x \mathrm{d}y \end{cases} \tag{4-134}$$

将最终离散化的 Reynolds 方程(4-122)和浮动块平衡方程(4-133)联立写入符号矩阵，得到用牛顿法求解的系统方程如下：

$$\begin{bmatrix} \dfrac{\partial D^{n+1}}{\partial p} + \Delta t \dfrac{\partial F^{n+1}}{\partial p} \dfrac{\partial D^{n+1}}{\partial u} + \Delta t \dfrac{\partial F^{n+1}}{\partial u} \\ -\dfrac{\partial F_{\text{prs}}^{n+1}}{\partial p} K_{\text{dyn}} \end{bmatrix} \begin{Bmatrix} \Delta p \\ \Delta u \end{Bmatrix} = \begin{Bmatrix} -\Delta t F^{n+1} + (D^n - D^{n+1}) \\ F_{\text{prs}}^{n+1} - K_{\text{dyn}} u_k^{n+1} + F_{\text{dyn}} - F_{\text{ext}} \end{Bmatrix} \quad (4\text{-}135)$$

利用迭代法求解上述耦合系统直到收敛，即 Δp 与 Δu 均小于收敛准则。这样，可研究预紧力、磁盘转速、环境压力等对浮动块动态特性的影响。

第三篇 工程应用

第 5 章 纳米间隙气膜静态特性研究

5.1 基于 LSFD 法的气膜压力分布

5.1.1 二维平板浮动块

二维平板浮动块是基于实际浮动块的一种假设,类似于前面所述气体薄层流动中的两倾斜平板,其结构示意图如图 5-1 所示。其中,h 为浮动块任一点的飞行高度;h_{min} 为浮动块的最小飞行高度;α 为俯仰角。表 5-1 所示为计算过程中二维平板浮动块的几何参数和飞行参数。

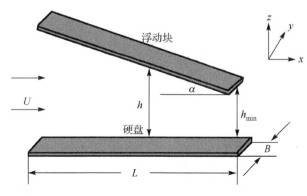

图 5-1 二维平板浮动块示意图

表 5-1 平面倾斜浮动块的几何参数和飞行参数

参数	数值	参数	数值
长度 $L/\mu m$	4.0	俯仰角 α/rad	0.01
宽度 $B/\mu m$	3.3	最小飞行高度 h_{min}/nm	5.0
磁盘线速度 $U/(m/s)$	25		

这里,选用 Reynolds 方程的 PSO 模型对压力分布进行求解,LSFD 法的具体实施过程参见 3.1.4 节。根据 LSFD 法的要求,采用 61×51 的均匀节点对求解域进行离散,离散点分布如图 5-2 所示。

图 5-2　二维平板浮动块离散点分布

图 5-3 所示为二维平板浮动块离散点分布。从图 5-3 可以看出，气流进口和出口处的压力与周围大气压相等，压力幅值出现在靠近浮动块尾缘的中心处。

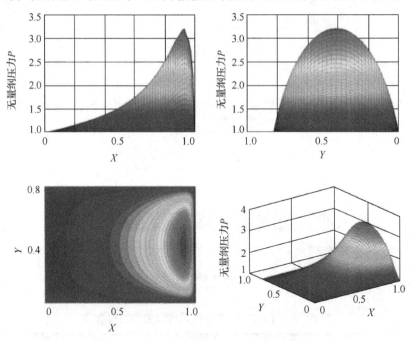

图 5-3　二维平板浮动块的压力分布（见彩图）

5.1.2　IBM3380 浮动块

IBM3380 浮动块是一种具有简单几何形貌的浮动块，其几何形貌示意图如图 5-4 所示。可以看到该浮动块两侧分别具有一个长为 TXL（等于浮动块的长度）、宽为 YL 的轨道，且在进口处轨道上分别具有长为 XL 的倒角。

第 5 章 纳米间隙气膜静态特性研究

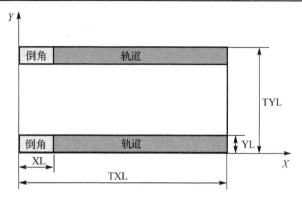

图 5-4 IBM3380 浮动块的几何形貌示意图

IBM3380 浮动块的无量纲飞行高度及其梯度的表达式如下。

(1) 当 $X \leqslant \mathrm{XL}$ 且 $Y \leqslant \mathrm{YL}$ 或 $\mathrm{TYL}-\mathrm{YL} \leqslant Y \leqslant \mathrm{TYL}$ 时：

$$H(X,Y) = \frac{\mathrm{TXL}}{h_{\min}} \left[(1-X)\tan\alpha + \left(\frac{\mathrm{TYL}}{\mathrm{TXL}} - Y \right) \tan\beta + \left(\frac{\mathrm{XL}}{\mathrm{TXL}} - X \right) \tan\gamma \right] + 1 \quad (5\text{-}1)$$

(2) 当 $X > \mathrm{XL}$ 且 $Y \leqslant \mathrm{YL}$ 或 $\mathrm{TYL}-\mathrm{YL} \leqslant Y \leqslant \mathrm{TYL}$ 时：

$$H(X,Y) = \frac{\mathrm{TXL}}{h_{\min}} \left[(1-X)\tan\alpha + \left(\frac{\mathrm{TYL}}{\mathrm{TXL}} - Y \right) \tan\beta \right] + \frac{\mathrm{HT}}{h_{\min}} + 1 \quad (5\text{-}2)$$

(3) 当 $\mathrm{YL} < Y < \mathrm{TYL}-\mathrm{YL}$ 时：

$$H(X,Y) = \frac{\mathrm{TXL}}{h_{\min}} \left[(1-X)\tan\alpha + \left(\frac{\mathrm{TYL}}{\mathrm{TXL}} - Y \right) \tan\beta \right] + 1 \quad (5\text{-}3)$$

式(5-1)～式(5-3)中，α 为浮动块的俯仰角；β 为浮动块的侧倾角；γ 为轨道倒角；C 为常数。

表 5-2 所示为计算过程中 IBM3380 浮动块的几何参数和飞行参数。

表 5-2 IBM3380 浮动块的几何参数和飞行参数

参数	数值	参数	数值
长度 TXL/mm	1.0	最小飞行高度 $h_{\min}$/nm	1000
宽度 TYL/mm	0.6	俯仰角 α/rad	1.25×10^{-3}
倒角长度 XL/mm	0.2	侧倾角 β/rad	0
倒角高度 HT/mm	0.04	摆角 δ/rad	0
轨道宽度 YL/mm	0.1	半径位置/mm	18
倒角 γ/rad	1.519×10^{-2}	磁盘转速 v/(r/min)	5400

这里，选用 Reynolds 方程的 LFR 模型对压力分布求解。根据 LSFD 法的要求，

采用166×51的节点对求解域进行离散，离散点分布如图5-5所示。从图5-5可以看出，采用的离散点不是均匀分布的，在可能出现压力幅值的地方采用了密度较高的离散点。

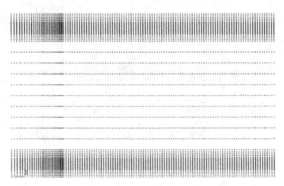

图5-5　IBM3380浮动块离散点分布

图5-6所示为IBM3380浮动块的压力分布。从图5-6可以看出，气流进口和出口处的压力与周围大气压相等，两轨道处压力较高，压力幅值出现在入口处两轨道的倒角处。由于计算过程中侧倾角$\beta \neq 0$，两轨道上的压力值沿浮动块中线非对称分布。

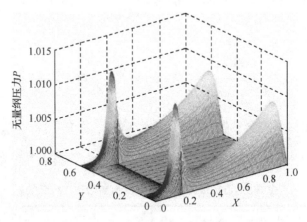

图5-6　IBM3380浮动块的压力分布(见彩图)

5.1.3　二轨道浮动块

二轨道浮动块是一种具有简单几何形貌的浮动块，其几何形貌示意图如图5-7所示。从图5-7可以看到，二轨道浮动块两侧分别具有一个长为TXL(等于浮动块的长度)、宽为W_1的轨道，且在轨道内侧分别具有宽为W_2-W_1的轨道面。

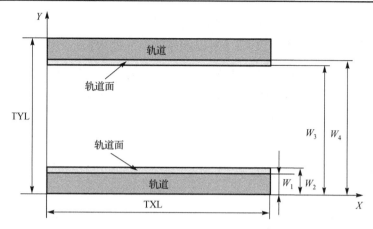

图 5-7 二轨道浮动块的几何形貌示意图

二轨道浮动块的无量纲飞行高度表达式如下。

(1) 当 $Y \leqslant W_1$ 或 $W_4 < Y \leqslant \mathrm{TYL}$ 时:

$$H(X,Y) = \frac{\mathrm{TXL}}{h_{\min}}\left[(1-X)\tan\alpha + \left(\frac{\mathrm{TYL}}{\mathrm{TXL}} - Y\right)\tan\beta\right] + 1 \qquad (5\text{-}4)$$

(2) 当 $W_1 < Y \leqslant W_2$ 时:

$$H(X,Y) = \frac{\mathrm{TXL}}{h_{\min}}\left[(1-X)\tan\alpha + \left(\frac{\mathrm{TYL}}{\mathrm{TXL}} - Y\right)\tan\beta + \left(Y - \frac{W_1}{\mathrm{TXL}}\right)\tan\delta\right] + 1 \qquad (5\text{-}5)$$

(3) 当 $W_2 < Y \leqslant W_3$ 时:

$$H(X,Y) = \frac{\mathrm{TXL}}{h_{\min}}\left[(1-X)\tan\alpha + \left(\frac{\mathrm{TYL}}{\mathrm{TXL}} - Y\right)\tan\beta\right] + \frac{h_c}{h_{\min}} \qquad (5\text{-}6)$$

(4) 当 $W_3 < Y \leqslant W_4$ 时:

$$H(X,Y) = \frac{\mathrm{TXL}}{h_{\min}}\left[(1-X)\tan\alpha + \left(\frac{\mathrm{TYL}}{\mathrm{TXL}} - Y\right)\tan\beta + \left(\frac{W_4}{\mathrm{TXL}} - Y\right)\tan\delta\right] + 1 \qquad (5\text{-}7)$$

式 (5-4) ~ 式 (5-7) 中，δ 为浮动块的摆角；h_c 为轨道高度。

表 5-3 所示为计算过程中二轨道浮动块的几何参数和飞行参数。

表 5-3 二轨道浮动块的几何参数和飞行参数

参数	数值	参数	数值
长度 TXL/mm	1.0	俯仰角 α/rad	1.25×10^{-3}
宽度 TYL/mm	0.6	侧倾角 β/rad	0
轨道宽度 W_1/mm	0.1	摆角 δ/rad	0
轨道面宽度 W_2-W_1/mm	0.02	半径位置/mm	18
轨道高度 h_c/mm	0.04	磁盘转速 v/(r/min)	5400
最小飞行高度 $h_{\min}$/nm	1000		

这里，选用 Reynolds 方程的 PSO 模型对压力分布求解。根据 LSFD 法的要求，采用 91×108 的节点对求解域进行离散，离散点分布如图 5-8 所示。

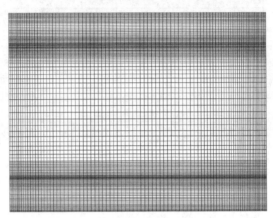

图 5-8　二轨道浮动块离散点分布

图 5-9 所示为二轨道浮动块的压力分布。从图 5-9 以看出，气流进口和出口处的压力与周围大气压相等，两轨道处压力沿 X 方向逐渐升高，压力幅值出现在浮动块尾缘处的轨道上。由于计算过程中侧倾角 $\beta=0$，两轨道上的压力值沿浮动块中线对称分布。

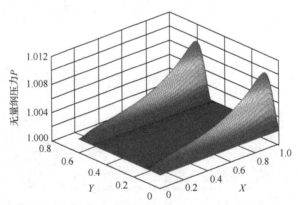

图 5-9　二轨道浮动块的压力分布(见彩图)

5.1.4　三垫式浮动块

三垫式浮动块的几何形貌示意图如图 5-10 所示。从图 5-10 可以看到，该浮动块两侧具有两个长为 X_1、宽为 Y_1 的衬垫(衬垫Ⅰ和衬垫Ⅱ)，尾缘中心处具有一个长为 X_2、宽为 Y_2 的衬垫(衬垫Ⅲ)，三个衬垫的高度均为 ZH。

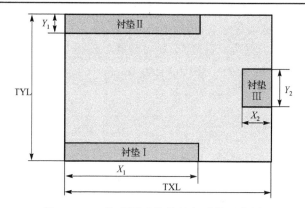

图 5-10 三垫式浮动块的几何形貌示意图

表 5-4 所示为计算过程中三垫式浮动块的几何参数和飞行参数。

表 5-4 三垫式浮动块的几何参数和飞行参数

参数	数值	参数	数值
长度 TXL/mm	1.25	最小飞行高度 $h_{\min}$/nm	40
宽度 TYL/mm	1.0	俯仰角 α/rad	0.3×10^{-3}
衬垫长 X_1/mm	0.7	侧倾角 β/rad	0
衬垫宽 Y_1/mm	0.1	摆角 δ/rad	0
衬垫长 X_2/mm	0.2	半径位置/mm	18
衬垫宽 Y_2/mm	0.2	磁盘转速 v/(r/min)	7200
衬垫高 ZH/mm	3×10^{-3}		

这里，选用 Reynolds 方程的 LFR 模型对压力分布求解。根据 LSFD 法的要求，采用 101×81 的节点对求解域进行离散，离散点分布如图 5-11 所示。从图 5-11 可以看出，采用的离散点不是均匀分布的，在可能出现压力幅值的地方采用了密度较高的离散点。

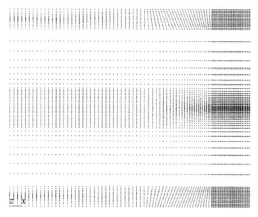

图 5-11 三垫式浮动块离散点分布

图 5-12 所示为三垫式浮动块的压力分布。从图 5-12 可以看出，气流进口和出口处的压力与周围大气压相等，衬垫Ⅰ和衬垫Ⅱ处的压力略高于凹陷区域的压力，压力幅值出现在浮动块尾缘处衬垫Ⅲ的中线上。由于计算过程中侧倾角 $\beta = 0$，两轨道上的压力值沿浮动块中线对称分布。

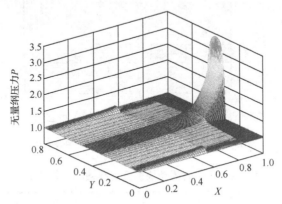

图 5-12 三垫式浮动块的压力分布（见彩图）

5.1.5 负压浮动块

当部分区域出现压力值小于周围环境压力值时的浮动块称为负压浮动块，图 5-13 所示是某一种负压浮动块的几何形貌示意图。从图 5-13 可以看到，该负压浮动块具有呈横向分布的三个凹陷区（凹陷区Ⅰ、凹陷区Ⅱ和凹陷区Ⅲ），三个凹陷区的长度均为 XL，凹陷区Ⅰ和凹陷区Ⅱ的宽度均为 YL_1，凹陷区Ⅲ的宽度为 YL_2，凹陷区Ⅰ的深度为 ZH_1，凹陷区Ⅱ和凹陷区Ⅲ的深度均为 ZH_2。

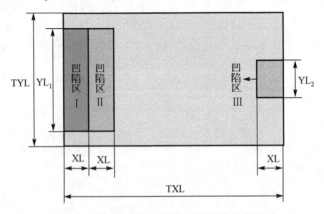

图 5-13 负压浮动块的几何形貌示意图

负压浮动块的无量纲飞行高度表达式如下。

(1) 当坐标位于非凹陷区时：

$$H(X,Y) = \frac{\text{TXL}}{h_{\min}}\left[(1-X)\tan\alpha + \left(\frac{\text{TYL}}{\text{TXL}} - Y\right)\tan\beta\right] + 1 \tag{5-8}$$

(2) 当坐标位于凹陷区 I 区域时：

$$H(X,Y) = \frac{\text{TXL}}{h_{\min}}\left[(1-X)\tan\alpha + \left(\frac{\text{TYL}}{\text{TXL}} - Y\right)\tan\beta\right] + \frac{ZH_2 - ZH_1}{h_{\min}} + 1 \tag{5-9}$$

(3) 当坐标位于凹陷区 II 和凹陷区 III 区域时：

$$H(X,Y) = \frac{\text{TXL}}{h_{\min}}\left[(1-X)\tan\alpha + \left(\frac{\text{TYL}}{\text{TXL}} - Y\right)\tan\beta\right] + \frac{ZH_2}{h_{\min}} + 1 \tag{5-10}$$

表 5-5 所示为计算过程中负压浮动块的几何参数和飞行参数。

表 5-5 负压浮动块的几何参数和飞行参数

参数	数值	参数	数值
长度 TXL/mm	1.25	最小飞行高度 $h_{\min}$/mm	30
宽度 TYL/mm	1.0	俯仰角 α/rad	0.8×10^{-4}
凹陷区长 XL/mm	0.2	侧倾角 β/rad	0
凹陷区宽 YL_1/mm	0.75	摆角 δ/rad	0
凹陷区宽 YL_2/mm	0.25	半径位置/mm	16
凹陷区深 ZH_1/mm	1.3×10^{-3}	磁盘转速 v/(r/min)	7200
凹陷区深 ZH_2/mm	1.5×10^{-3}		

这里，选用 Reynolds 方程的 PSO 模型对压力分布进行求解。根据 LSFD 法的要求，采用 170×100 的节点对求解域进行离散，离散点分布如图 5-14 所示。从图 5-14 可以看出，采用的离散点不是均匀分布的，在可能出现压力幅值的地方采用密度较高的离散点。

图 5-15 所示为负压浮动块的压力分布。从图 5-15 可以看出，气流进口和出口处的压力与周围大气压相等，正压幅值出现在凹陷区 II 的尾部中线处，然后压力迅速降低到负压幅值，后逐渐增加，在浮动块尾部的凹陷区III中线处出现压力极值。由于计算过程中侧倾角 β=0，两轨道上的压力值沿浮动块中线对称分布。

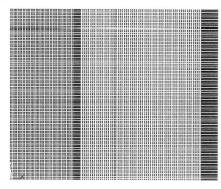

图 5-14 负压浮动块离散点分布

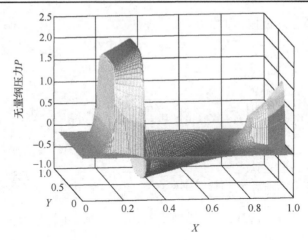

图 5-15 负压浮动块的压力分布(见彩图)

5.2 基于有限体积法的气膜压力分布

5.2.1 IBM3380 浮动块

IBM3380 浮动块的几何形貌示意图如图 5-4 所示,无量纲飞行高度及其梯度的表达式如式(5-1)~式(5-3)所示。

与 5.1.2 节不同,这里选用与表 5-2 中不同的几何参数和飞行参数,且基于 PSO 模型采用有限体积法进行求解。表 5-6 所示为计算过程中 IBM3380 浮动块的几何参数和飞行参数。

表 5-6 IBM3380 浮动块的几何参数和飞行参数

参数	数值	参数	数值
长度 TXL/mm	4.05	最小飞行高度 h_{min}/nm	243
宽度 TYL/mm	3.0	俯仰角 α/rad	0.8×10^{-4}
倒角长度 XL/mm	0.368	侧倾角 β/rad	0.4×10^{-5}
倒角高度 HT/mm	5.99×10^{-3}	摆角 δ/rad	0
轨道宽度 YL/mm	0.5	半径位置/mm	18
倒角 γ/rad	1.519×10^{-2}	磁盘转速 v/(r/min)	5400

采用 166×51 的网格对求解域进行离散,网格分布如图 5-16 所示。为便于观察,此处仅画出网格节点。

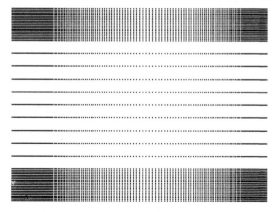

图 5-16　二轨道浮动块网格节点分布

图 5-17 所示为在新的几何参数和飞行参数条件下 IBM3380 浮动块的压力分布。从图 5-17 可以看出，在不同几何参数个飞行参数条件下，IBM3380 浮动块的压力分布发生显著变化（对比图 5-6），两轨道处压力较高，压力幅值出现在轨道的入口处。

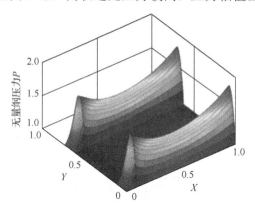

图 5-17　IBM3380 浮动块的压力分布（见彩图）

5.2.2　TP1212 浮动块

TP1212 浮动块的几何形貌示意图如图 5-18 所示。从图 5-18 可以看到，该浮动块两侧具有两个长为 TXL、宽为 W_1、高为 h_c 的轨道（轨道 1 和轨道 2），两轨道入口处分别具有一个长为 XT 的倒角，两轨道内侧均具有宽度为 W_2-W_1 的倾斜轨道面。各部分的详细尺寸标注参见图 5-18。

TP1212 浮动块的无量纲飞行高度表达式如下。

(1) 当 $X<$ XT 且 $Y<W_1$ 或 $X<$ XT 且 $W_4<Y<$ TYL$-W_4$ 时（区域 I）：

$$H(X,Y) = 48.75(1-X) - 38.0 + (1-X)\tan\alpha + \left(\frac{\text{TYL}}{\text{TXL}} - Y\right)\tan\beta \tag{5-11}$$

(2) 当 XT<X<(TYL−XT) 且 Y<W_1 或 XT<X<(TYL−XT)T 且 W_4<Y<TYL−W_4 时 (区域Ⅰ):

$$H(X,Y)=\frac{\text{TXL}}{h_{\min}}\left[(1-X)\tan\alpha+\left(\frac{\text{TYL}}{\text{TXL}}-Y\right)\tan\beta\right]+1 \qquad (5\text{-}12)$$

(3) 当 X<XT 且 Y>W_1 且 $0.921\times10^{-3}+0.195X-8.0Y\geq0$ 时 (区域Ⅲ下):

$$H(X,Y)=\frac{\text{TXL}}{h_{\min}}\left[-0.04875X+2.0Y-\frac{0.18925\times10^{-3}}{\text{TXL}}+(1-X)\tan\alpha+\left(\frac{\text{TYL}}{\text{TXL}}-Y\right)\tan\beta\right] \qquad (5\text{-}13)$$

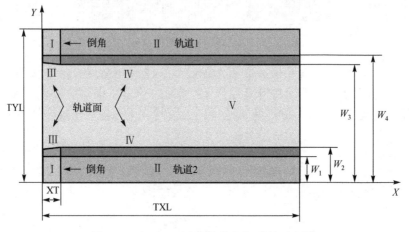

图 5-18 TP1212 浮动块的几何形貌示意图

(4) 当 X<XT 且 Y<W_4 且 $0.003879-0.195X-8.0Y\leq0$ 时 (区域Ⅲ上):

$$H(X,Y)=\frac{\text{TXL}}{h_{\min}}\left[-0.04875X-2.0Y-\frac{0.101075\times10^{-2}}{\text{TXL}}+(1-X)\tan\alpha+\left(\frac{\text{TYL}}{\text{TXL}}-Y\right)\tan\beta\right] \qquad (5\text{-}14)$$

(5) 当 XT<X<(TYL−XT) 且 Y<W_1 时 (区域Ⅳ下):

$$H(X,Y)=\frac{\text{TXL}}{h_{\min}}\left[(1-X)\tan\alpha+\left(\frac{\text{TYL}}{\text{TXL}}-Y\right)\tan\beta+\left(Y-\frac{W_1}{\text{TXL}}\right)\tan\delta\right] \qquad (5\text{-}15)$$

(6) 当 XT<X<(TYL−XT) 且 W_3<Y<W_4 时 (区域Ⅳ上):

$$H(X,Y)=\frac{\text{TXL}}{h_{\min}}\left[(1-X)\tan\alpha+\left(\frac{\text{TYL}}{\text{TXL}}-Y\right)\tan\beta+\left(\frac{W_1}{\text{TXL}}-Y\right)\tan\delta\right] \qquad (5\text{-}16)$$

(7) 当坐标位于其他区域时 (区域Ⅴ):

$$H(X,Y)=\frac{\text{TXL}}{h_{\min}}\left[(1-X)\tan\alpha+\left(\frac{\text{TYL}}{\text{TXL}}-Y\right)\tan\beta+\frac{h_c}{h_{\min}}+1\right] \qquad (5\text{-}17)$$

表 5-7 所示为计算过程中 TP1212 浮动块的几何参数和飞行参数。

表 5-7　TP1212 浮动块的几何参数和飞行参数

参数	数值	参数	数值
长度 TXL/mm	1.0	最小飞行高度 h_{min}/nm	1000
宽度 TYL/mm	0.6	俯仰角 α/rad	1.25×10^{-3}
倒角长 XT/mm	0.2	侧倾角 β/rad	0
轨道宽 W_1/mm	0.1	摆角 δ/rad	0
轨道面宽 W_2-W_1/mm	0.02	半径位置/mm	18
轨道高 h_c/mm	0.04	磁盘转速 v/(r/min)	5400

这里，选用 Reynolds 方程的 LFR 模型对压力分布求解。根据有限体积法的要求，采用 102×125 的网格对求解域进行离散，网格分布如图 5-19 所示。从图 5-19 可以看出，采用的网格不是均匀分布的，在可能出现压力幅值的地方采用了密度较高的网格。

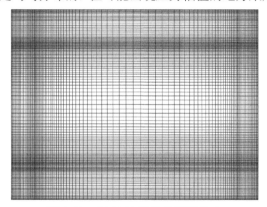

图 5-19　TP1212 浮动块网格分布

图 5-20 所示为在 TP1212 浮动块的压力分布。从图 5-20 可以看出，该压力分布情形类似于图 5-6 所示的压力分布，但压力值的大小不同；气流进口和出口处的压力与周围大气压相等，两轨道处压力较高，压力幅值出现在入口处两轨道的倒角处。由于计算过程中侧倾角 β=0，两轨道上的压力沿浮动块中线呈对称分布。

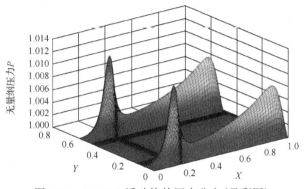

图 5-20　TP1212 浮动块的压力分布（见彩图）

5.2.3 负压浮动块 1

图 5-21 所示为负压浮动块 1 几何形貌示意图。从图 5-21 可以看到，该负压浮动块入口处有一个长度为 L_1 的倾斜面 I 与凸出区相连，出口处有一个长度为 TXL$-L_3$ 的凹陷区，衬垫一侧具有一个长度为 L_3-L_2 的过度倾斜面 II。

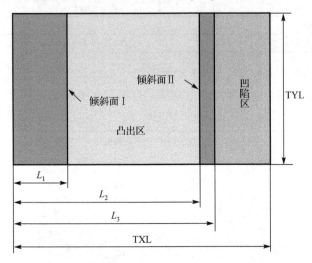

图 5-21　负压浮动块 1 几何形貌示意图

负压浮动块 1 的无量纲飞行高度表达式如下。

(1) 当 $X \leqslant L_1$ 时 (倾斜面 I 区域)：

$$H(X,Y) = 68.25(1-X) - 57.50 + (1-X)\tan\alpha + \left(\frac{\text{TYL}}{\text{TXL}} - Y\right)\tan\beta \tag{5-18}$$

(2) 当 $L_1 < X \leqslant L_2$ 时 (凸出区)：

$$H(X,Y) = \frac{\text{TXL}}{h_{\min}}\left[(1-X)\tan\alpha + \left(\frac{\text{TYL}}{\text{TXL}} - Y\right)\tan\beta\right] + 1 \tag{5-19}$$

(3) 当 $L_2 < X \leqslant L_3$ 时 (倾斜面 II 区域)：

$$H(X,Y) = \frac{\text{TXL}}{h_{\min}}\left[(1-X)\tan\alpha + \left(\frac{\text{TYL}}{\text{TXL}} - Y\right)\tan\beta + \left(X - \frac{L_2}{\text{TXL}}\right)\tan\gamma\right] + 1 \tag{5-20}$$

(4) 当 $L_3 < X \leqslant \text{TXL}$ 时 (凹陷区)：

$$H(X,Y) = \frac{\text{TXL}}{h_{\min}}\left[(1-X)\tan\alpha + \left(\frac{\text{TYL}}{\text{TXL}} - Y\right)\tan\beta\right] + \frac{h_c}{h_{\min}} + 1 \tag{5-21}$$

表 5-8 所示为计算过程中负压浮动块 1 的几何参数和飞行参数。图 5-22 所示为负压浮动块 1 的表面高度分布。

表 5-8 负压浮动块 1 的几何参数和飞行参数

参数	数值	参数	数值
长度 TXL/mm	1.4	倾斜面 II 倒角 γ/rad	4.87×10^{-2}
宽度 TYL/mm	0.1	最小飞行高度 h_{min}/nm	1000
宽度 L_1/mm	0.2	俯仰角 α/rad	8.333×10^{-4}
宽度 L_2/mm	1.0	侧倾角 β/rad	0
宽度 L_3/mm	1.05	摆角 δ/rad	0
倾斜面 I 高度 HT/mm	0.975×10^{-2}	半径位置/mm	18
凹陷区深度 h_c/mm	0.039	磁盘转速 v/(r/mm)	5400

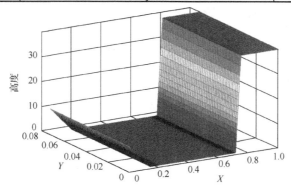

图 5-22 负压浮动块 1 的表面高度分布（见彩图）

这里，选用 Reynolds 方程的 PSO 模型对压力分布求解。根据有限体积法的要求，采用 161×49 的网格对求解域进行离散。其中，在两倾斜面与凹陷区的连接处采用密度较大的网格，因计算用负压浮动块 1 的长宽比较大，在此不再画出网格分布图。

图 5-23 所示为负压浮动块 1 的压力分布。从图 5-23 可以看出，气流进口和出口处的压力与周围大气压相等，正压幅值出现在倾斜面 I 与凸出区连接的中线处，负压幅值出现在倾斜面 II 与凹陷区连接的中线处。由于计算过程中侧倾角 $\beta=0$，两轨道上的压力值沿浮动块中线对称分布。

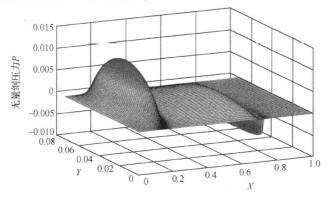

图 5-23 负压浮动块 1 的压力分布（见彩图）

5.2.4 负压浮动块 2

该负压浮动块是在图 5-13 所示负压浮动块的基础上进行改进而得到的，其几何形貌示意图如图 5-24 所示。从图 5-24 可以看到，该负压浮动块同样具有呈横向分布的三个凹陷区（凹陷Ⅰ、凹陷Ⅱ和凹陷Ⅲ），不同高度的各区域间均采用倾斜面（1～11）过渡。各部分的详细尺寸标注参见图 5-24。

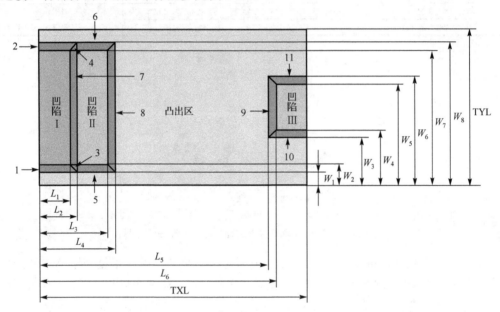

图 5-24 负压浮动块 2 几何形貌示意图

负压浮动块 2 的无量纲飞行高度表达式如下。

(1) 当坐标位于凹陷Ⅰ区域时：

$$H(X,Y) = \frac{\text{TXL}}{h_{\min}}\left[(1-X)\tan\alpha + \left(\frac{\text{TYL}}{\text{TXL}} - Y\right)\tan\beta\right] + \frac{h_s}{h_{\min}} + 1 \tag{5-22}$$

(2) 当坐标位于凹陷Ⅱ和凹陷Ⅲ区域时：

$$H(X,Y) = \frac{\text{TXL}}{h_{\min}}\left[(1-X)\tan\alpha + \left(\frac{\text{TYL}}{\text{TXL}} - Y\right)\tan\beta\right] + \frac{h_c}{h_{\min}} + 1 \tag{5-23}$$

(3) 当坐标位于 1 区域时：

$$H(X,Y) = \frac{\text{TXL}}{h_{\min}}\left[(1-X)\tan\alpha + \left(\frac{\text{TYL}}{\text{TXL}} - Y\right)\tan\beta + \left(\frac{W_1}{\text{TXL}} - Y\right)\tan\gamma_1\right] + \frac{h_s}{h_{\min}} + 1 \tag{5-24}$$

其中，

$$\tan\gamma_1 = \frac{h_s - h_c}{L_3 - L_2} \tag{5-25}$$

(4) 当坐标位于 2 区域时:

$$H(X,Y) = \frac{\text{TXL}}{h_{\min}}\left[(1-X)\tan\alpha + \left(\frac{\text{TYL}}{\text{TXL}} - Y\right)\tan\beta - \left(\frac{W_8}{\text{TXL}} - Y\right)\tan\gamma_1\right] + \frac{h_s}{h_{\min}} + 1 \tag{5-26}$$

(5) 当坐标位于 3 区域时:

$$H(X,Y) = \frac{\text{TXL}}{h_{\min}}\left[(1-X)\tan\alpha + \left(\frac{\text{TYL}}{\text{TXL}} - Y\right)\tan\beta - 0.065X - 0.075Y + \frac{0.2575 \times 10^{-4}}{\text{TXL}}\right] + \frac{h_c}{h_{\min}} + 1 \tag{5-27}$$

(6) 当坐标位于 4 区域时:

$$H(X,Y) = \frac{\text{TXL}}{h_{\min}}\left[(1-X)\tan\alpha + \left(\frac{\text{TYL}}{\text{TXL}} - Y\right)\tan\beta - 0.065X + 0.075Y + \frac{0.5075 \times 10^{-4}}{\text{TXL}}\right] + \frac{h_c}{h_{\min}} + 1 \tag{5-28}$$

(7) 当坐标位于 5 区域时:

$$H(X,Y) = \frac{\text{TXL}}{h_{\min}}\left[(1-X)\tan\alpha + \left(\frac{\text{TYL}}{\text{TXL}} - Y\right)\tan\beta + \left(\frac{W_1}{\text{TXL}} - Y\right)\tan\gamma_2\right] + \frac{h_c}{h_{\min}} + 1 \tag{5-29}$$

其中,

$$\tan\gamma_2 = \frac{h_c}{L_3 - L_2} \tag{5-30}$$

(8) 当坐标位于 6 区域时:

$$H(X,Y) = \frac{\text{TXL}}{h_{\min}}\left[(1-X)\tan\alpha + \left(\frac{\text{TYL}}{\text{TXL}} - Y\right)\tan\beta - \left(\frac{W_8}{\text{TXL}} - Y\right)\tan\gamma_2\right] + \frac{h_c}{h_{\min}} + 1 \tag{5-31}$$

(9) 当坐标位于 7 区域时:

$$H(X,Y) = \frac{\text{TXL}}{h_{\min}}\left[(1-X)\tan\alpha + \left(\frac{\text{TYL}}{\text{TXL}} - Y\right)\tan\beta + \left(\frac{L_1}{\text{TXL}} - X\right)\tan\gamma_3\right] + \frac{h_s}{h_{\min}} + 1 \tag{5-32}$$

其中,

$$\tan\gamma_3 = \frac{h_s}{L_3 - L_2} \tag{5-33}$$

(10) 当坐标位于 8 区域时:

$$H(X,Y) = \frac{\text{TXL}}{h_{\min}}\left[(1-X)\tan\alpha + \left(\frac{\text{TYL}}{\text{TXL}} - Y\right)\tan\beta - \left(\frac{L_4}{\text{TXL}} - X\right)\tan\gamma_2\right] + \frac{h_c}{h_{\min}} + 1 \tag{5-34}$$

(11) 当坐标位于 9 区域时：

$$H(X,Y) = \frac{\text{TXL}}{h_{\min}}\left[(1-X)\tan\alpha + \left(\frac{\text{TYL}}{\text{TXL}} - Y\right)\tan\beta + \left(\frac{L_5}{\text{TXL}} - X\right)\tan\gamma_2\right] + \frac{h_c}{h_{\min}} + 1 \quad (5\text{-}35)$$

(12) 当坐标位于 10 区域时：

$$H(X,Y) = \frac{\text{TXL}}{h_{\min}}\left[(1-X)\tan\alpha + \left(\frac{\text{TYL}}{\text{TXL}} - Y\right)\tan\beta + \left(\frac{W_3}{\text{TXL}} - Y\right)\tan\gamma_2\right] + \frac{h_c}{h_{\min}} + 1 \quad (5\text{-}36)$$

(13) 当坐标位于 11 区域时：

$$H(X,Y) = \frac{\text{TXL}}{h_{\min}}\left[(1-X)\tan\alpha + \left(\frac{\text{TYL}}{\text{TXL}} - Y\right)\tan\beta - \left(\frac{W_6}{\text{TXL}} - Y\right)\tan\gamma_2\right] + \frac{h_c}{h_{\min}} + 1 \quad (5\text{-}37)$$

(14) 当坐标位于凸出区域时：

$$H(X,Y) = \frac{\text{TXL}}{h_{\min}}\left[(1-X)\tan\alpha + \left(\frac{\text{TYL}}{\text{TXL}} - Y\right)\tan\beta\right] + 1 \quad (5\text{-}38)$$

表 5-9 所示为计算过程中负压浮动块 2 的几何参数和飞行参数。图 5-25 所示为负压浮动块 2 的表面高度分布。

表 5-9 负压浮动块 2 的几何参数和飞行参数

参数	数值	参数	数值
长度 TXL/mm	1.25	最小飞行高度 $h_{\min}$/nm	30
宽度 TYL/mm	1.0	俯仰角 α/rad	8×10^{-5}
凹陷Ⅰ、Ⅱ宽 W_7-W_2/mm	0.75	侧倾角 β/rad	0
凹陷Ⅲ宽 W_5-W_4/mm	0.25	摆角 δ/rad	0
倾斜面宽 L_2-L_1（或 W_2-W_1）/mm	0.02	半径位置/mm	16
凸出区高度 h_c/mm	1.5×10^{-3}	磁盘转速 v/(r/min)	7200
倾斜面 7 高度 h_s/mm	0.2×10^{-3}		

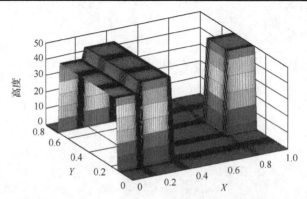

图 5-25 负压浮动块 2 的表面高度分布（见彩图）

这里，选用 Reynolds 方程的 LFR 模型对压力分布求解。根据有限体积法的要求，采用 170×141 的网格对求解域进行离散，网格分布如图 5-26 所示。从图 5-26 可以看出，采用的网格不是均匀分布的，在可能出现压力幅值的地方采用了密度较高的网格。

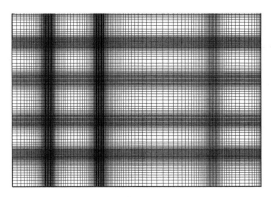

图 5-26　负压浮动块 2 网格分布

图 5-27 所示为负压浮动块 2 的压力分布。从图 5-27 可以看出，该压力分布与图 5-15 所示的压力分布类似，气流进口和出口处的压力与周围大气压相等，正压幅值出现在凹陷区Ⅱ的尾部中线处，然后压力迅速降低到负压幅值，后逐渐增加，在浮动块尾部的凹陷区Ⅲ中线处出现压力极值。此外，由于计算过程中侧倾角 $\beta=0$，两轨道上的压力值沿浮动块中线对称分布。

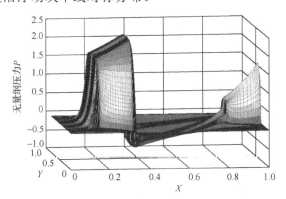

图 5-27　负压浮动块 2 的压力分布（见彩图）

5.3　基于多重网格法的气膜压力分布

本节采用多重网格法求解 Ω 浮动块的气膜压力分布，Ω 浮动块的表面几何形貌参见图 2-6。表 5-10 所示为计算过程中 Ω 浮动块的几何参数和飞行参数。

表 5-10　Ω 浮动块的几何参数和飞行参数

参数	数值	参数	数值
长度 L/mm	1.0	俯仰角 α/rad	0.8×10^{-4}
宽度 B/mm	0.8	侧倾角 β/rad	0
S_1 和 S_3 的间距/mm	3.2×10^{-3}	摆角 δ/rad	0
S_2 和 S_3 的间距/mm	3.5×10^{-3}	半径位置/mm	23
最小飞行高度 $h_{\min}$/mm	1.0	磁盘转速 v/(r/min)	10000

在数值计算中，如果给出的初始值离最终数值解太远，会导致计算时间过长其至计算发散。所以，在网格较粗的第 3 层给出初始值，然后再插值到第 5 层网格进行计算。图 5-28 所示为多重网格法循环迭代过程的示意图，圆圈中的数字为该层迭代次数。

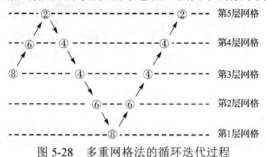

图 5-28　多重网格法的循环迭代过程

图 5-29 所示为采用多重网格法计算得到的基于第 2、3、4、5 层网格的压力分布，网格分布如图 3-11 所示。从图 5-29 可以看到，Ω 浮动块尾部的压力远远大于其他区域，且压力梯度较大。通过网格自适应技术，可以在压力梯度较大的区域分配较多网格，减少截断误差。本书采用的是规则矩形网格，造成了一些压力梯度不大的区域网格密度过大，网格数量相对于非结构网格较多。但是，规则矩形网格在网格自适应、多重网格方法编程实施过程中较为容易，并且程序数据结构相对简单，大量节省了数据存储和读取时间。因此，通过规则矩形网格编写的程序并没有因为网格数量的增加而导致计算效率降低。

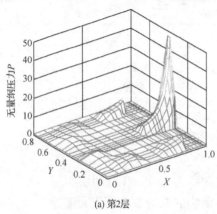

(a) 第2层

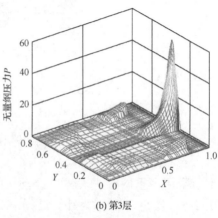

(b) 第3层

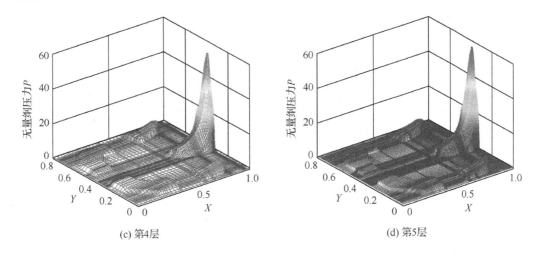

(c) 第4层   (d) 第5层

图 5-29 各层网格的压力分布（见彩图）

5.4 飞行参数对气膜静态特性的影响

浮动块的飞行参数主要包括最小飞行高度 $h_{\min}$、俯仰角 α 和侧倾角 β 等。当硬盘受到外界扰动时，这些飞行参数会发生改变，从而会导致浮动块承载力与压力中心的变化。当外界扰动足够大时，甚至会破坏磁头/磁盘界面的气膜，使气膜润滑方程不再成立。本书基于 Ω 浮动块讨论飞行参数对气膜承载力和压力中心的影响。

5.4.1 飞行参数对气膜承载力的影响

气膜承载力作用于浮动块上并平衡外部载荷，是保证浮动块稳定飞行于磁盘上方的一个重要参数，其表达式如下：

$$w = 1000 \int_0^{B/L} \int_0^1 (P-1) P_s L^2 \mathrm{d}X \mathrm{d}Y \tag{5-39}$$

式中，L 为浮动块的长度；B 为浮动块的宽度；P_s 为环境压力；P 为压力。

图 5-30 所示为浮动块飞行参数（最小飞行高度 $h_{\min}$、俯仰角 α 和侧倾角 β）对气膜承载力的影响。其中，计算最小飞行高度的影响时，俯仰角 $\alpha=4\times10^{-4}$rad，侧倾角 $\beta=1\times10^{-6}$rad；计算俯仰角的影响时，最小飞行高度 $h_{\min}=7.0$nm，侧倾角 $\beta=1\times10^{-6}$rad；计算侧倾角的影响时，最小飞行高度 $h_{\min}=7.0$nm，俯仰角 $\alpha=4\times10^{-4}$rad。

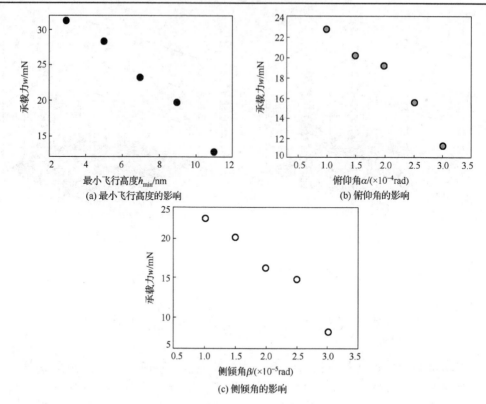

图 5-30 浮动块飞行参数对气膜承载力的影响

从图 5-30 可以看到：

(1) 如图 5-30(a)所示，气膜承载力随着最小飞行高度的增加不断减小，这说明气膜承载力与最小飞行高度成反比；

(2) 如图 5-30(b)所示，随着俯仰角的增加，气膜承载力不断减小，这也说明俯仰角与气膜承载力成反比；

(3) 如图 5-30(c)所示，随着侧倾角的增加，气膜承载力不断减小，这也说明侧倾角与气膜承载力成反比。

综合来看，最小飞行高度、俯仰角和侧倾角均与气膜承载力成反比。当最小飞行高度、俯仰角和侧倾角增加时，浮动块与磁盘之间的距离增加，气体受压缩程度减小，故气膜承载力减小。

5.4.2 飞行参数对气膜压力中心的影响

当飞行参数发生变化时，气膜承载力作用在浮动块上的压力中心也发生变化，压力中心的变化最终体现在作用到浮动块转矩的变化。气膜压力中心是纳米间隙气膜润滑的另一个重要参数，其表达式如下：

$$x_c = \frac{1}{w}\int_0^{B/L}\int_0^1 (P-1)p_a X L^3 \mathrm{d}X\mathrm{d}Y \tag{5-40}$$

$$y_c = \frac{1}{w}\int_0^{B/L}\int_0^1 (P-1)p_a Y L^3 \mathrm{d}X\mathrm{d}Y \tag{5-41}$$

式(5-40)和式(5-41)中，x_c 和 y_c 分别为浮动块长度和宽度方向的压力中心，其基于 Ω 浮动块的几何示意图如图 5-31 所示。

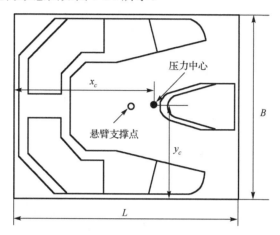

图 5-31　基于 Ω 浮动块的压力中心示意图

图 5-32 所示为最小飞行高度 h_{min} 对压力中心 x_c 和 y_c 的影响。其中，俯仰角 $\alpha=4\times10^{-4}\mathrm{rad}$，侧倾角 $\beta=1\times10^{-6}\mathrm{rad}$。

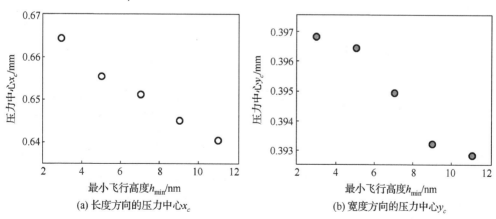

(a) 长度方向的压力中心 x_c　　(b) 宽度方向的压力中心 y_c

图 5-32　最小飞行高度对气膜压力中心的影响

从图 5-32 可以看出，随着最小飞行高度 h_{min} 的增加，浮动块长度方向的压力中心 x_c 和宽度方向的压力中心 y_c 均不断减小，但是长度方向压力中心 x_c 的减小幅度要大于宽度方向压力中心 y_c 的减小幅度。

图 5-33 所示为俯仰角 α 对压力中心 x_c 和 y_c 的影响。其中,最小飞行高度 $h_{\min}=7.0$nm,侧倾角 $\beta=1\times10^{-6}$rad。

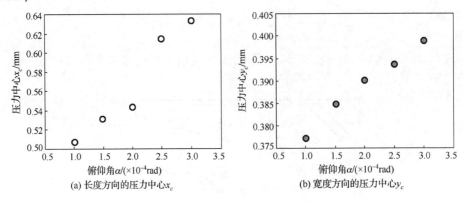

图 5-33　俯仰角对气膜压力中心的影响

从图 5-33 可以看出,随着俯仰角 α 的增加,浮动块长度方向的压力中心 x_c 和宽度方向的压力中心 y_c 均不断增加,但是长度方向压力中心 x_c 的增加幅度要略大于宽度方向压力中心 y_c 的增加幅度。

图 5-34 所示为侧倾角 β 对压力中心 x_c 和 y_c 的影响。其中,最小飞行高度 $h_{\min}=7.0$nm,俯仰角 $\alpha=4\times10^{-4}$rad。

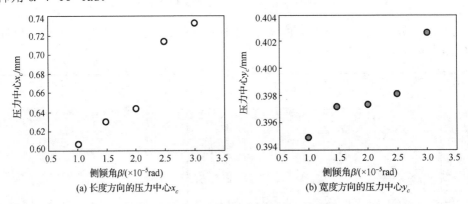

图 5-34　侧倾角对气膜压力中心的影响

从图 5-34 可以看出,随着侧倾角 β 的增加,浮动块长度方向的压力中心 x_c 和宽度方向的压力中心 y_c 均不断增加,但是长度方向压力中心 x_c 的增加幅度要大于宽度方向压力中心 y_c 的增加幅度。

综合图 5-32~图 5-34,得出结论:最小飞行高度 $h_{\min}$ 的增加,会导致压力中心 x_c 和 y_c 减小,而俯仰角 α 与侧倾角 β 的增加,会导致压力中心 x_c 和 y_c 增加,且 x_c 的变化幅度要大于 y_c 的变化幅度。

第6章 表面粗糙度和表面容纳系数对气膜静态特性的影响

6.1 基于表面粗糙度的气膜润滑方程

6.1.1 基本方程

如图 2-7(a)所示的一维无限宽气膜浮动块，考虑气体的可压缩性、稀薄效应和粗糙度影响的无量纲一维 Reynolds 方程表示如下[44,45]：

$$\frac{\mathrm{d}}{\mathrm{d}X}[Q\varphi_x^p PH^3 \frac{\mathrm{d}P}{\mathrm{d}X} - \Lambda_x P(H + \varphi^s H_{\mathrm{so}}^{-1})] = 0 \tag{6-1}$$

式中，H_{so} 为膜厚比，表示最小飞行高度与两润滑面综合粗糙度的比值，表达式如下：

$$H_{\mathrm{so}} = \frac{h_{\min}}{\sigma}, \quad \sigma = \sqrt{\sigma_1^2 + \sigma_2^2} \tag{6-2}$$

式中，σ_1、σ_2 分别为润滑副 1(磁盘)和润滑副 2(浮动块)表面粗糙度的算术平均偏差。

式(6-1)中，φ_x^p 为 X 方向的压力流因子，表达式为

$$\varphi_x^p = 1 + g\left(\frac{\sigma}{h}\right)^2 \left(1 - \frac{f^2}{g}\frac{1}{1+\gamma}\right) \tag{6-3}$$

其中，

$$f = 3 + \frac{D}{Q_P}\frac{\mathrm{d}Q_P}{\mathrm{d}D} \tag{6-4}$$

$$g = 3 + 3\frac{D}{Q_P}\frac{\mathrm{d}Q_P}{\mathrm{d}D} + \frac{1}{2}\frac{D^2}{Q_P}\frac{\mathrm{d}^2 Q_P}{\mathrm{d}D^2} \tag{6-5}$$

$$\frac{1}{1+\gamma} = \left(\frac{\sigma_1}{\sigma}\right)^2 \frac{1}{1+\gamma_1} + \left(\frac{\sigma_2}{\sigma}\right)^2 \frac{1}{1+\gamma_2} \tag{6-6}$$

式(6-1)中，φ^s 为剪切流因子，表达式为

$$\varphi^s = \left(\frac{\sigma_1}{\sigma}\right)^2 \Phi_1^s - \left(\frac{\sigma_2}{\sigma}\right)^2 \Phi_2^s \tag{6-7}$$

式中，Φ_1^s 和 Φ_2^s 分别为润滑副 1 和润滑副 2 的剪切流因子，定义为

$$\varPhi_i^s = f\frac{\sigma}{h}\frac{1}{1+\gamma_i} \tag{6-8}$$

式中，$\gamma(\gamma_i, i=1,2)$ 为 Peklenik 数。Peklenik 在 1967 年提出粗糙度方向模式的概念时引入了这个系数。本书中此系数指的是沿浮动块长度方向波长与宽度方向波长的比值。根据 Peklenik 数的大小可将粗糙度模式划分为三种类型：$\gamma<1$ 代表横向粗糙度；$\gamma=1$ 代表各向同性粗糙度；$\gamma>1$ 代表纵向粗糙度。三种类型粗糙度模式示意图如图 6-1 所示。

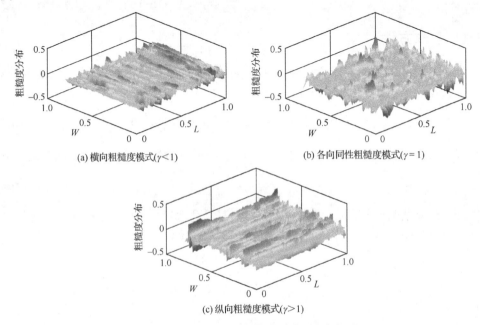

图 6-1　三种类型粗糙度模式示意图（见彩图）

选用 PSO 模型的气体稀薄效应校正项，表达式如式(2-138)所示。这样，压力流因子与剪切流因子的表达式可以重写为

$$\varphi_x^p = 1 + \left(\frac{\sigma}{h}\right)^2 \left(3 + \frac{3bD - 2cD^{-1}}{a + bD + cD^{-1}}\right) - \frac{1}{1+\gamma}\left(\frac{\sigma}{h}\right)\left(3 + \frac{bD - cD^{-1}}{a + bD + cD^{-1}}\right)^2 \tag{6-9}$$

$$\varphi^s = \frac{\sigma}{h}\left(3 + \frac{bD - cD^{-1}}{a + bD + cD^{-1}}\right)\left[\left(\frac{\sigma_1}{\sigma}\right)^2 \frac{1}{1+\gamma_1} - \left(\frac{\sigma_2}{\sigma}\right)^2 \frac{1}{1+\gamma_2}\right] \tag{6-10}$$

6.1.2　数值求解

在此，选用 LSFD 法求解式(6-1)，具体实施过程参见 3.1 节。对于第 i 个参考点，可将 Reynolds 方程写成：

$$F_i = \left(\frac{dP}{dX}\right)_i^2 (A_1 + A_2) + \left.\frac{dH}{dX}\right|_i \left.\frac{dP}{dX}\right|_i (B_1 + B_2) + \left.\frac{d^2P}{dX^2}\right|_i (C_1 + C_2) - \Lambda_x H_i \left.\frac{dP}{dX}\right|_i$$
$$- \Lambda_x P_i \left.\frac{dH}{dX}\right|_i - \Lambda_x H_{so}^{-2}\left[\left(\frac{\sigma_1}{\sigma}\right)^2 \frac{1}{1+\gamma_1} - \left(\frac{\sigma_2}{\sigma}\right)^2 \frac{1}{1+\gamma_2}\right]\left(\left.\frac{dP}{dX}\right|_i D_1 + \left.\frac{dH}{dX}\right|_i D_2\right) \quad (6\text{-}11)$$

式中，A_1、B_1、C_1、D_1 和 A_2、B_2、C_2、D_2 均为参量，其表达式分别如下：

$$A_1 = 6bH_i^3 - 6c\left(\frac{\sqrt{\pi}}{2}\right)^{-2} K_n^2 P_i^{-2} H_i \quad (6\text{-}12)$$

$$B_1 = 12a\left(\frac{\sqrt{\pi}}{2}\right)^{-1} K_n H_i + 18bP_i H_i^2 + 6c\left(\frac{\sqrt{\pi}}{2}\right)^{-2} K_n^2 P_i^{-1} \quad (6\text{-}13)$$

$$C_1 = 6a\left(\frac{\sqrt{\pi}}{2}\right)^{-1} K_n H_i^2 + 6bP_i H_i^3 + 6c\left(\frac{\sqrt{\pi}}{2}\right)^{-2} K_n^2 P_i^{-1} H_i \quad (6\text{-}14)$$

$$\begin{aligned}D_1 =\ & 3H_i^{-1} + 2b\frac{\sqrt{\pi}}{2} K_n^{-1} P_i \left[a + b\frac{\sqrt{\pi}}{2} K_n^{-1} P_i H_i + c\left(\frac{\sqrt{\pi}}{2}\right)^{-1} K_n P_i^{-1} H_i^{-1}\right] \\ & \cdot \left[a + b\frac{\sqrt{\pi}}{2} K_n^{-1} P_i H_i + c\left(\frac{\sqrt{\pi}}{2}\right)^{-1} K_n P_i^{-1} H_i^{-1}\right]^{-2} \\ & - \left[b\frac{\sqrt{\pi}}{2} K_n^{-1} P_i^2 - c\left(\frac{\sqrt{\pi}}{2}\right)^{-1} K_n H_i^{-2}\right]\left[b\frac{\sqrt{\pi}}{2} K_n^{-1} H_i - c\left(\frac{\sqrt{\pi}}{2}\right)^{-1} K_n P_i^{-2} H_i^{-1}\right] \\ & \cdot \left[a + b\frac{\sqrt{\pi}}{2} K_n^{-1} P_i H_i + c\left(\frac{\sqrt{\pi}}{2}\right)^{-1} K_n P_i^{-1} H_i^{-1}\right]^{-2}\end{aligned} \quad (6\text{-}15)$$

$$\begin{aligned}A_2 =\ & H_{so}^{-2}\left[36bH_i - 6c\left(\frac{\sqrt{\pi}}{2}\right)^{-2} K_n^2 P_i^{-2} H_i^{-1}\right] - H_{so}^{-2}\frac{1}{1+\gamma}\left[90bH_i - 18c\left(\frac{\sqrt{\pi}}{2}\right)^{-2} K_n^2 P_i^{-2} H_i^{-1}\right] \\ & - H_{so}^{-2}\frac{1}{1+\gamma}\left[12b^2 \frac{\sqrt{\pi}}{2} K_n^{-1} P_i H_i^2 - 12c^2\left(\frac{\sqrt{\pi}}{2}\right)^{-3} K_n^3 P_i^{-3} H_i^{-2}\right] \\ & \cdot \left[a + b\frac{\sqrt{\pi}}{2} K_n^{-1} P_i H_i + c\left(\frac{\sqrt{\pi}}{2}\right)^{-1} K_n H_i^2\right]\left[a + b\frac{\sqrt{\pi}}{2} K_n^{-1} P_i H_i + c\left(\frac{\sqrt{\pi}}{2}\right)^{-1} K_n P_i^{-1} H_i^{-1}\right]^{-2} \\ & - H_{so}^{-2}\frac{1}{1+\gamma}\left[6b^2 \frac{\sqrt{\pi}}{2} K_n^{-1} P_i^2 H_i^2 - 12bc\left(\frac{\sqrt{\pi}}{2}\right)^{-1} K_n + 6c^2\left(\frac{\sqrt{\pi}}{2}\right)^{-3} K_n^3 P_i^{-2} H_i^{-2}\right] \\ & \cdot \left[b\frac{\sqrt{\pi}}{2} K_n^{-1} H_i - c\left(\frac{\sqrt{\pi}}{2}\right)^{-1} K_n P_i^{-2} H_i^{-1}\right]\left[a + b\frac{\sqrt{\pi}}{2} K_n^{-1} P_i H_i + c\left(\frac{\sqrt{\pi}}{2}\right)^{-1} K_n P_i^{-1} H_i^{-1}\right]^{-2}\end{aligned}$$

$$(6\text{-}16)$$

$$B_2 = H_{so}^{-2}\left[36bP_i - 6c\left(\frac{\sqrt{\pi}}{2}\right)^{-2}K_n^2P_i^{-1}H_i^{-2}\right] - H_{so}^{-2}\frac{1}{1+\gamma}\left[90bP_i - 18c\left(\frac{\sqrt{\pi}}{2}\right)^{-2}K_n^2P_i^{-1}H_i^{-2}\right]$$

$$-H_{so}^{-2}\frac{1}{1+\gamma}\left[12b^2\frac{\sqrt{\pi}}{2}K_n^{-1}P_i^2H_i - 12c^2\left(\frac{\sqrt{\pi}}{2}\right)^{-3}K_n^3P_i^{-2}H_i^{-3}\right]$$

$$\cdot\left[a+b\frac{\sqrt{\pi}}{2}K_n^{-1}P_iH_i+c\left(\frac{\sqrt{\pi}}{2}\right)^{-1}K_nP_i^{-1}H_i^{-1}\right]\left[a+b\frac{\sqrt{\pi}}{2}K_n^{-1}P_iH_i+c\left(\frac{\sqrt{\pi}}{2}\right)^{-1}K_nP_i^{-1}H_i^{-1}\right]^{-2}$$

$$-H_{so}^{-2}\frac{1}{1+\gamma}\left[6b^2\frac{\sqrt{\pi}}{2}K_n^{-1}P_i^2H_i^2 + 6c^2\left(\frac{\sqrt{\pi}}{2}\right)^{-3}K_n^3P_i^{-2}H_i^{-2}\right]$$

$$\cdot\left[b\frac{\sqrt{\pi}}{2}K_n^{-1}P_i - c\left(\frac{\sqrt{\pi}}{2}\right)^{-1}K_nP_i^{-1}H_i^{-2}\right]\left[a+b\frac{\sqrt{\pi}}{2}K_n^{-1}P_iH_i+c\left(\frac{\sqrt{\pi}}{2}\right)^{-1}K_nP_i^{-1}H_i^{-1}\right]^{-2} \tag{6-17}$$

$$C_2 = H_{so}^{-2}\left[18a\left(\frac{\sqrt{\pi}}{2}\right)^{-1}K_n + 36bP_iH_i + 6c\left(\frac{\sqrt{\pi}}{2}\right)^{-2}K_n^2P_i^{-1}H_i^{-1}\right]$$

$$-H_{so}^{-2}\frac{1}{1+\gamma}\left[54a\left(\frac{\sqrt{\pi}}{2}\right)^{-1}K_n + 90bP_iH_i + 18c\left(\frac{\sqrt{\pi}}{2}\right)^{-2}K_n^2P_i^{-1}H_i^{-1}\right]$$

$$-H_{so}^{-2}\frac{1}{1+\gamma}\left[6b^2\frac{\sqrt{\pi}}{2}K_n^{-1}P_i^2H_i^2 - 12bc\left(\frac{\sqrt{\pi}}{2}\right)^{-1}K_n\right.$$

$$\left.+6c^2\left(\frac{\sqrt{\pi}}{2}\right)^{-3}K_n^3P_i^{-2}H_i^{-2}\right]\left[a+b\frac{\sqrt{\pi}}{2}K_n^{-1}P_iH_i+c\left(\frac{\sqrt{\pi}}{2}\right)^{-1}K_nP_i^{-1}H_i^{-1}\right]^{-1} \tag{6-18}$$

$$D_2 = -3P_iH_i^{-2} + 2c\left(\frac{\sqrt{\pi}}{2}\right)^{-1}K_nH_i^{-3}\left[a+b\frac{\sqrt{\pi}}{2}K_n^{-1}P_iH_ic\left(\frac{\sqrt{\pi}}{2}\right)^{-1}K_nP_i^{-1}H_i^{-1}\right.$$

$$\left.\cdot\left[a+b\frac{\sqrt{\pi}}{2}K_n^{-1}P_iH_i+c\left(\frac{\sqrt{\pi}}{2}\right)^{-1}K_nP_i^{-1}H_i^{-1}\right]^{-2}\right.$$

$$-\left[b\frac{\sqrt{\pi}}{2}K_n^{-1}P_i^2 - c\left(\frac{\sqrt{\pi}}{2}\right)^{-1}K_nH_i^{-2}\right]\left[b\frac{\sqrt{\pi}}{2}K_n^{-1}P_i - c\left(\frac{\sqrt{\pi}}{2}\right)^{-1}K_nP_i^{-1}H_i^{-2}\right]$$

$$\cdot\left[a+b\frac{\sqrt{\pi}}{2}K_n^{-1}P_iH_i+c\frac{\sqrt{\pi}}{2}\left(\frac{\sqrt{\pi}}{2}\right)^{-1}K_nP_i^{-1}H_i^{-1}\right]^{-2} \tag{6-19}$$

在式(6-11)的迭代过程中，仅 P、$\partial P/\partial X$、$\partial P/\partial Y$、$\partial^2 P/\partial X^2$ 和 $\partial^2 P/\partial Y^2$ 有增量，其他值都保持上一步迭代的值不变，故

$$F_i + \Delta F_i = \frac{\mathrm{d}P}{\mathrm{d}X}\bigg|_i \left[\sum_j^{SN} a_{1j}^i P_j^i - \left(\sum_j^{SN} a_{1j}^i\right)(P_i + \Delta P_i) \right](A_1 + A_2)$$

$$+ \frac{\mathrm{d}H}{\mathrm{d}X}\bigg|_i \left[\sum_j^{SN} a_{1j}^i P_j^i - \left(\sum_j^{SN} a_{1j}^i\right)(P_i + \Delta P_i) \right](B_1 + B_2)$$

$$+ \left[\sum_j^{SN} a_{2j}^i P_j^i - \left(\sum_j^{SN} a_{2j}^i\right)(P_i + \Delta P_i) \right](C_1 + C_2)$$

$$- \Lambda_x H_i \left[\sum_j^{SN} a_{1j}^i P_j^i - \left(\sum_j^{SN} a_{1j}^i\right)(P_i + \Delta P_i) \right] - \Lambda_x (P_i + \Delta P_i)\frac{\mathrm{d}H}{\mathrm{d}X}\bigg|_i$$

$$- \Lambda_x H_{so}^{-2} \left[\left(\frac{\sigma_1}{\sigma}\right)^2 \frac{1}{1+\gamma_1} - \left(\frac{\sigma_2}{\sigma}\right)^2 \frac{1}{1+\gamma_2} \right] \left\{ \left[\sum_j^{SN} a_{1j}^i P_j^i - \left(\sum_j^{SN} a_{1j}^i\right)(P_i + \Delta P_i) \right] D_1 \frac{\mathrm{d}H}{\mathrm{d}X}\bigg|_i D_2 \right\}$$

(6-20)

采用 Gauss-Seidel 迭代法进行求解，压力增量 ΔP_i 表示如式(3-36)所示，分母 deno 表达式为

$$\mathrm{deno} = \frac{\mathrm{d}P}{\mathrm{d}X}\bigg|_i \left(-\sum_j^{SN} a_{1j}^i\right)(A_1 + A_2) + \frac{\mathrm{d}H}{\mathrm{d}X}\bigg|_i \left(-\sum_j^{SN} a_{1j}^i\right)(B_1 + B_2)$$

$$+ \left(-\sum_j^{SN} a_{2j}^i\right)(C_1 + C_2) - \Lambda_x H_i \left(-\sum_j^{SN} a_{1j}^i\right) - \Lambda_x \frac{\mathrm{d}H}{\mathrm{d}X}\bigg|_i \quad (6\text{-}21)$$

$$- \Lambda_x H_{so}^{-2} \left[\left(\frac{\sigma_1}{\sigma}\right)^2 \frac{1}{1+\gamma_1} - \left(\frac{\sigma_2}{\sigma}\right)^2 \frac{1}{1+\gamma_2} \right] \left[\left(-\sum_j^{SN} a_{1j}^i\right) D_1 + \frac{\mathrm{d}H}{\mathrm{d}X}\bigg|_i D_2 \right]$$

当计算满足收敛条件式(3-38)时结束，设定收敛标准为 $\varepsilon=10^{-5}$。

6.2 表面粗糙度对气膜静态特性的影响

通过求解上述引入压力流因子、剪切流因子和稀薄系数的无量纲一维 Reynolds 方程，研究了表面粗糙度对超低飞行高度(1~2nm)气膜压力分布、承载力及压力中心等静态特性的影响。

6.2.1 表面粗糙度对气膜压力分布的影响

为了研究 Peklenik 数对压力分布的影响，采用 LSFD 法，分别计算仅浮动块表面粗糙、仅磁盘表面粗糙及浮动块、磁盘表面均粗糙三种情况下，浮动块、磁盘取

相同的 Peklenik 数 ($\gamma_1=\gamma_2=\gamma$) 时，粗糙度对气膜压力分布的影响，如图 6-2 所示。其中，粗糙度值为 0.3nm，最小飞行高度为 1.0nm。

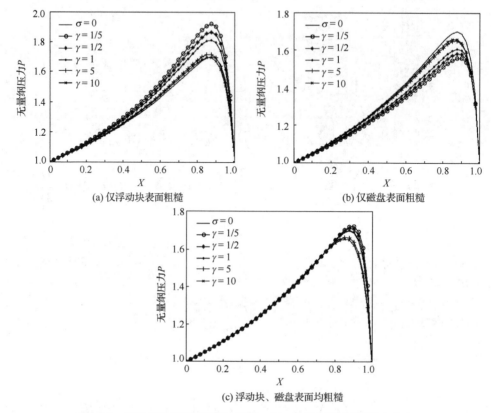

图 6-2　浮动块、磁盘表面取相同 Peklenik 数时的气膜压力分布

图 6-2 中光滑实线代表浮动块、磁盘表面均光滑时的压力分布曲线。从图 6-2 可以得出以下结论。

(1) 仅浮动块表面粗糙时，随着 Peklenik 数的增加，压力值逐渐降低；但气膜压力分布总是高于浮动块、磁盘表面均光滑时的压力分布曲线。

(2) 仅磁盘表面粗糙时，随着 Peklenik 数的增加，压力值逐渐升高；但气膜压力分布总是低于浮动块、磁盘表面均光滑时的压力分布曲线。

(3) 浮动块、磁盘表面均粗糙时，随着 Peklenik 数的增加，在横坐标的右侧部分压力值逐渐降低；在横坐标的左侧部分压力值逐渐升高，但变化幅度较小。

(4) 总体而言，Peklenik 数对气膜压力分布的影响较明显；对给定的粗糙度值，仅浮动块表面粗糙时压力分布升高，仅磁盘表面粗糙时压力分布降低；仅浮动块表面粗糙且取横向粗糙度模式时压力分布较高。

为进一步探索 Peklenik 数对压力分布的影响，研究了浮动块、磁盘表面分别取不同 Peklenik 数时压力分布的变化，如图 6-3 所示。其中，浮动块、磁盘表面粗糙度均为 0.3nm，最小飞行高度为 1.0nm。

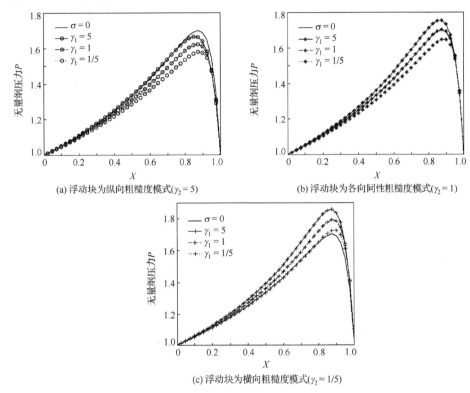

图 6-3　浮动块、磁盘表面取不同 Peklenik 数时的气膜压力分布

图 6-3 中光滑实线代表浮动块、磁盘表面均光滑时的压力分布曲线。从图 6-3 可以得出以下结论。

(1) 浮动块取纵向粗糙度(γ_2=5)时，随着磁盘 Peklenik 数的增加，压力分布逐渐升高；但压力分布总是低于浮动块、磁盘表面均光滑时的压力分布曲线。

(2) 磁头取横向粗糙度(γ_2=1/5)时，随着磁盘 Peklenik 数的增加，压力分布逐渐升高；但压力分布曲线总是高于浮动块、磁盘表面均光滑时的压力分布曲线。

(3) 浮动块取各向同性粗糙度(γ_2=1)时，磁盘取纵向粗糙度(γ_1=5)时，压力分布曲线总是高于浮动块、磁盘表面均光滑时的压力分布曲线；磁盘取各向同性粗糙度(γ_1=1)时，压力分布曲线与浮动块、磁盘表面均光滑时的压力分布曲线重合；磁盘取横向粗糙度(γ_1=1/5)时，压力分布曲线总是低于浮动块、磁盘表面均光滑时的压力分布曲线。

(4) 总体而言，随着磁头 Peklenik 数的降低，压力分布逐渐升高；随着磁盘 Peklenik 数的增加，压力分布逐渐升高；当浮动块取横向粗糙度模式时，压力幅值较大；当浮动块取纵向粗糙度模式时，压力幅值较小。

为了研究粗糙度大小、飞行高度对压力分布的影响，分别计算了横向粗糙度、各向同性粗糙度和纵向粗糙度三种模式情况下，不同粗糙度值、不同飞行高度时压力分布的变化，如图6-4所示。

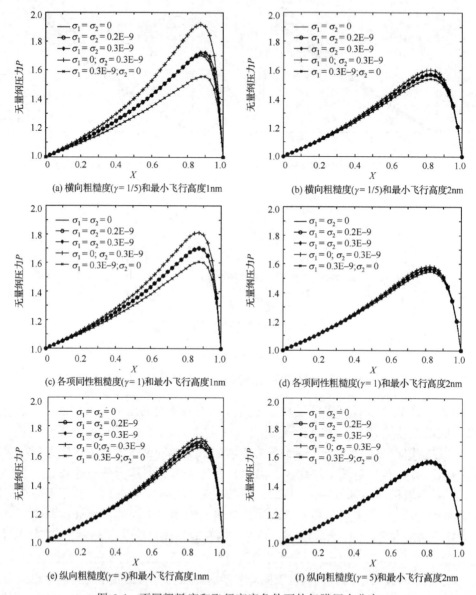

图6-4 不同粗糙度和飞行高度条件下的气膜压力分布

计算时，粗糙度分别取 0.2nm、0.3nm，最小飞行高度分别取 1.0nm、2.0nm。浮动块、磁盘表面取相同的 Peklenik 数，即 $\gamma_1=\gamma_2=\gamma$。从图6-4可以得出以下结论。

(1) 粗糙度值越大，对压力分布的影响越明显；随着飞行高度的升高，粗糙度对压力分布的影响减弱。

(2) 横向粗糙度($\gamma = 1/5$)时，浮动块、磁盘表面均粗糙时压力分布升高，仅浮动块表面粗糙时压力分布升高最明显，而仅磁盘表面粗糙时压力分布降低。

(3) 各向同性粗糙度($\gamma = 1$)时，浮动块、磁盘表面均粗糙时压力分布变化很小，仅浮动块表面粗糙时压力分布升高，而仅磁盘表面粗糙时压力分布降低。

(4) 纵向粗糙度($\gamma = 5$)时，各种粗糙度情况均使压力分布降低，仅浮动块表面粗糙时压力分布最高，而仅磁盘表面粗糙时压力分布最低。

(5) 总体而言，飞行高度越低和(或)粗糙度值越大，表面粗糙度对压力分布的影响越明显；不同粗糙度模式对压力分布的影响程度不同：横向粗糙度模式最明显，各向同性粗糙度模式次之，纵向粗糙度模式最弱；仅浮动块表面粗糙、横向粗糙度模式及飞行高度较低时，压力分布较高。

6.2.2 表面粗糙度对气膜承载力的影响

在硬盘设计中，气膜承载力是一个非常重要的参量，它对气膜浮动块的飞行特性具有重要影响。为了研究 Peklenik 数对承载力的影响，分别计算了仅浮动块表面粗糙、仅磁盘表面粗糙和浮动块、磁盘表面均粗糙三种情况下，膜厚比 H_{so} 与气膜浮动块的承载力为不同 Peklenik 数时的函数关系，如图 6-5 所示。

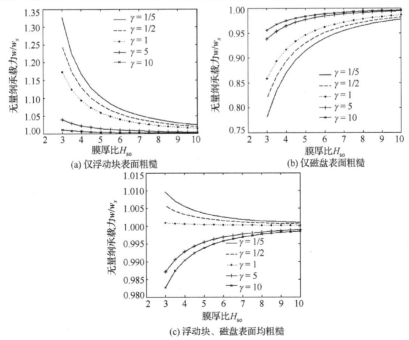

图 6-5 浮动块、磁盘表面取相同 Peklenik 数时气膜承载力的变化

计算时，粗糙度值为 0.3nm，最小气膜厚度处克努森数的倒数 D_0=0.014；浮动块磁盘表面取相同的 Peklenik 数，即 $\gamma_1=\gamma_2=\gamma$(以下的数值计算中，如无特别说明，关于这三个参数的取值与说明是一样的)。

图 6-5 中横坐标为膜厚比 H_{so}，纵坐标采用承载力的无量纲形式(即相对承载力，等于粗糙面气膜承载力 w 与光滑面气膜承载力 w_s 的比值)。从图 6-5 可以得出以下结论。

(1) 仅浮动块表面粗糙情况下，各种 Peklenik 数均使系统的气膜承载力提高(γ=1/5 时，承载力最高；γ=10 时，承载力最低)；随着膜厚比 H_{so} 的增加，承载力逐渐降低，趋近并高于光滑表面气膜的承载力。

(2) 仅磁盘表面粗糙情况下，各种 Peklenik 数均使系统的气膜承载力降低(γ=1/5 时，承载力最低；γ=10 时，承载力最高)；随着膜厚比 H_{so} 的增加，承载力逐渐提高，趋近并低于光滑表面气膜的承载力。

(3) 浮动块、磁盘表面均粗糙情况下，横向粗糙度模式(γ=1/5，1/2)和各向同性粗糙度模式(γ=1)时，随着膜厚比 H_{so} 的增加，承载力逐渐降低，趋近并高于光滑表面气膜的承载力；纵向粗糙度模式(γ=5，10)时，情况正好相反，随着膜厚比 H_{so} 的增加，承载力逐渐升高，趋近并低于光滑表面气膜的承载力。

(4) 总体而言，仅浮动块表面粗糙且取横向粗糙度模式(γ<1)时，承载力较高；仅磁盘表面粗糙且取横向粗糙度模式(γ<1)时，承载力较低；浮动块、磁盘表面均粗糙情况下，各种 Peklenik 数对承载力的影响较小，介于前两者之间；随着膜厚比 H_{so} 的增加，Peklenik 数对承载力的影响逐渐减弱。

为进一步探索 Peklenik 数对系统承载力的影响，研究了浮动块磁盘表面分别取不同 Peklenik 数时承载力随膜厚比的变化，如图 6-6 所示。从图 6-6 可以得出以下结论。

(1) 浮动块表面取纵向粗糙度模式(γ_2=5)时，随着磁盘表面 Peklenik 数的增加，承载力逐渐升高；承载力趋近并低于光滑表面气膜的承载力。

(2) 浮动块表面取横向粗糙度模式(γ_2=1/5)时，随着磁盘表面 Peklenik 数的增加，承载力逐渐升高；承载力趋近并高于光滑表面气膜的承载力。

(3) 浮动块表面取各向同性粗糙度模式(γ_2=1)，磁盘表面取纵向粗糙度(γ_1=5)时，承载力总是高于光滑表面气膜的承载力；磁盘表面取各向同性粗糙度(γ_1=1)时，承载力与光滑表面气膜的承载力几乎重合；磁盘表面取横向粗糙度(γ_1=1/5)时，承载力总是低于光滑表面气膜的承载力。

(4) 总体而言，气膜承载力随浮动块表面 Peklenik 数的增加而降低，随磁盘表面 Peklenik 数的增加而提高。浮动块表面粗糙度模式对承载力的影响：横向粗糙度使承载力提高，纵向粗糙度使承载力降低，各向同性糙度对承载力的影响介于前两者之间；随着膜厚比 H_{so} 的增加，Peklenik 数对承载力的影响逐渐减弱。

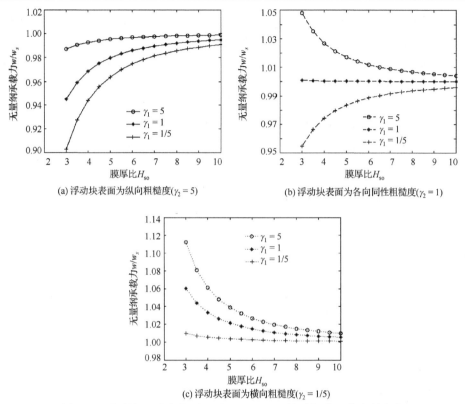

图 6-6 浮动块、磁盘表面取不同 Peklenik 数时气膜承载力的变化

为了研究粗糙度大小以及浮动块、磁盘表面分别粗糙时对承载力的影响，分别计算了横向粗糙度和纵向粗糙度两种模式情况下，不同粗糙度值以及浮动块、磁盘表面分别粗糙时承载力随轴承数的变化，如图 6-7 所示。其中，粗糙度值分别取 0.2nm、0.3nm；最小气膜厚度处克努森数的倒数 D_0=0.014；浮动块磁盘表面取相同的 Peklenik 数，即 $\gamma_1=\gamma_2=\gamma$。

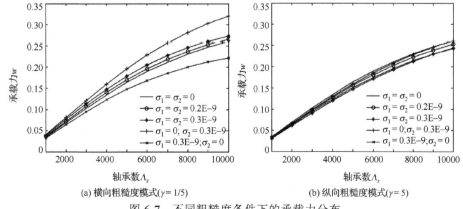

图 6-7 不同粗糙度条件下的承载力分布

图 6-7 中光滑实线代表光滑表面气膜的承载力曲线，从图 6-7 可以得出以下结论。

(1) 横向粗糙度模式时，粗糙度值越大系统的承载力越高，且仅浮动块表面粗糙时系统承载力最高，仅磁盘表面粗糙时系统承载力低于光滑表面气膜的承载力。

(2) 纵向粗糙度模式时，粗糙度值越大气膜承载力越低，仅浮动块表面粗糙时的承载力相对较高，但均低于光滑表面气膜的承载力。

(3) 总体而言，各种粗糙度模式下，粗糙度值越大对承载力的影响越大；横向粗糙度时系统的承载力较高，纵向粗糙度时系统的承载力较低；仅浮动块表面粗糙且取横向粗糙度时，气膜承载力较大。

6.2.3 表面粗糙度对气膜压力中心的影响

在硬盘设计中，气膜压力中心是另一个非常重要的参量，它同样对浮动块的飞行特性具有重要影响。

为研究 Peklenik 数对压力中心的影响，分别计算了仅浮动块表面粗糙、仅磁盘表面粗糙和浮动块、磁盘表面均粗糙三种情况下，气膜压力中心随着 Peklenik 数和膜厚比 H_{so} 的变化关系，如图 6-8 所示。

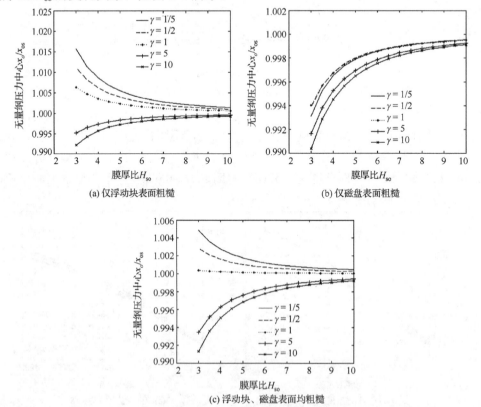

图 6-8 浮动块、磁盘表面取相同 Peklenik 数时气膜压力中心的变化

图 6-8 中横坐标为膜厚比 H_{so}，纵坐标采用压力中心的无量纲形式（即粗糙面气膜压力中心 x_o 与光滑面气膜压力中心 x_{os} 的比值）。从图 6-8 可以得出以下结论。

(1) 仅浮动块表面粗糙情况下，随着 Peklenik 数的增加，压力中心均远离读写磁头；横向粗糙度和各向同性粗糙度模式时压力中心靠近读写磁头，而纵向粗糙度模式时压力中心远离读写磁头。

(2) 仅磁盘表面粗糙情况下，各种粗糙度模式下的压力中心与光滑表面时的压力中心相比，均远离读写磁头。

(3) 浮动块、磁盘表面均粗糙情况下，压力中心的变化与仅浮动块表面粗糙情况下的情形类似，但影响程度较小。

(4) 总体而言，随着膜厚比 H_{so} 的增加，Peklenik 数对压力中心的影响逐渐减弱；各种粗糙度情形下，压力中心变化均不大，这说明飞行比较平稳，系统稳定性较好。

为了进一步探索 Peklenik 数对压力中心的影响，研究了浮动块、磁盘表面分别取不同 Peklenik 数时压力中心的变化，如图 6-9 所示。从图 6-9 可以得出以下结论。

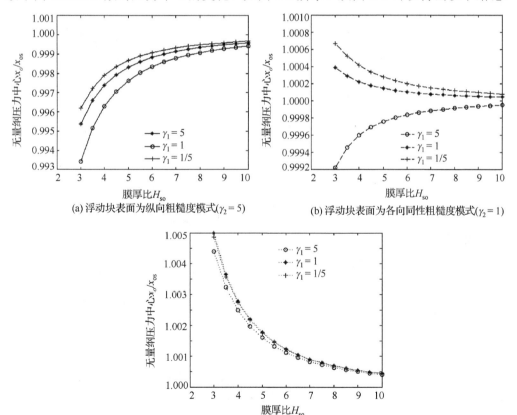

图 6-9 浮动块、磁盘表面取不同 Peklenik 数时气膜压力中心的变化

(1)无论仅对于浮动块表面还是仅对于磁盘表面而言,随着浮动块表面Peklenik数的增加,压力中心逐渐远离读写磁头。

(2)浮动块表面取横向粗糙度模式($\gamma_2=1/5$)时,压力中心靠近读写磁头;浮动块表面取纵向粗糙度模式($\gamma_2=5$)时,压力中心远离读写磁头。

(3)浮动块表面取各向同性粗糙度模式($\gamma_2=1$),磁盘表面取横向粗糙度($\gamma_1=1/5$)时,压力中心总是靠近读写磁头;磁盘表面取各向同性粗糙度($\gamma_1=1$)时,压力中心与光滑表面气膜的压力中心差别很小;磁盘表面取纵向粗糙度($\gamma_1=5$)时,压力中心总是远离读写磁头。

(4)磁盘表面取各向同性粗糙度($\gamma_1=1$)而浮动块表面取横向粗糙度($\gamma_2=1/5$)时,压力中心离读写磁头最近;浮动块、磁盘表面均取纵向粗糙度($\gamma_1=5$,$\gamma_2=5$)时,压力中心离读写磁头最远。

(5)总体看来,随着膜厚比H_{s0}的增加,各种Peklenik数变化对压力中心的影响逐渐减弱;随着浮动块表面Peklenik数的增加,压力中心逐渐远离读写磁头;各种情况下压力中心的变化范围均不大,说明系统的稳定性较好。

为研究粗糙度大小以及浮动块、磁盘表面分别粗糙对压力中心的影响,分别计算了横向粗糙度和纵向粗糙度两种模式下,不同粗糙度值及浮动块、磁盘表面分别粗糙时压力中心随轴承数的变化,如图6-10所示。

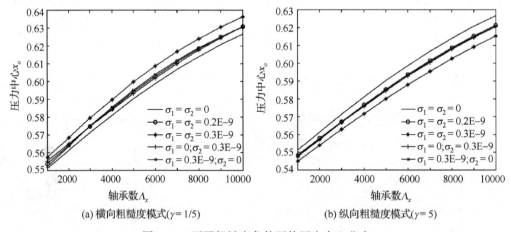

图6-10 不同粗糙度条件下的压力中心分布

图6-10中光滑实线代表浮动块、磁盘表面均光滑时的压力中心曲线。其中,粗糙度值分别取0.2nm、0.3nm;最小气膜厚度处克努森数的倒数$D_0=0.014$;磁头、磁盘取相同的Peklenik数,即$\gamma_1=\gamma_2=\gamma$。从图6-10可以得出以下结论。

(1)横向粗糙度模式($\gamma=1/5$)时,粗糙度值越大压力中心距离读写磁头越近;仅浮动块表面粗糙和仅磁盘表面粗糙时,系统的压力中心差别很小。但两者与浮动块、磁盘表面均粗糙时的压力中心相比,距离读写磁头较远;与浮动块、磁盘表面均光滑时的压力中心相比,距离读写磁头较近。

(2) 纵向粗糙度模式($\gamma=5$)时,粗糙度值越大压力中心距离读写磁头越远;仅浮动块表面粗糙和仅磁盘表面粗糙时,系统的压力中心差别很小。但两者与浮动块磁盘表面均粗糙时的压力中心相比,距离读写磁头较近;与浮动块、磁盘表面均光滑时的压力中心相比,距离读写磁头较远。

(3) 总体而言,粗糙度值越大对压力中心的影响越大;横向粗糙度模式时系统的压力中心靠近读写磁头,而纵向粗糙度模式时系统的压力中心远离读写磁头。各种情况下,表面粗糙度对压力中心的变化影响不大,说明浮动块飞行比较平稳,系统稳定性较好。

6.2.4 几种模型的计算效率对比

本书还分别基于 FK 模型和 LFR 模型进行了上述相同的研究,结果表明基于这三种模型研究粗糙度,硬盘超低飞行高度气膜静态特性的数值结果高度一致。但是,采用这三种模型计算的计算效率有很大的差别。这里仅选取图 6-2(a)、图 6-7(a) 和图 6-10(a) 中部分曲线,对基于这三种模型的计算效率进行了对比,如表 6-1 所示。

表 6-1 PSO 模型、LFR 模型和 FK 模型的计算效率对比

图示	曲线	计算时间/s			与 FK 模型的相差倍数	
		FK 模型	PSO 模型	LFR 模型	PSO 模型	LFR 模型
图 6-2(a)	$\gamma=1/5$	3.52	1.16	0.88	2.03	3.00
	$\gamma=5$	3.66	1.23	0.78	1.98	3.69
图 6-7(a)	$\sigma_1=\sigma_2=0.3E-9$	87.10	12.04	8.18	6.23	9.65
	$\sigma_1=0; \sigma_2=0.3E-9$	95.32	13.15	8.84	6.25	9.78
图 6-10(a)	$\sigma_1=\sigma_2=0.3E-9$	87.12	12.07	8.22	6.22	9.60
	$\sigma_1=0; \sigma_2=0.3E-9$	90.43	12.42	8.92	6.28	9.14

从表 6-1 可以看出,与 FK 模型的计算效率相比:计算粗糙度对压力分布的影响时,应用 PSO 模型可使计算效率提高 2.03 倍,应用 LFR 模型可使计算效率提高 3.00 倍;计算粗糙度对承载力及压力中心的影响时,应用 PSO 模型可使计算效率提高约 6 倍,应用 LFR 模型可使计算效率提高约 9 倍。这充分体现了应用 PSO 模型和 LFR 模型研究粗糙度对硬盘超低飞行高度气膜静态特性的优越性。

值得注意的是,虽然采用 LFR 模型的计算效率高于采用 PSO 模型的计算效率,但采用 PSO 模型时的计算精度高于采用 LFR 模型的计算精度。这是因为,LFR 模型是在 FK 模型的基础上推导出来的,PSO 模型则是在 Poiseuille 流系数数据库的基础上推导出来的,且 PSO 模型的模拟精度高于 FK 模型。

6.3 基于表面容纳系数的分子气膜润滑方程

6.3.1 分子气膜润滑方程的多项式对数形式

本书第 2 章已讲到，表面容纳系数 φ 是一个与表面材料、温度及表面粗糙度等有关的参数，它表示分子与固体表面间的能量传递量。从能量方面定义，表达式如式(2-122)所示。

结合式(2-122)，定义 φ_1 为磁盘表面容纳系数，φ_2 为浮动块表面容纳系数。定义对称性分子交互作用和非对称性分子交互作用如下。

(1) 当 $\varphi_1=\varphi_2$ 时，磁盘表面容纳系数与浮动块表面容纳系数相等，这种情况称为对称性分子交互作用。

(2) 当 $\varphi_1\neq\varphi_2$ 时，磁盘表面容纳系数与浮动块表面容纳系数不等，这种情况称为非对称性分子交互作用。

对于二维平面倾斜浮动块，考虑磁盘及浮动块表面容纳系数的分子气膜润滑(molecular gas film lubrication，MGL)方程为

$$\frac{\mathrm{d}}{\mathrm{d}X}\left[\tilde{Q}_\mathrm{P}(D,\varphi_1,\varphi_2)PH^3\frac{\mathrm{d}P}{\mathrm{d}X}-\Lambda_x\tilde{Q}_\mathrm{C}(D,\varphi_1,\varphi_2)PH\right] \\ +\frac{\mathrm{d}}{\mathrm{d}Y}\left[\tilde{Q}_\mathrm{P}(D,\varphi_1,\varphi_2)PH^3\frac{\mathrm{d}P}{\mathrm{d}Y}-\Lambda_y\tilde{Q}_\mathrm{C}(D,\varphi_1,\varphi_2)PH\right]=0 \tag{6-22}$$

式中，$\tilde{Q}_\mathrm{P}(D,\varphi_1,\varphi_2)$ 为 Poiseuille 流系数比；$\tilde{Q}_\mathrm{C}(D,\varphi_1,\varphi_2)$ 为 Couette 流系数比。表达式分别如下：

$$\tilde{Q}_\mathrm{P}(D,\varphi_1,\varphi_2)=\frac{Q_\mathrm{P}(D,\varphi_1,\varphi_2)}{Q_{\mathrm{P,con}}(D)} \tag{6-23}$$

$$\tilde{Q}_\mathrm{C}(D,\varphi_1,\varphi_2)=\frac{Q_\mathrm{C}(D,\varphi_1,\varphi_2)}{Q_{\mathrm{C,con}}(D)} \tag{6-24}$$

式(6-23)中，$Q_\mathrm{P}(D,\varphi_1,\varphi_2)$ 为 Poiseuille 流系数；$Q_{\mathrm{P,con}}(D)$ 为连续流的 Poiseuille 流系数；式(6-24)中，$Q_\mathrm{C}(D,\varphi_1,\varphi_2)$ 为 Couette 流系数；$Q_{\mathrm{C,con}}(D)$ 为连续流的 Couette 流系数。

Li[50,51]通过求解波尔兹曼方程，基于非对称分子交互作用($\varphi_1\neq\varphi_2$)，推出了 55 个拟合 Poiseuille 流系数 $Q_\mathrm{P}(D,\varphi_1,\varphi_2)$ 的多项式对数方程以及 45 个拟合 Couette 流系数 $Q_\mathrm{C}(D,\varphi_1,\varphi_2)$ 的多项式对数方程，表达式分别如下：

$$Q_{\mathrm{P}}(D,\varphi_1,\varphi_2) = \exp\left[\sum_{n=1}^{13} C_n (\ln D)^{13-n}\right] \tag{6-25}$$

$$Q_{\mathrm{C}}(D,\varphi_1,\varphi_2) = \exp\left[\sum_{n=1}^{13} T_n (\ln D)^{13-n}\right] \tag{6-26}$$

式(6-25)和式(6-26)中，C_n、$T_n(n=1, 2, \cdots, 13)$均为系数。且存在：

$$Q_{\mathrm{P}}(D,\varphi_1,\varphi_2) = Q_{\mathrm{P}}(D,\varphi_2,\varphi_1) \tag{6-27}$$

$$Q_{\mathrm{C}}(D,\varphi_1,\varphi_2) = 2 - Q_{\mathrm{C}}(D,\varphi_2,\varphi_1) \tag{6-28}$$

$$Q_{\mathrm{C}}(D,\varphi_i,\varphi_i) = 1, \quad i = 1, 2 \tag{6-29}$$

所以，Poiseuille 流数据库和 Couette 流数据库分别包含了 $\varphi_1=0.1a(a=1, 2, \cdots, 10)$ 及 $\varphi_2=0.1a(a=1, 2, \cdots, 10)$ 的所有组合。研究表明，方程的拟合相对误差低于 0.01%。

将式(6-25)和式(6-26)代入式(6-22)，得到 MGL 方程的多项式对数形式如下：

$$\frac{\mathrm{d}}{\mathrm{d}X}\left\{\frac{\exp\left[\sum_{n=1}^{13} C_n (\ln D)^{13-n}\right]}{D/6} PH^3 \frac{\mathrm{d}P}{\mathrm{d}X} - \Lambda_x \exp\left[\sum_{n=1}^{13} T_n (\ln D)^{13-n}\right] PH\right\}$$
$$+ \frac{\mathrm{d}}{\mathrm{d}Y}\left\{\frac{\exp\left[\sum_{n=1}^{13} C_n (\ln D)^{13-n}\right]}{D/6} PH^3 \frac{\mathrm{d}P}{\mathrm{d}Y} - \Lambda_y \exp\left[\sum_{n=1}^{13} T_n (\ln D)^{13-n}\right] PH\right\} = 0 \tag{6-30}$$

式(6-30)即 MGL 方程的多项式对数形式，求解该方程可得到浮动块、磁盘不同表面容纳系数组合下气膜的压力分布。

可以看到，式(6-30)含有 26 个参数，一个非常复杂的非线性微分方程，求解这个方程非常困难。因此，需要对式(6-30)进行修正，以期达到在保证计算精度的前提下提高计算效率的目的。

6.3.2 分子气膜润滑方程的修正

为了便于分析，从 Li 得出的 55 个拟合 Poiseuille 流系数 $Q_{\mathrm{P}}(D,\varphi_1,\varphi_2)$ 的多项式对数方程中选取 8 个方程进行研究，(φ_1, φ_2) 分别为：(0.1, 0.1)、(0.5, 0.5)、(0.7, 0.7)、(1.0, 1.0)、(0.2, 0.5)、(0.4, 0.5)、(0.5, 0.7)、(0.5, 1.0)。各多项式中的系数分别如表 6-2 所示。

表 6-2 多项式对数方程 $Q_P(D, \varphi_1, \varphi_2)$ 中的系数

参数	表面容纳系数 (φ_1, φ_2)			
	(0.1, 0.1)	(0.5, 0.5)	(0.7, 0.7)	(1.0, 1.0)
C_1	−1.921440E−9	−3.176304E−9	−2.190172E−9	2.780940E−9
C_2	2.539011E−9	2.514481E−11	−5.890208E−9	−1.496583E−8
C_3	1.043460E−7	2.311752E−7	1.417068E−7	−2.302808E−7
C_4	−1.670358E−7	2.127286E−7	5.010733E−7	8.204604E−7
C_5	−2.072033E−6	−6.306007E−6	−2.731560E−6	8.624354E−6
C_6	2.182398E−6	−1.319500E−5	−1.399979E−5	−9.397412E−6
C_7	1.645768E−5	6.151622E−5	−9.912693E−6	−1.797418E−4
C_8	1.322332E−4	1.961507E−4	−9.642176E−6	−3.753927E−4
C_9	4.744899E−4	1.453923E−4	5.366716E−4	1.341251E−3
C_{10}	−1.504386E−3	6.646731E−3	1.123668E−2	1.691755E−2
C_{11}	1.815723E−2	5.560184E−2	6.635775E−2	7.847660E−2
C_{12}	−1.626339E−2	−3.814785E−2	−3.302790E−2	−1.126159E−2
C_{13}	2.869010E+0	1.214406E+0	8.457548E−1	4.309572E−1
参数	表面容纳系数 (φ_1, φ_2)			
	(0.2, 0.5)	(0.4, 0.5)	(0.5, 0.7)	(0.5, 1.0)
C_1	4.968691E−10	−2.810700E−9	−2.843550E−9	−2.538831E−9
C_2	7.759109E−10	1.735826E−9	2.117946E−10	8.626626E−9
C_3	−2.728536E−8	2.101910E−7	2.009553E−7	1.763183E−7
C_4	−5.200650E−8	9.315413E−8	1.533977E−7	−4.661274E−7
C_5	1.552208E−7	−6.065494E−6	−5.167268E−6	−4.684335E−6
C_6	−7.140496E−7	−1.079451E−5	−8.735104E−6	1.021949E−5
C_7	1.118217E−5	6.793540E−5	4.274417E−5	5.324745E−5
C_8	6.125986E−5	2.134049E−4	4.631982E−5	−2.625733E−4
C_9	−1.692773E−4	4.377395E−5	8.939298E−5	−5.505811E−4
C_{10}	4.131189E−3	5.474713E−3	8.933850E−3	1.125177E−2
C_{11}	5.294073E−2	5.301605E−2	6.285892E−2	7.474441E−2
C_{12}	−1.470268E−2	−3.616929E−2	−3.069647E−2	1.916680E−4
C_{13}	1.583823E+0	1.326267E+0	1.014744E+0	7.581727E−1

同样，为了便于分析，从 Li 得出的 45 个拟合 Couette 流系数 $Q_C(D, \varphi_1, \varphi_2)$ 的多项式对数方程中选取 4 个方程进行研究，(φ_1, φ_2) 分别为：(0.2, 0.5)、(0.4, 0.5)、(0.5, 0.7)、(0.5, 1.0)。各多项式中的系数分别如表 6-3 所示。

表 6-3 多项式对数方程 $Q_C(D, \varphi_1, \varphi_2)$ 中的系数

参数	表面容纳系数 (φ_1, φ_2)			
	(0.2, 0.5)	(0.4, 0.5)	(0.5, 0.7)	(0.5, 1.0)
T_1	4.4371109E-9	1.0024310E-9	8.0448463E-10	-3.2981530E-10
T_2	-3.3501154E-9	9.4533323E-10	5.1631094E-9	1.3474228E-8
T_3	-3.1829907E-7	-6.9881050E-8	-5.1431826E-8	3.9661489E-8
T_4	-3.2546567E-8	-1.1761065E-7	-3.9197612E-7	-9.0278506E-7
T_5	8.9079272E-6	1.8060498E-6	9.2827073E-7	-2.4513976E-6
T_6	1.1588433E-5	5.1471818E-6	1.1666530E-5	2.2355529E-5
T_7	-1.0620009E-4	-1.6593069E-5	8.4621810E-6	8.4923138E-5
T_8	-3.6774777E-4	-1.0134733E-4	-1.5600281E-4	-1.9276814E-4
T_9	-2.0208398E-4	-1.5522706E-4	-5.7709172E-4	-1.6913423E-3
T_{10}	3.3927986E-3	6.0108125E-4	1.1042353E-3	-2.4653970E-3
T_{11}	2.2721254E-2	5.4547210E-3	9.3812171E-3	1.9263633E-2
T_{12}	7.3364758E-2	1.9178269E-2	4.1421059E-2	1.2264856E-1
T_{13}	-5.8782294E-1	-1.2517155E-1	-1.9818554E-1	-4.5198377E-1

基于上述 Poiseuille 流系数 $Q_P(D, \varphi_1, \varphi_2)$ 和 Couette 流系数 $Q_C(D, \varphi_1, \varphi_2)$，采用数学方法可推出一种表达式相对简单的 MGL 方程的修正表达式，具体过程如下。

首先，对上述 Poiseuille 流系数 $Q_P(D, \varphi_1, \varphi_2)$ 和 Couette 流系数 $Q_C(D, \varphi_1, \varphi_2)$ 的多项式对数方程进行求解，并将求出的若干数据适当分成 5 组和 8 组。

对每个数据段 $[d_i, d_j]$，分别用一个连续的函数作为拟合曲线，表达式分别如下：

$$Q_{P\text{-new}}(D, \varphi_1, \varphi_2) = a_1 + a_2 D + a_3 D^{-1} \tag{6-31}$$

$$Q_{C\text{-new}}(D, \varphi_1, \varphi_2) = a_1 + a_2 D + a_3 D^{-1} \tag{6-32}$$

式(6-31)和式(6-32)中，a_1、a_2、a_3 和 b_1、b_2、b_3 均为待定系数。

然后，在一定误差允许范围内，分别对每个数据段采用最小二乘法进行曲线拟合，得出参数 a_1、a_2、a_3 和 b_1、b_2、b_3 的值。基于表 6-2 和表 6-3 所示不同表面容纳系数 (φ_1, φ_2) 取值时的多项式对数方程，参数 a_1、a_2、a_3 和 b_1、b_2、b_3 的值分别如表 6-4 和表 6-5 所示。其中，表 6-5 中与 (φ_1, φ_2) 所对应的参数分别为：$2-b_1$、$-b_2$、$-b_3$。

表 6-4 Poiseuille 流系数 $Q_{P\text{-new}}(D, \varphi_1, \varphi_2)$ 中的系数

(φ_1, φ_2)	D	参数			(φ_1, φ_2)	D	参数		
		a_1	a_2	a_3			a_1	a_2	a_3
(0.1, 0.1)	[0.01, 0.05]	24.5197	-65.4658	0.0746	(0.5, 0.5)	[0.01, 0.05]	5.8723	-19.9381	0.0159
	(0.05, 0.15]	19.4658	-7.2426	0.1893		(0.05, 0.15]	4.3913	-3.4015	0.0508
	(0.15, 0.5]	17.5481	-0.4640	0.3304		(0.15, 0.5]	3.5054	-0.4118	0.1193
	(0.5, 5]	16.9815	0.1789	0.4592		(0.5, 5]	2.9185	0.1589	0.2843
	(5, 100]	17.1096	0.1669	0.0931		(5, 100]	2.8725	0.1665	0.3520

续表

(φ_1, φ_2)	D	参数			(φ_1, φ_2)	D	参数		
		a_1	a_2	a_3			a_1	a_2	a_3
(0.7,0.7)	[0.01, 0.05]	4.0822	−13.6635	0.0102	(1.0,1.0)	[0.01, 0.05]	2.5852	−8.1565	0.0057
	(0.05, 0.15]	3.0752	−2.4598	0.0340		(0.05, 0.15]	1.9886	−1.5229	0.0198
	(0.15, 0.5]	2.4332	−0.3081	0.0840		(0.15, 0.5]	1.5847	−0.1775	0.0514
	(0.5, 5]	1.9413	0.1529	0.2285		(0.5, 5]	1.2219	0.1459	0.1641
	(5, 100]	1.8330	0.1665	0.4805		(5, 100]	1.0351	0.1664	0.6656
(0.5,0.2)	[0.01, 0.05]	8.0478	−26.9030	0.0227	(0.5,0.4)	[0.01, 0.05]	6.5061	−22.0542	0.0179
	(0.05, 0.3]	5.5950	−2.0253	0.0889		(0.05, 0.3]	4.4981	−1.8656	0.0727
	(0.3, 1.0]	4.5277	0.1134	0.2285		(0.3, 1.0]	3.5449	0.0185	0.1995
	(1.0, 15]	4.5409	0.2002	0.0651		(1.0, 15]	3.2804	0.1683	0.3180
	(15, 100]	5.3870	0.1677	−6.0508		(15, 100]	3.3195	0.1665	0.0657
(0.5,0.7)	[0.01, 0.05]	4.7968	−16.1258	0.0125	(0.5,1.0)	[0.01, 0.05]	3.5257	−11.2246	0.0085
	(0.05, 0.3]	3.3257	−1.4498	0.0529		(0.05, 0.3]	2.4935	−1.0031	0.0371
	(0.3, 1.0]	2.5689	0.0314	0.1548		(0.3, 1.0]	1.9352	0.0838	0.1127
	(1.0, 15]	2.3191	0.1677	0.2738		(1.0, 15]	1.8140	0.1721	0.1335
	(15, 100]	2.3492	0.1665	0.0371		(15, 100]	1.9421	0.1665	−0.6944

表 6-5 Couette 流系数 $Q_{\text{C-new}}(D, \varphi_1, \varphi_2)$ 中的系数

(φ_1, φ_2)	D	参数			(φ_1, φ_2)	D	参数		
		b_1	b_2	b_3			b_1	b_2	b_3
(0.2,0.5)	[0.01, 0.05]	0.5022	0.0799	0	(0.4,0.5)	[0.01, 0.05]	0.8581	0.0424	0
	(0.05, 0.3]	0.5056	0.0587	−0.0001		(0.05, 0.3]	0.8602	0.0273	−0.0001
	(0.3, 1]	0.5170	0.0408	−0.0021		(0.3, 1]	0.8667	0.0169	−0.0012
	(1, 4]	0.5561	0.0244	−0.0264		(1, 4]	0.8873	0.0082	−0.0138
	(4, 10]	0.6671	0.0106	−0.2571		(4, 10]	0.9308	0.0026	−0.1013
	(10, 30]	0.8386	0.0024	−1.1845		(10, 30]	0.9746	0.0004	−0.3302
	(30, 100]	0.9636	0.0002	−3.0308		(30, 100]	0.9956	0.00002	−0.6331
(0.5,0.7)	[0.01, 0.05]	0.7666	0.1111	0	(0.5,1.0)	[0.01, 0.05]	0.5049	0.2958	0
	(0.05, 0.3]	0.7727	0.0614	−0.0002		(0.05, 0.3]	0.5224	0.1518	−0.0006
	(0.3, 1]	0.7897	0.0338	−0.0030		(0.3, 1]	0.5677	0.0772	−0.0079
	(1, 4]	0.8361	0.0137	−0.0311		(1, 4]	0.6790	0.0286	−0.0746
	(4, 10]	0.9141	0.0035	−0.1844		(4, 10]	0.8455	0.0064	−0.3987
	(10, 30]	0.9738	0.0004	−0.4893		(10, 30]	0.9569	0.0007	−0.9606
	(30, 100]	0.9963	0.00002	−0.8113		(30, 100]	0.9944	0.00003	−1.4953

将式 (6-31) 和式 (6-32) 分别代入式 (6-23) 和式 (6-24) 中，得到新的 Poiseuille 流系数比和 Couette 流系数比，表达式分别如下：

$$\tilde{Q}_{\text{P-new}}(D, \varphi_1, \varphi_2) = A_1 + A_2 \frac{K_n}{PH} + A_3 \left(\frac{K_n}{PH}\right)^2 \tag{6-33}$$

$$\tilde{Q}_{\text{C-new}}(D,\varphi_1,\varphi_2) = B_1 + B_2 \frac{PH}{K_n} + B_3 \frac{K_n}{PH} \tag{6-34}$$

式(6-33)和式(6-34)中，A_1、A_2、A_3 和 B_1、B_2、B_3 为分别基于 a_1、a_2、a_3 和 b_1、b_2、b_3 的系数，其值分别如表 6-6 和表 6-7 所示。

表 6-6 新的 Poiseuille 流系数比中系数 A_1、A_2、A_3 的取值

(φ_1,φ_2)	D	A_1	A_2	A_3	(φ_1,φ_2)	D	A_1	A_2	A_3
(0.1,0.1)	[0.01, 0.05]	−392.795	166.0051	0.5699	(0.5,0.5)	[0.01, 0.05]	−119.6288	39.7571	0.1215
	(0.05, 0.15]	−43.4553	131.7888	1.4461		(0.05, 0.15]	−20.4091	29.7303	0.3881
	(0.15, 0.5]	−2.7842	118.8055	2.5241		(0.15, 0.5]	−2.4710	23.7325	0.9114
	(0.5, 5]	1.0732	114.9694	3.5080		(0.5, 5]	0.9535	19.7590	2.1719
	(5, 100]	1.0015	115.8367	0.7112		(5, 100]	0.9990	19.4476	2.6891
(0.7,0.7)	[0.01, 0.05]	−81.9808	27.6376	0.0779	(1.0,1.0)	[0.01, 0.05]	−48.9391	17.5025	0.0435
	(0.05, 0.15]	−14.7589	20.8199	0.2597		(0.05, 0.15]	−9.1373	13.4634	0.1513
	(0.15, 0.5]	−1.8483	16.4734	0.6417		(0.15, 0.5]	−1.0652	10.7289	0.3927
	(0.5, 5]	0.9172	13.1431	1.7456		(0.5, 5]	0.8756	8.2726	1.2536
	(5, 100]	0.9988	12.4099	3.6707		(5, 100]	0.9984	7.0079	5.0848
(0.5,0.2)	[0.01, 0.05]	−161.418	54.4858	0.1734	(0.5,0.4)	[0.01, 0.05]	−132.325	44.0481	0.1367
	(0.05, 0.3]	−12.1515	37.8797	0.6791		(0.05, 0.3]	−11.1934	30.4534	0.5554
	(0.3, 1.0]	0.6803	30.6538	1.7456		(0.3, 1.0]	0.1107	23.9999	1.5241
	(1.0, 15]	1.2014	30.7431	0.4973		(1.0, 15]	1.0095	22.2092	2.4293
	(15, 100]	1.0059	36.4715	−46.2247		(15, 100]	0.9992	22.4379	0.5019
(0.5,0.7)	[0.01, 0.05]	−96.7546	32.4757	0.0955	(0.5,1.0)	[0.01, 0.05]	−67.3474	23.8700	0.0649
	(0.05, 0.3]	−8.6986	22.5159	0.4041		(0.05, 0.3]	−6.0186	16.8817	0.2834
	(0.3, 1.0]	0.1885	17.3922	1.1826		(0.3, 1.0]	0.5030	13.1018	0.8610
	(1.0, 15]	1.0060	15.7009	2.0917		(1.0, 15]	1.0326	12.2813	1.0199
	(15, 100]	0.9990	15.9047	0.2834		(15, 100]	0.9992	13.1486	−5.3048

表 6-7 新的 Couette 流系数比中系数 B_1、B_2、B_3 的取值

(φ_1,φ_2)	D	B_1	B_2	B_3	(φ_1,φ_2)	D	B_1	B_2	B_3
(0.2,0.5)	[0.01, 0.05]	0.5022	0.0708	0	(0.4,0.5)	[0.01, 0.05]	0.8581	0.0376	0
	(0.05, 0.3]	0.5056	0.0520	−0.00011		(0.05, 0.3]	0.8602	0.0242	−0.00011
	(0.3, 1]	0.5170	0.0361	−0.0024		(0.3, 1]	0.8667	0.0150	−0.0014
	(1, 4]	0.5561	0.0217	−0.0298		(1, 4]	0.8873	0.0073	−0.0156
	(4, 10]	0.6671	0.0094	−0.2901		(4, 10]	0.9308	0.0023	−0.1143
	(10, 30]	0.8386	0.0021	−1.3366		(10, 30]	0.9746	0.00035	−0.3726
	(30, 100]	0.9636	0.00016	−3.4199		(30, 100]	0.9956	0.00015	−0.7144

续表

(φ_1,φ_2)	D	参数			(φ_1,φ_2)	D	参数		
		B_1	B_2	B_3			B_1	B_2	B_3
(0.5,0.7)	[0.01, 0.05]	0.7666	0.0984	0	(0.5,1.0)	[0.01, 0.05]	0.5049	0.2621	0
	(0.05, 0.3]	0.7727	0.0544	−0.00023		(0.05, 0.3]	0.5224	0.1346	−0.00068
	(0.3, 1]	0.7897	0.0299	−0.0034		(0.3, 1]	0.5677	0.0684	−0.0089
	(1, 4]	0.8361	0.0122	−0.0351		(1, 4]	0.6790	0.0253	−0.0842
	(4, 10]	0.9141	0.0031	−0.2081		(4, 10]	0.8455	0.0057	−0.4499
	(10, 30]	0.9738	0.00038	−0.5521		(10, 30]	0.9569	0.00064	−1.0839
	(30, 100]	0.9963	0.000015	−0.9155		(30, 100]	0.9944	0.00003	−1.6873

将式(6-33)和式(6-34)代入式(6-22)中，得到修正的 MGL 方程如下[52,53]：

$$\frac{d}{dX}\left[(A_1PH^3+A_2K_nH^2+A_3K_n^2P^{-1}H)\frac{dP}{dX}-\Lambda_x(B_1PH+B_2K_n^{-1}P^2H^2+B_3K_n)\right]$$
$$+\frac{d}{dY}\left[(A_1PH^3+A_2K_nH^2+A_3K_n^2P^{-1}H)\frac{dP}{dY}-\Lambda_y(B_1PH+B_2K_n^{-1}P^2H^2+B_3K_n)\right]=0 \quad (6\text{-}35)$$

至此，完成了对 MGL 方程的修正。对比式(6-35)和式(6-30)可以看到，修正后的 MGL 方程仅含有 6 个参数，表达式简单，这会大幅降低计算难度并减少运行时间，提高计算效率。

6.3.3 修正模型精度验证

为了验证修正后 MGL 方程的计算精度，分别在对称性分子交互作用($\varphi_1=\varphi_2$)和非对称性分子交互作用($\varphi_1\neq\varphi_2$)条件下，基于式(6-25)、式(6-26)、式(6-31)和式(6-32)作出 D 与 $Q_P(D,\varphi_1,\varphi_2)$、$Q_C(D,\varphi_1,\varphi_2)$ 的函数关系图，分别如图 6-11 和图 6-12 所示。

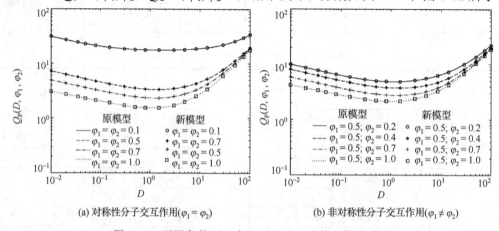

图 6-11　不同条件下 D 与 $Q_P(D,\varphi_1,\varphi_2)$ 的函数关系图

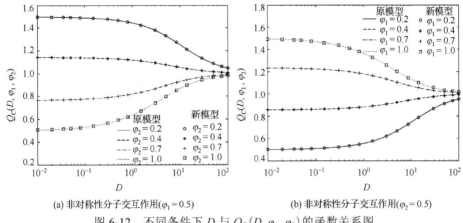

(a) 非对称性分子交互作用($\varphi_1 = 0.5$)　　(b) 非对称性分子交互作用($\varphi_2 = 0.5$)

图 6-12　不同条件下 D 与 $Q_C(D, \varphi_1, \varphi_2)$ 的函数关系图

从图 6-11 可以得到以下结论。

(1) D 越小，表面容纳系数对 Poiseuille 流系数 $Q_P(D, \varphi_1, \varphi_2)$ 的影响越大。

(2) 对于固定的 D，Poiseuille 流系数 $Q_P(D, \varphi_1, \varphi_2)$ 随着磁盘表面和/或浮动块表面容纳系数的增加而减小。

(3) 拟合曲线与多项式对数方程具有很好的拟合关系。

从图 6-12 可以得到以下结论。

(1) D 较小时，表面容纳系数对 Couette 流系数 $Q_C(D, \varphi_1, \varphi_2)$ 的影响较大；随着 D 的增加，表面容纳系数对 Couette 流系数 $Q_C(D, \varphi_1, \varphi_2)$ 的影响逐渐减小。

(2) 若 $\varphi_1 > \varphi_2$，则 $Q_C(D, \varphi_1, \varphi_2) > 1$。

(3) 拟合曲线与多项式对数方程具有很好的拟合关系。

综上，修正后的 MGL 方程与 MGL 方程的多项式对数形式相比，不仅数学表达式简单，而且具有很好的拟合精度。这样，后续相关计算均采用修正后的 MGL 方程。

6.4　表面容纳系数对气膜静态特性的影响

为了研究表面容纳系数对一维无限宽气膜浮动块静态特性的影响，采用 LSFD 法对 MGL 方程求解，研究表面容纳系数对超低飞行高度(1.0nm)气膜压力分布、承载力及压力中心等静态特性的影响。

6.4.1　表面容纳系数对气膜压力分布的影响

图 6-13 所示为对称性分子交互作用($\varphi_1 = \varphi_2$)时无限宽气膜浮动块的压力分布情况，图 6-14 所示为非对称性分子交互作用($\varphi_1 \neq \varphi_2$)时无限宽气膜浮动块的压力分布情况。

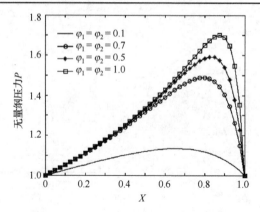

图 6-13 对称性分子交互作用时无限宽气膜浮动块的压力分布

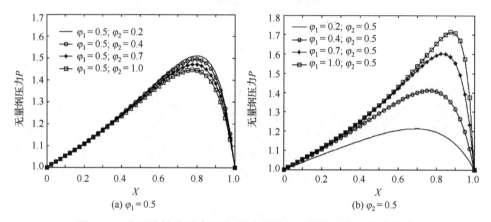

图 6-14 非对称性分子交互作用时无限宽气膜浮动块的压力分布

计算时的参数选择为：浮动块长度为 1.0μm；磁盘转速为 20m/s；膜厚比 $h_2/h_1=2$；最小飞行高度为 1.0nm。

从图 6-13 可以看到：对称性分子交互作用时，压力分布随着表面容纳系数的增加而增加，且压力幅值点逐渐向读写磁头方向移动。

从图 6-14 可以看到：非对称性分子交互作用时，随着磁盘表面容纳系数的增加，压力分布增加；随着浮动块表面容纳系数的增加，压力分布下降，但变化幅度较小，这说明磁盘表面容纳系数对压力分布的影响较大。

6.4.2 表面容纳系数对气膜承载力的影响

图 6-15 所示为对称性分子交互作用（$\varphi_1=\varphi_2$）时无限宽气膜浮动块的承载力分布，图 6-16 所示为非对称性分子交互作用（$\varphi_1 \neq \varphi_2$）时无限宽气膜浮动块的承载力分布，参数选择均同上。

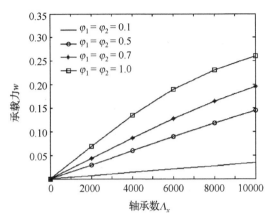

图 6-15 对称性分子交互作用时无限宽气膜浮动块的承载力分布

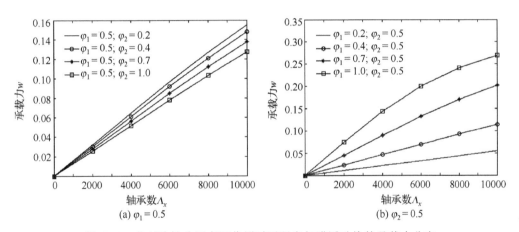

图 6-16 非对称性分子交互作用时无限宽气膜浮动块的承载力分布

从图 6-15 可以看到：对称性分子交互作用时，承载力随着表面容纳系数的增强而增强。

从图 6-16 可以看到：非对称性分子交互作用时，随着磁盘表面容纳系数的增加，承载力增强；随着浮动块表面容纳系数的增加，承载力减弱，但变化幅度较小，这说明磁盘表面容纳系数对气膜承载力的影响较大。

6.4.3 表面容纳系数对气膜压力中心的影响

图 6-17 所示为对称性分子交互作用 ($\varphi_1=\varphi_2$) 时无限宽气膜浮动块的压力中心分布，图 6-18 所示为非对称性分子交互作用 ($\varphi_1\neq\varphi_2$) 时无限宽气膜浮动块的压力中心分布，参数选择均同上。

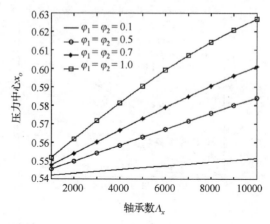

图 6-17 对称性分子交互作用时无限宽气膜浮动块的压力中心分布

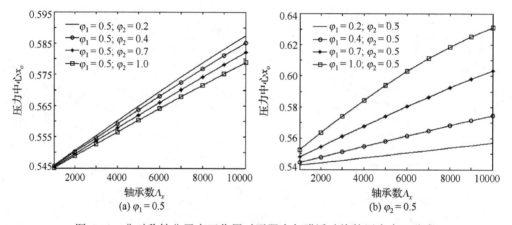

图 6-18 非对称性分子交互作用时无限宽气膜浮动块的压力中心分布

从图 6-17 可以看到：对称性分子交互作用时，压力中心随着表面容纳系数的增加而逐渐靠近读写磁头(值逐渐增大)。

从图 6-18 可以看到：非对称性分子交互作用时，随着磁盘表面容纳系数的增加时，压力中心逐渐靠近读写磁头(值逐渐增大)；随着浮动块表面容纳系数的增加时，压力中心逐渐远离读写磁头(值逐渐减小)，但变化幅度较小，这说明磁盘表面容纳系数对气膜压力中心的影响较大。

6.4.4 不同磁盘转速时表面容纳系数对气膜压力分布的影响

图 6-19～图 6-21 所示为不同磁盘转速条件下(浮动块位于不同磁盘半径处)，对称性分子交互作用($\varphi_1=\varphi_2$)时，二维平面倾斜浮动块的压力分布变化。

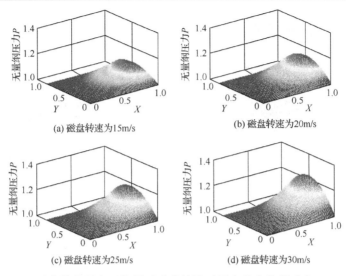

图6-19 对称性分子交互作用时磁盘转速对压力分布的影响($\varphi_1=\varphi_2=0.1$)

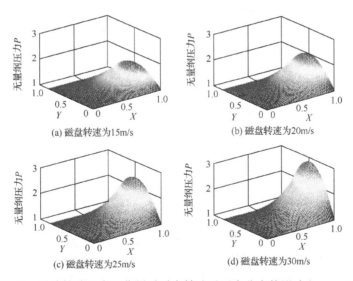

图6-20 对称性分子交互作用时磁盘转速对压力分布的影响($\varphi_1=\varphi_2=0.5$)

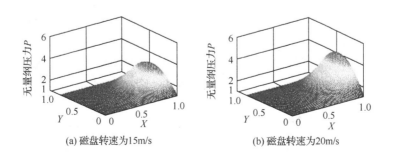

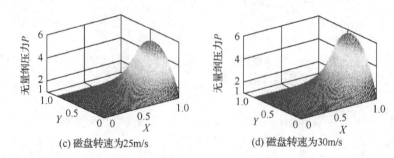

(c) 磁盘转速为25m/s　　　　　　(d) 磁盘转速为30m/s

图 6-21　对称性分子交互作用时磁盘转速对压力分布的影响($\varphi_1=\varphi_2=1.0$)（见彩图）

计算时：浮动块长为 4.0μm，宽为 3.3μm；俯仰角为 0.01rad；最小飞行高度为 3.0nm。

为了研究压力幅值及幅值位置的变化，研究了对称性分子交互作用条件下，不同表面容纳系数时磁盘转速与压力幅值的关系以及磁盘转速与无量纲坐标 X 间的关系，如图 6-22 所示。图 6-22 中，参量 $P_{\max}$ 表示压力幅值。

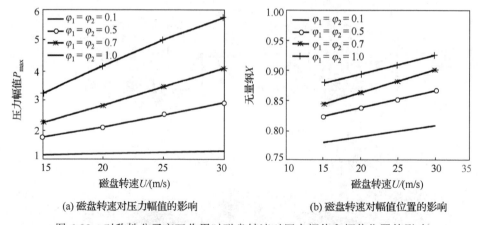

(a) 磁盘转速对压力幅值的影响　　　　　(b) 磁盘转速对幅值位置的影响

图 6-22　对称性分子交互作用时磁盘转速对压力幅值和幅值位置的影响

从图 6-19～图 6-22 可以得出以下结论。

(1) 表面容纳系数增大和/或磁盘转速增加时，压力幅值增大且向靠近读写磁头方向移动。

(2) 表面容纳系数较小时，随着磁盘转速的增加，压力幅值的变化率较小；随着表面容纳系数的增大，压力幅值的变化率逐渐增加。

图 6-23～图 6-26 所示为不同磁盘转速条件下（浮动块位于不同磁盘半径处），非对称性分子交互作用（$\varphi_1 \neq \varphi_2$）时，二维平面倾斜浮动块的压力分布变化情况，计算时，参数选择同上。

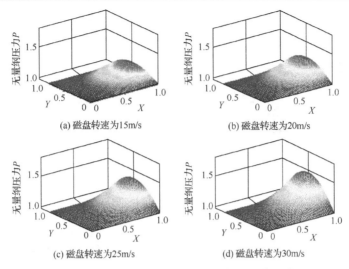

图 6-23　非对称性分子交互作用时磁盘转速对压力分布的影响（$\varphi_1=0.2$；$\varphi_2=0.5$）

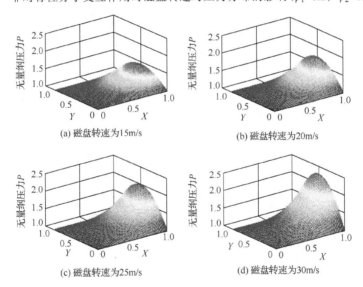

图 6-24　非对称性分子交互作用时磁盘转速对压力分布的影响（$\varphi_1=0.4$；$\varphi_2=0.5$）

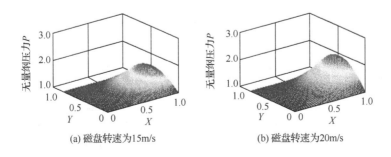

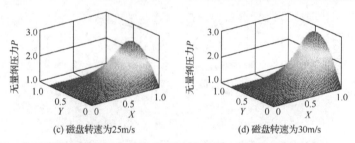

图 6-25　非对称性分子交互作用时磁盘转速对压力分布的影响（$\varphi_1=0.5$；$\varphi_2=0.7$）

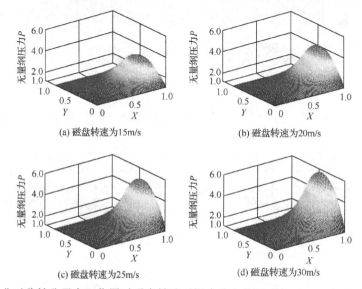

图 6-26　非对称性分子交互作用时磁盘转速对压力分布的影响（$\varphi_1=0.5$；$\varphi_2=1.0$）（见彩图）

为了研究压力幅值及幅值位置的变化，同样研究了非对称性分子交互作用条件下，不同表面容纳系数时磁盘转速与压力幅值的关系以及磁盘转速与无量纲坐标 X 间的关系，如图 6-27 所示。

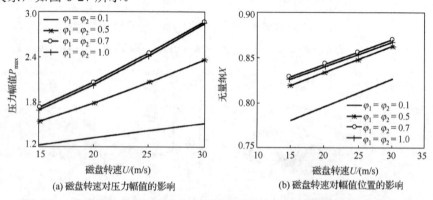

图 6-27　非对称性分子交互作用时磁盘转速对压力幅值和幅值位置的影响

从图 6-23～图 6-27 可以得出以下结论。

(1) 表面容纳系数增大和/或磁盘转速增加时,压力幅值增大且向靠近读写磁头方向移动。

(2) 浮动块表面容纳系数增大时,压力幅值减小且幅值位置向远离读写磁头方向移动,但变化很小。

(3) 磁盘表面容纳系数增大时,随着转速的增加,幅值变化率增加;浮动块表面容纳系数增大时,随着转速的增加,幅值变化率基本不变。

6.5 表面粗糙度和容纳系数对气膜承载特性的复合影响

同时考虑浮动块、磁盘表面粗糙度和容纳系数的纳米间隙气膜润滑方程如下[54]:

$$\frac{\mathrm{d}}{\mathrm{d}X}\left[\tilde{Q}_{\mathrm{P}}(D,\varphi_1,\varphi_2)\varphi_x^p PH^3\frac{\mathrm{d}P}{\mathrm{d}X} - \Lambda_x\tilde{Q}_{\mathrm{C}}(D,\varphi_1,\varphi_2)P(H+\varphi^s H_{\mathrm{so}}^{-1})\right] \\ + \frac{\mathrm{d}}{\mathrm{d}Y}\left[\tilde{Q}_{\mathrm{P}}(D,\varphi_1,\varphi_2)\varphi_y^p PH^3\frac{\mathrm{d}P}{\mathrm{d}Y} - \Lambda_y\tilde{Q}_{\mathrm{C}}(D,\varphi_1,\varphi_2)P(H+\varphi^s H_{\mathrm{so}}^{-1})\right] = 0 \tag{6-36}$$

式中的具体参数参见式(6-1)和式(6-23)。

为了研究表面粗糙度和容纳系数对气膜承载特性的复合影响,采用 LSFD 法对式(6-36)求解。参数选择为:膜厚比 $h_2/h_1=2$;最小飞行高度为 1.0nm。

6.5.1 气膜压力分布影响分析

图 6-28 所示为对称性分子交互作用时,浮动块和磁盘不同表面粗糙度及容纳系数组合的气膜压力分布情况。

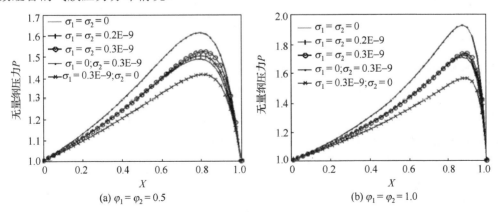

图 6-28 对称性分子交互作用时,不同表面粗糙度和容纳系数组合的气膜压力分布($\varphi_1=\varphi_2$)

从图 6-28 可以得出以下结论。

(1) 在不同的表面容纳系数取值条件下,与浮动块、磁盘表面均光滑情况相比,浮动块、磁盘表面均粗糙时的压力分布随粗糙度值的增大逐渐升高。

(2) 仅浮动块表面粗糙时,不同容纳系数条件下的压力分布高于浮动块、磁盘表面均光滑时的压力分布;仅磁盘表面粗糙时,不同容纳系数条件下的压力分布低于浮动块、磁盘表面均光滑时的压力分布。

(3) 随着表面容纳系数的增加,不同粗糙度组合条件下的压力值都会升高,且幅值位置逐渐靠近读写磁头。

综上所述,对称性分子交互作用时,不同浮动块和磁盘表面粗糙度组合下的气膜压力分布随着表面容纳系数取值的增大逐渐升高;对于已给定的粗糙度取值,仅浮动块表面粗糙时的气膜压力高于仅磁盘表面粗糙时的压力分布,这是因为:仅浮动块表面粗糙时,剪切流因子的值是负的,这就导致了沿浮动块的长度方向气体泄露减小,进而引起气膜压力的升高;而仅磁盘表面粗糙时,剪切流因子的值是正的,这就导致了沿浮动块的长度方向气体泄露增加,进而引起气膜压力的降低。

图 6-29 所示为非对称性分子交互作用时,浮动块和磁盘表面不同粗糙度及容纳系数组合时的气膜压力分布情况。

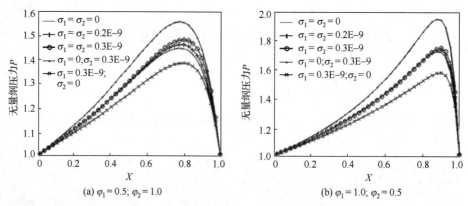

图 6-29 非对称性分子交互作用时,不同表面粗糙度和容纳系数组合的气膜压力分布($\varphi_1 \neq \varphi_2$)

结合图 6-28 和图 6-29 可以得出以下结论。

(1) 对比图 6-29(b) 与图 6-28(a) 或者对比图 6-29(a) 与图 6-28(b),当磁盘表面容纳系数(φ_1)从 1.0 减小到 0.5 时,气膜压力值明显降低。

(2) 对比图 6-29(a) 与图 6-28(a) 或者对比图 6-29(b) 与图 6-28(b),当浮动块表面容纳系数(φ_2)从 1.0 减小到 0.5 时,气膜压力值略有升高。

综上所述,浮动块和磁盘表面容纳系数的变化,对磁头/磁盘系统气膜压力分布有相反的影响,且影响程度不同。这是因为,当浮动块表面容纳系数不变而磁盘表面容纳系数逐渐增大时,Couette 流系数逐渐增大,这会使气流强度增强,进而促使气膜压力的增加;而当磁盘表面容纳系数不变而浮动块表面容纳系数逐渐增大时,

Couette 流系数逐渐减小,这就会削弱气体的流动强度,进而引起气膜压力的减小。另外,非对称性分子交互作用时,气膜的压力分布随着不同浮动块/磁盘表面粗糙度组合的变化情况类似于对称性分子交互作用时的情况,此处不再赘述。

6.5.2 气膜承载力影响分析

图 6-30 所示为对称性分子交互作用时,浮动块和磁盘表面不同粗糙度和容纳系数组合时的气膜承载力分布情况。

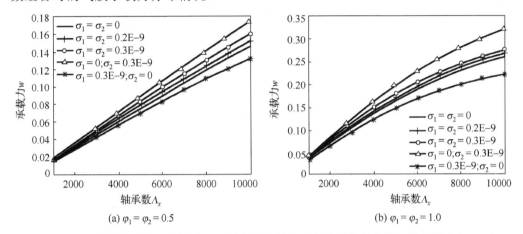

图 6-30 对称性分子交互作用时,不同表面粗糙度和容纳系数组合的气膜承载力($\varphi_1=\varphi_2$)

从图 6-30 可以得出以下结论。

(1) 浮动块和磁盘表面均粗糙时,气膜承载力随着容纳系数的增大而增大,且在粗糙度取较大值时影响更为明显。

(2) 当浮动块表面粗糙而磁盘表面光滑时,不同容纳系数下的气膜承载力比浮动块、磁盘表面均光滑时高;当磁盘表面粗糙而浮动块表面光滑时,不同容纳系数下的气膜的承载力比浮动块、磁盘表面均光滑时低。这说明,仅磁盘表面粗糙和仅浮动块表面粗糙对承载力有相反的影响。

(3) 随着容纳系数和轴承数的增加,不同浮动块和磁盘表面粗糙度组合下的气膜承载力逐渐增大。

综上所述,对称性分子交互作用时,不同浮动块、磁盘表面粗糙度组合下,气膜的承载力随着表面容纳系数取值的增大逐渐增大;对于给定的粗糙度取值,仅浮动块表面粗糙时的气膜承载力高于仅磁盘表面粗糙时的气膜承载力,这个现象同样可以从促使或者抑制气体泄漏的角度来解释。

图 6-31 所示为非对称性分子交互作用时,浮动块和磁盘表面不同粗糙度与容纳系数组合时的气膜承载力分布情况。

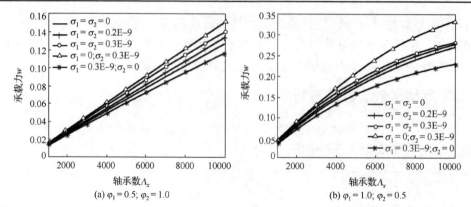

图 6-31　非对称性分子交互作用时，不同表面粗糙度和容纳系数组合的气膜承载力($\varphi_1 \neq \varphi_2$)

结合图 6-30 和图 6-31 可以得出以下结论。

(1) 对比图 6-31(b) 与图 6-30(a) 或者对比图 6-31(a) 与图 6-30(b)，当磁盘表面容纳系数从 1.0 减小到 0.5 时，气膜承载力明显降低。

(2) 对比图 6-31(a) 与图 6-30(a) 或者对比图 6-31(b) 与图 6-30(b)，当浮动块表面容纳系数从 1.0 减小到 0.5 时，气膜承载力略有升高。

综上所述，非对称性分子交互作用时，浮动块和磁盘表面容纳系数的变化对气膜承载力有相反的影响且影响程度不同，这个现象可以从增强或者削弱气流强度的角度来解释，而且气膜承载力随着轴承数的增加逐渐升高。另外，非对称性分子交互作用时气膜承载力随浮动块和磁盘不同粗糙度组合的变化情况与对称性分子交互作用时的情况类似。

6.5.3　气膜压力中心影响分析

图 6-32 所示为对称性分子交互作用时，浮动块和磁盘表面不同粗糙度与容纳系数组合时的气膜压力中心分布情况。

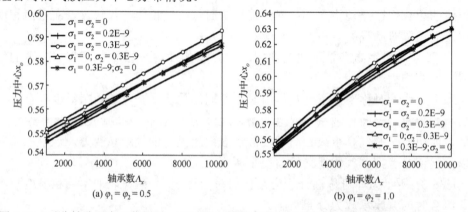

图 6-32　对称性分子交互作用时，不同表面粗糙度和容纳系数组合的气膜压力中心($\varphi_1 = \varphi_2$)

从图 6-32 可以得出以下结论。

(1) 各种组合条件下，气膜压力中心随表面容纳系数的增大逐渐靠近读写磁头，粗糙度取较大值时，气膜压力中心距离读写磁头更近。

(2) 相比于浮动块和磁盘表面均光滑的情况，浮动块/磁盘表面粗糙使气膜的压力中心靠近读写磁头，随着浮动块、磁盘表面粗糙度的增大，气膜压力中心距离读写磁头更近。

综上所述，对称性分子交互作用时，不同浮动块和磁盘表面粗糙度组合下，气膜压力中心随容纳系数或轴承数的增大逐渐向读写磁头靠近。

图 6-33 所示为非对称性分子交互作用时，浮动块和磁盘表面不同粗糙度与容纳系数组合时的气膜压力中心分布情况。

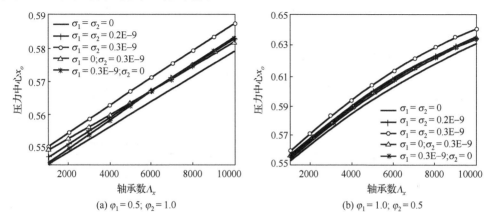

图 6-33 非对称性分子交互作用时，不同表面粗糙度和容纳系数组合的气膜压力中心（$\varphi_1=\varphi_2$）

结合图 6-32 和图 6-33 可以得出以下结论。

(1) 对比图 6-33(b) 与图 6-32(a) 或者对比图 6-33(a) 与图 6-32(b)，当磁盘表面容纳系数从 1.0 减小到 0.5 时，气膜压力中心逐渐远离读写磁头。

(2) 对比图 6-33(a) 与图 6-32(a) 或者对比图 6-33(b) 与图 6-32(b)，当磁盘表面容纳系数从 1.0 减小到 0.5 时，气膜压力中心略靠近读写磁头。

综上所述，非对称性分子交互作用时，浮动块和磁头表面容纳系数的变化对气膜压力中心有着相反的影响且影响程度不同。另外，非对称性分子交互作用时气膜压力中心随浮动块和磁盘不同粗糙度组合的变化情况与对称性分子交互作用时的情况类似。

第 7 章 纳米间隙气膜动态特性研究

7.1 单自由度系统非线性动力学分析

7.1.1 单自由度模型求解过程

本节利用 Newmark-β 法求解单自由度头盘系统动力学方程,求解过程参见 4.2.4 节,求解方法为利用 MATLAB 编程求解。具体求解流程如下。

(1) 定义计算参数如表 7-1 所示。

表 7-1 单自由度系统计算参数表

参数	数值	参数	数值
浮动块质量 m	1.59×10^{-3}g	气膜刚度系数 α	-0.4797
悬臂刚度系数 k_s	4.9N/m	气膜阻尼系数 c	0.05
悬臂阻尼系数 c_s	0	飞行高度系数 β_{eta}	5.1245

(2) 给出初始值 u_0、$\dot{u}_0$。当 $t=0$ 时,式(7-1)成立:

$$\ddot{u}_0 + \frac{c}{m}\dot{u}_0 + \frac{k_i}{m}u_0 = \frac{p_0}{m} \tag{7-1}$$

(3) 定义参数:$a=1/2$、$b=1/6$。
(4) 选择适当的时间步长:$\Delta t=1.0\times10^{-7}$ s。
(5) 计算每个时间步长的参数:G_i、Q_i、F_{Ni}、H_{Ni}。
(6) 从第(2)步开始,计算每个时间步长的 u_{i+1}、$\dot{u}_{i+1}$ 和 $\ddot{u}_{i+1}$。
(7) 依次循环计算,直至结束。

7.1.2 浮动块运动特性的时域分析

图 7-1～图 7-3 所示分别为不同初始位移($u_0=0.2$nm 和 2.0nm)条件下,浮动块的飞行高度位移、速度和加速度随时间的变化情况。

从图 7-1～图 7-3 可以看出:不同初始位移条件下,浮动块的振动幅值(包括位移幅值,速度幅值以及加速度幅值)不同,但基本的运动规律是相同的。

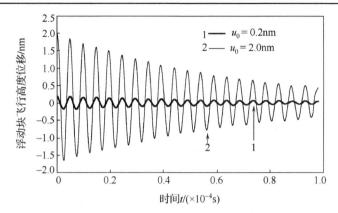

图 7-1　不同初始位移条件下浮动块飞行高度位移随时间的变化情况

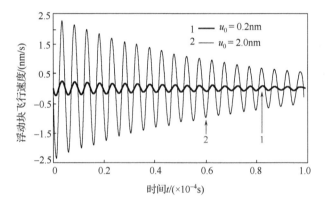

图 7-2　不同初始位移条件下浮动块飞行速度随时间的变化情况

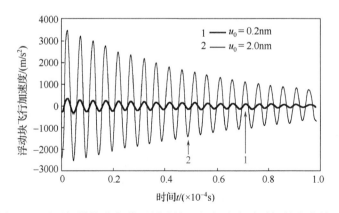

图 7-3　不同初始位移条件下浮动块飞行加速度随时间的变化情况

由于时域图只能得到位移、速度和加速度随时间的变化情况，不能看出浮动块运动的非线性，有必要对其进行进一步的频域分析。

7.1.3 浮动块运动特性的频域分析

频域分析也称为频谱分析,是建立在傅里叶变换基础上的时频变换处理,所得到的结果是以频率为变量的函数,称为谱函数。傅里叶变换的结果称为傅氏谱函数,是由实部和虚部组成的复函数。傅氏谱的模称为幅值谱,相角称为相位谱。振动信号的幅值谱可以用来描述振动的大小随频率的分布情况,相位谱则反映振动信号的各频率成分相位角的分布情况。随机振动信号的频域处理以建立在数理统计基础上的功率谱密度函数为基本函数。

本节基于有限傅里叶变换的基本理论和 FFT 的基本算法,利用 MATLAB 编程,应用平均周期图方法计算功率谱密度函数的表达式,并输出频谱图,以分析硬盘磁头/磁盘系统运动的非线性。

FFT 为数学信号处理技术应用于各种信号的实时处理创造了条件,推动了数字信号处理技术的发展。FFT 算法有很多种,本书采用基-2 FFT 算法,求解思路简介如下:

长度为 N 的有限长序列 $x(n)$ 的 DFT 为

$$X(k) = \sum_{n=0}^{N-1} x(n) W_N^{kn} \quad k = 0,1,\cdots,N-1 \tag{7-2}$$

根据式(7-3)和式(7-4),将 N 点的 DFT 转换为 $N/2$ 点的 DFT:

$$W_N^{kn} = W_N^{k(n+N)} = W_N^{(k+N)n} \tag{7-3}$$

$$W_N^{kn+\frac{N}{2}} = -W_N^{kn} \tag{7-4}$$

设

$$N = 2^r \tag{7-5}$$

将 $x(n)$ 按奇偶分成 $N/2$ 的序列:

$$\begin{cases} x_1(r) = x(2r) \\ x_2(r) = x(2r+1) \end{cases} \tag{7-6}$$

式中,$0 \leqslant r \leqslant N/2-1$。

这样,式(7-2)变为

$$X(k) = \sum_{n=0}^{N-1} x(n) W_N^{kn} = \sum_{r=0}^{\frac{N}{2}-1} x(2r) W_N^{k(2r)} + \sum_{r=0}^{\frac{N}{2}-1} x(2r+1) W_N^{k(2r+1)} = X_1(k) + W_N^k X_2(k) \tag{7-7}$$

式中,

$$X_1(k) = \sum_{r=0}^{\frac{N}{2}-1} x_1(r) W_{N/2}^{kr} = \text{DFT}[x_1(r)] \tag{7-8}$$

$$X_2(k) = \sum_{r=0}^{\frac{N}{2}-1} x_2(r) W_{N/2}^{kr} = \text{DFT}[x_2(r)] \tag{7-9}$$

式中，$k=0, 1, \cdots, N-1$。

由于 $X_1(k)$ 和 $X_2(k)$ 都是 $N/2$ 点的 DFT，且 $W_N^{kn+n/2} = -W_N^{kn}$，所以 $X(k)$ 也可以表示为

$$\begin{cases} X(k) = X_1(k) + W_N^k X_2(k), \\ X\left(k+\dfrac{N}{2}\right) = X_1(k) - W_N^k X_2(k), \end{cases} \quad k = 0, 1, \cdots, N/2-1 \tag{7-10}$$

这样，就可以将 N 点 DFT 分解成两个 $N/2$ 点的 DFT 的运算。

同样，$N/2$ 点的 DFT 还可以再分解成四个 $N/4$ 点的 DFT。总共可以分解成为 r 级，最后达到 $N/2$ 个 2 点的 DFT 运算。

利用 MATLAB 编程，应用平均周期图方法计算功率谱密度函数，具体实施流程如下所示。

(1) 对 $u(t)$ 采样得 u_i 数据序列 ($i=0, 1, \cdots, N-1$)。

(2) 截断数据序列或增加零数据，使满足 $N=2^p$ (p 为正整数)，以便于进行 FFT 计算。

(3) 进行 u_i 的 FFT，得到 $X(f)$。

(4) 按式 (7-11) 计算 S_x：

$$S_x = \frac{2}{T} X(f) X^*(f) = \frac{2}{T} |X(f)|^2 \tag{7-11}$$

此时，$T=N\Delta t$。其中，Δt 为采样时间间隔。

(5) 令 $\text{Power}(f) = 20\ln[S_x(f)]$，输出频率谱。

图 7-4 和图 7-5 所示分别为不同初始位移 ($u_0=0.2\text{nm}$ 和 2.0nm) 条件下，浮动块飞行高度的位移和速度的频谱图。

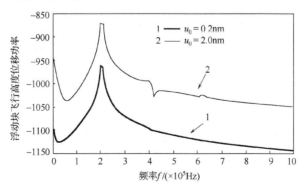

图 7-4　不同初始位移条件下浮动块飞行高度的位移频谱图

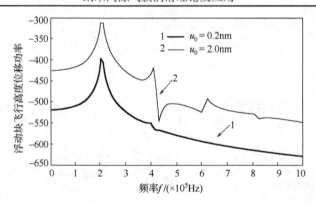

图 7-5　不同初始位移条件下浮动块飞行高度的速度频谱图

从图 7-4 和图 7-5 可以得出以下结论。

(1) 对于不同的初始位移,浮动块飞行高度位移和速度表现出来的非线性差别是比较明显的。

(2) 对于较小的初始位移(u_0=0.2nm),系统的运动特性依然表现为近似线性,频域曲线图中只有一个峰值。

(3) 当初始位移较大(u_0=2.0nm)时,频域曲线图中出现了多个峰值,这表明系统的运动特性表现出了明显的非线性。

振动信号频域和时域分析从两个不同角度来研究动态信号。时域分析是以时间轴为坐标表示各种物理量的动态信号波形随时间的变化关系。频谱分析是通过傅里叶变换把动态信号变换为以频率为坐标的形式。时域表示较为形象和直观,频域表示则更为简练,剖析问题则更加深刻和方便。

7.1.4　磁头/磁盘系统浮动块瞬态动力响应分析

瞬态动力响应分析是分析结构在承受随时间变化的载荷时的响应状况。通过瞬态动力学分析可以确定结构在瞬态载荷和简谐载荷的独立或组合作用下的位移、速度、加速度以及应力等响应参数随时间变化的情况。

浮动块对不同的冲击激励也将产生不同的振动响应,所以对于冲击激励的不同输入形式、脉宽、幅值以及对头盘系统引起的不同响应状况需要进行具体的研究。本书将以半正弦和三角两种冲击激励脉冲作为输入激励,分析不同激励形式对浮动块的不同响应情况。

图 7-6 所示为三角和半正弦两种激励的加载形式。

图 7-7 所示为分别加载三角和半正弦两种激励后浮动块的位移-时间关系曲线。从图 7-7 可以看出:浮动块的运动一开始受冲击时的响应相对比较强烈,受载过程中的振荡变化与载荷保持一致,然后随着衰减,振动趋于均匀。

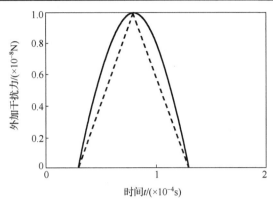

图 7-6 三角和半正弦冲击干扰力示意图

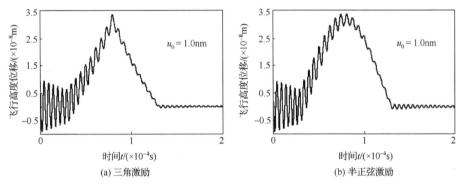

(a) 三角激励   (b) 半正弦激励

图 7-7 三角和半正弦激励下浮动块飞行高度位移-时间关系曲线

图 7-8 所示为分别加载三角和半正弦两种激励后的频谱图。从图 7-8 可以看出：在低于 200kHz 的频域范围内出现多个峰值，即浮动块的运动表现出明显的非线性。对于正弦激励其共振峰主要出现在 200kHz 之内，而三角激励下其共振峰则一直延续到接近 400kHz，正弦激励作用下的浮动块在低频区的共振峰值出现的个数远多于三角激励作用下的浮动块，而三角激励作用的浮动块的共振峰出现的频域范围较大。

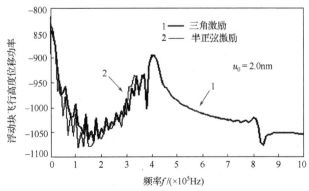

图 7-8 三角和半正弦激励下浮动块飞行高度的位移频谱图

7.2 二自由度系统非线性动力学分析

7.2.1 求解流程

图 7-9 所示为二自由度磁头/磁盘系统浮动块动力平衡方程的求解(即分析流程图)，求解方法为利用 MATLAB 编程求解。

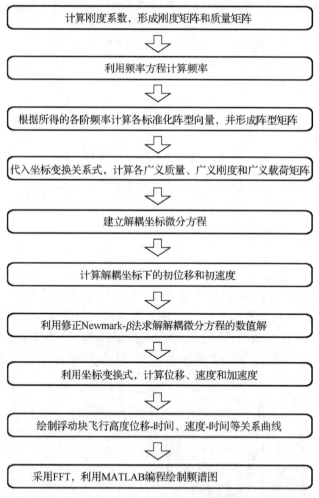

图 7-9 二自由度磁头/磁盘系统浮动块动力平衡方程的求解(即分析流程图)

计算过程中的参数选择如表 7-2 所示。

表 7-2 二自由度系统计算参数表

参数	数值	参数	数值
浮动块质量 m/kg	0.0016×10^{-3}	c_2/(kg/s)	0.025
浮动块长 L/m	1.25×10^{-3}	k_2/(N/m)	2.0×10^5
转动惯量 I_θ/(kg·m²)	2.211×10^{-13}	k_θ/[(N·m)/rad]	1.6×10^{-4}
c_1/(kg/s)	0.01		

此外，

$$k_1(z,\theta) = \beta(z - d_1\theta + h)^\alpha \tag{7-12}$$

式中，$\beta = 5.1245$，$\alpha = -0.4797$。

设 $h=4.0$ nm，初始条件分别为

$$\begin{cases} u(0) = 2.0\times10^{-9}m, & \dot{u}(0) = 0, \quad \ddot{u}(0) = 0 \\ \theta(0) = 0, & \dot{\theta}(0) = 0, \quad \ddot{\theta}(0) = 0 \end{cases} \tag{7-13}$$

$$\begin{cases} u(0) = 0.2\times10^{-9}m, & \dot{u}(0) = 0, \quad \ddot{u}(0) = 0 \\ \theta(0) = 0, & \dot{\theta}(0) = 0, \quad \ddot{\theta}(0) = 0 \end{cases} \tag{7-14}$$

7.2.2 浮动块运动特性的时域分析

图 7-10～图 7-13 所示分别为不同初始位移（u_0=0.2nm 和 2.0nm）条件下，浮动块飞行高度位移、飞行速度、俯仰角角位移和俯仰角角速度随时间的变化情况。

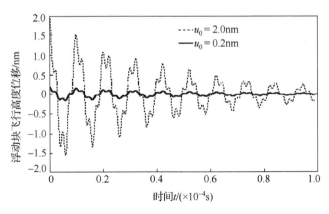

图 7-10 不同初始位移条件下浮动块飞行高度位移随时间的变化情况

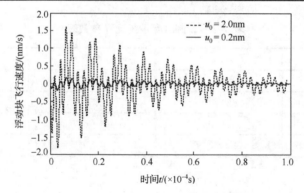

图 7-11　不同初始位移条件下浮动块飞行速度随时间的变化情况

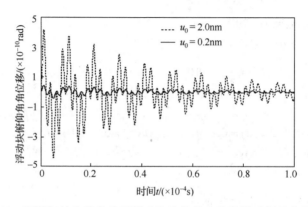

图 7-12　不同初始位移条件下浮动块俯仰角角位移随时间的变化情况

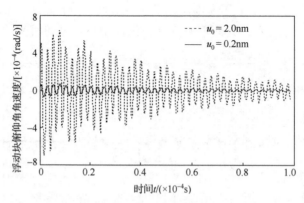

图 7-13　不同初始位移条件下浮动块俯仰角角速度随时间的变化情况

从图 7-10～图 7-13 可以得出以下结论。

(1) 不同初始位移条件下，浮动块飞行高度位移、飞行速度、俯仰角角位移、俯仰角角速度的振动幅值不同，但基本的运动规律是相同的。

(2) 初始位移越大(u_0=2.0nm),不同参数的幅值越大;相反,初始位移越小(u_0=0.2nm),不同参数的幅值越小。

7.2.3 浮动块运动特性的频域分析

图 7-14～图 7-17 所示分别为不同初始位移(u_0=0.2nm 和 2.0nm)条件下,浮动块飞行高度位移、飞行速度、俯仰角角位移和俯仰角角速度的频谱图。

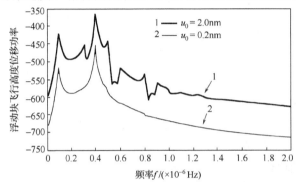

图 7-14 不同初始位移条件下浮动块飞行高度位移频谱图

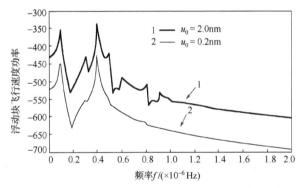

图 7-15 不同初始位移条件下浮动块飞行速度频谱图

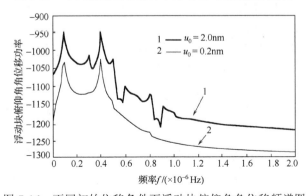

图 7-16 不同初始位移条件下浮动块俯仰角角位移频谱图

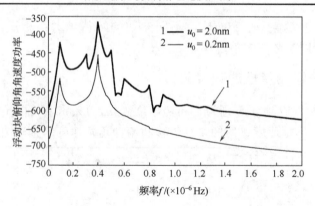

图 7-17　不同初始位移条件下浮动块俯仰角角速度频谱图

从图 7-14～图 7-17 可以得出以下结论。

(1) 对于较小的初始位移(u_0=0.2nm)，频谱图中出现了两个能量峰值。

(2) 对于较大的初始位移(u_0=2.0nm)，频谱图中出现了多个能量峰值。这表示初始位移较大时浮动块运动的非线性增强。

7.2.4　不同参数对浮动块运动特性的影响

1. 参数 k_2 的影响

设：

$$k_2 = nE5(\text{N}/\text{m}) \tag{7-15}$$

式中，n 为弹性刚度的系数。

为了研究参数 k_2（图 4-2）对浮动块运动特性的影响，分别计算了当 n=1, 2, …, 30 时浮动块运动的基频 f_1 和二阶频率 f_2。计算时，h=4.0nm，u_0=0.2nm，θ_0=0rad。

图 7-18 所示为浮动块飞行速度基频和二阶频率与 n 的关系曲线，从图 7-18 可以得出以下结论。

(1) 当 n 从 1 增加到 20 的过程中，浮动块飞行速度基频 f_1 增加了约 300%，而二阶频率 f_2 只增加了约 13%。

(2) 当 n 大于 20 之后，二阶频率 f_2 在频谱图中几乎消失。

图 7-19 所示为浮动块飞行速度基频和二阶频率所对应的功率值与 n 的关系曲线，从图 7-19 可以得出以下结论。

(1) 基频 f_1 对应的功率值随 n 的增加而增加，而二阶频率 f_2 对应的功率值随 n 的增加而减少。

(2) 类似于二阶频率 f_2 随 n 的变化关系，其所对应的功率值在 n 大于 20 之后几乎消失。

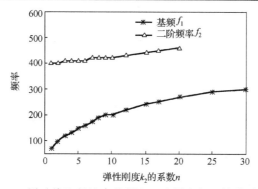

图 7-18　浮动块飞行速度基频和二阶频率与 n 的关系曲线

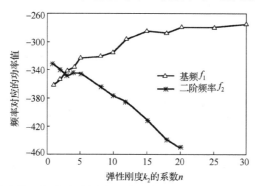

图 7-19　浮动块飞行速度基频和二阶频率所对应功率值与 n 的关系曲线

图 7-20 所示为浮动块俯仰角角速度基频和二阶频率所对应的功率值与 n 的关系曲线,从图 7-20 可以得出以下结论。

(1) 随着 n 的增加,浮动块俯仰角角速度基频 f_1 和二阶频率 f_2 对应的功率值均减小。

(2) 与基频 f_1 减小的幅度相比,二阶频率 f_2 减小的幅度略大。

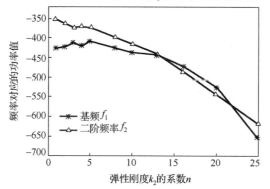

图 7-20　浮动块俯仰角角速度基频和二阶频率所对应功率值与 n 的关系曲线

图 7-21 所示为不同 n 值($n=20$ 和 $n=30$)条件下浮动块俯仰角角速度的频谱图,从图 7-21 可以得出以下结论。

(1) 随着 n 的增加,浮动块俯仰角角速度的非线性越来明显。

(2) 与浮动块飞行速度相比,俯仰角角速度受 n 的影响较大。

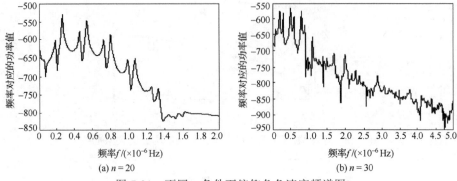

图 7-21 不同 n 条件下俯仰角角速度频谱图

2. 飞行高度 h 的影响

为了研究飞行高度 h 对浮动块运动特性的影响,分别计算了当 n=1、2、4、10 时浮动块在不同飞行高度条件下飞行速度的基频 f_1 和二阶频率 f_2,如图 7-22 和图 7-23 所示。

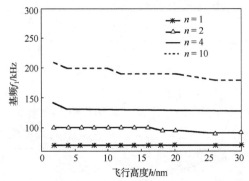

图 7-22 浮动块不同飞行高度时的飞行速度基频

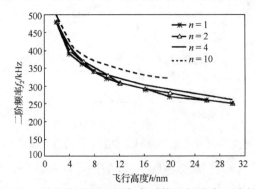

图 7-23 浮动块不同飞行高度时的飞行速度二阶频率

从图 7-22 和图 7-23 可以得出以下结论。

(1) 当 k_2 较小(n 较小)时,基频几乎不受飞行高度的影响;当 k_2 较大时,基频随着飞行高度 h 的增加而减小。

(2) 当飞行高度较小时,二阶频率几乎随 h 的增加呈指数级下降,且二阶频率的下降速度随 h 的增加逐渐减慢;当飞行高度增加到一定程度时,对二阶频率的影响变得很小,几乎可以忽略。

3. 参数 d_1 和 d_2 的影响

参数 d_1 和 d_2 的选取如图 4-2 所示。

图 7-24 所示为当 d_2 固定在浮动块前缘,而 d_1 与浮动块长度的比值分别为 0.1~0.5 时浮动块飞行高度位移特性的基频与二阶频率。

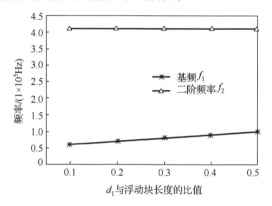

图 7-24　d_2 固定时浮动块飞行高度位移特性的基频与二阶频率

图 7-25 所示为当 d_1 固定在浮动块尾缘,而 d_2 与浮动块长度的比值分别为 0.1~0.5 时浮动块位移特性的基频与二阶频率。

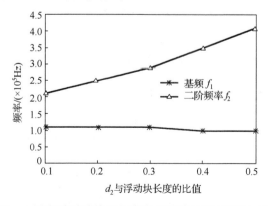

图 7-25　d_1 固定时浮动块飞行高度位移特性的基频与二阶频率

从图 7-24 和图 7-25 可以得出以下结论。

(1) 当 d_2 固定时，d_1 对浮动块二阶频率的影响较小，浮动块的基频随 d_1 的增加呈线性增加。

(2) 当 d_1 固定时，d_2 对基频的影响不大，二阶频率随 d_2 的增加几乎呈线性增加。

7.3　预紧力和磁盘转速对浮动块飞行特性的影响

7.3.1　浮动块及其初始状态

为了研究预紧力和磁盘转速对浮动块飞行特性的影响，选择如图 7-26 所示的浮动块进行计算[179]，具体计算过程参见 4.4 节。其中，浮动块质量为 $9.53×10^{-7}$ kg；厚度为 0.23mm；长度为 0.85mm；宽度为 0.70mm。

计算过程中设置：刚度系数 K_z=20N/m，俯仰角方向刚度系数 K_α=7.81× 10^{-5}(N·m)/rad，侧倾角方向刚度系数 K_β=−1.91×10^{-6}(N·m)/rad，俯仰角方向的转动惯量 J_α=5.737×10^{-14}kg·m^2，侧倾角方向的转动惯量 J_β=3.891×10^{-14}kg·m^2。此外，阻尼系数均设置为零。

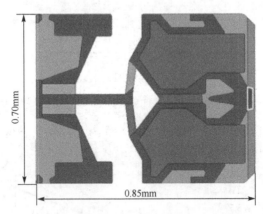

图 7-26　计算用浮动块表面形貌示意图（见彩图）

表 7-3 所示为动态模拟过程中浮动块初始状态参数。

表 7-3　浮动块初始状态参数表

参数	数值	参数	数值
支点飞行高度/nm	45	支点 x 坐标/mm	0.425
俯仰角 α/rad	7.81×10^{-5}	支点 y 坐标/mm	0.350
侧倾角 β/rad	−1.91×10^{-6}	磁盘半径/mm	30

7.3.2 预紧力对浮动块飞行特性的影响

预紧力(F_pre)是指在受到工作载荷之前,为了增强连接的可靠性,避免受到载荷后连接件之间出现缝隙或者出现滑移现象而预先施加的力。硬盘浮动块所受到的预紧力来源于悬臂,是磁盘高速旋转时对浮动块施加的与气膜承载力平衡的力。

图 7-27 所示为标准大气压条件下施加预紧力和不施加预紧力时浮动块最小飞行高度 h_min 和支点飞行高度 h_ful 的变化情况。其中,磁盘转速为 7200r/min,预紧力大小为 0.020N。

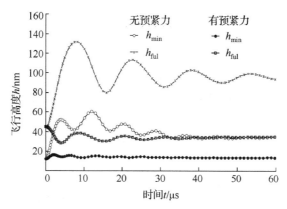

图 7-27 标准大气压条件下施加预紧力和不施加预紧力时浮动块飞行高度的变化情况

从图 7-27 可以得出以下结论。

(1)最小飞行高度和支点飞行高度均随着时间的增加振荡变化并逐渐达到稳定。

(2)不施加预紧力时,浮动块的最小飞行高度约为 40nm,支点飞行高度约为 100nm;施加 0.020N 的预紧力时,浮动块的最小飞行高度约为 15nm,支点飞行高度约为 40nm。

这说明,施加预紧力能很好地降低浮动块的飞行高度,这样可以解决高密度磁盘磁头的寻道问题及增加磁盘的存储面密度;不施加预紧力时,仅靠浮动块的自身重力平衡气膜承载力,不利于增加磁盘存储密度和有效地寻道读盘。

对浮动块施加预紧力可以有效平衡气膜承载力,但对施加预紧力的大小是有要求的,施加预紧力既要有效降低磁头浮动块的飞行高度,又要保证磁头浮动块不会发生触点。为此,本书计算过程中预紧力的施加范围为 0.015~0.025N。

图 7-28 所示为不同预紧力(F_pre=0.015N、0.020N、0.025N)条件下最小飞行高度 h_min 和支点飞行高度 h_ful 的变化情况。

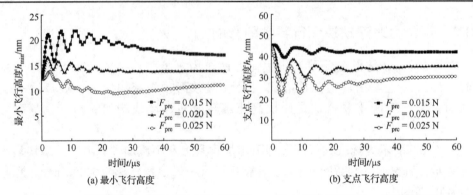

图 7-28　不同预紧力条件下最小飞行高度 h_{min} 和支点飞行高度 h_{ful} 的变化情况

从图 7-28 可以得出以下结论。

(1) 最小飞行高度随着时间的增加振荡变化并逐渐达到稳定，预紧力越大达到稳定的时间越短，且最小飞行高度越低。

(2) 支点飞行高度随着时间的增加振荡变化并逐渐达到稳定，预紧力越大达到稳定的时间越长，且支点飞行高度越低。

图 7-29 所示为浮动块稳定飞行时飞行高度和预紧力间的关系。从图 7-29 可以看到：浮动块最小飞行高度和支点飞行高度均随着预紧力的增大而减小，且支点飞行高度的变化较明显。

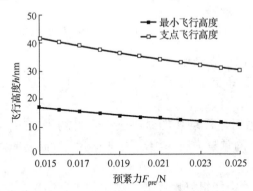

图 7-29　浮动块稳定飞行时飞行高度和预紧力间的关系

图 7-30 所示为不同预紧力（F_{pre}=0.015N、0.020N、0.025N）条件下气膜承载力（w）随计算时间的变化情况。

从图 7-30 可以看出：随着预紧力的增加，气膜承载力逐渐增加；预紧力较大时，承载力在计算初期的波动幅度较大。

图 7-31 所示为给定预紧力（F_{pre}=0.015N）条件下浮动块无量纲气膜压力 P 的分布情况。图 7-32 所示为浮动块稳定飞行时压力幅值 P_{max} 和预紧力间的关系。

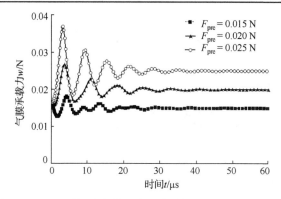

图 7-30　不同预紧力条件下气膜承载力随时间的变化情况

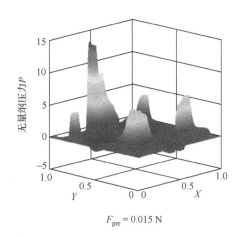

图 7-31　给定预紧力条件下浮动块无量纲气膜压力的分布情况（见彩图）

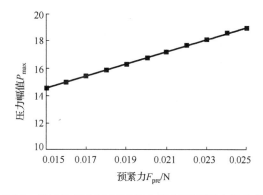

图 7-32　浮动块稳定飞行时压力幅值和预紧力间的关系

从图 7-31 和图 7-32 可以得出以下结论。

(1) 随着浮动块预紧力的增大，气膜压力逐渐增加，尤其是压力幅值的增加最为明显。例如,当F_{pre}=0.015N时,压力幅值不足15个大气压;当F_{pre}=0.020N时,压力幅值达到17个大气压;当预紧力为F_{pre}=0.025N时,压力幅值约为19个大气压。

(2) 压力幅值随预紧力的增加基本呈线性变化。在计算的参数范围内,当F_{pre}=0.025N时,无量纲压力幅值最大。

图7-33所示为不同预紧力(F_{pre}=0.015N、0.020N、0.025N)条件下x和y方向剪切力矩S_m随时间的变化情况。图7-34所示为浮动块稳定飞行时x和y方向剪切力矩S_m和预紧力间的关系。

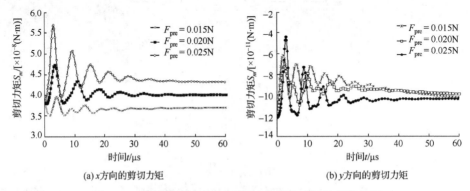

图7-33 不同预紧力条件下剪切力矩随时间的变化情况

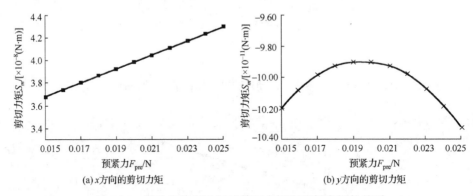

图7-34 浮动块稳定飞行时剪切力矩和预紧力间的关系

从图7-33和图7-34可以得出以下结论。

(1) x方向的剪切力矩随着预紧力的增加而增大,且剪切力矩的初始波动幅度随着预紧力的增加而增加。在计算的参数范围内,当F_{pre}=0.025N时,x方向的剪切力矩最大,初始波动幅度最大。

(2) y方向的剪切力矩随预紧力的增加先增大后减小,且剪切力矩的初始波动幅度随着预紧力的增加先增大后减小。在计算的参数范围内,当F_{pre}=0.019N时,y方向的剪切力矩最大,初始波动幅度最大。

图 7-35 所示为不同预紧力(F_{pre}=0.015N、0.020N、0.025N)条件下浮动块俯仰角 α 和侧倾角 β 的分布情况。图 7-36 所示为稳定飞行时俯仰角 α 和侧倾角 β 随预紧力的变化关系。

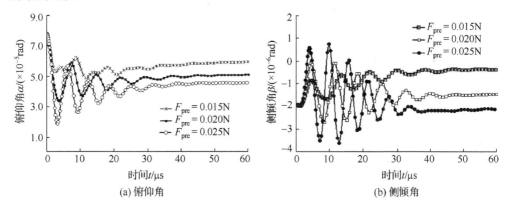

(a) 俯仰角　　　(b) 侧倾角

图 7-35　不同预紧力条件下浮动块俯仰角和侧倾角随时间的变化情况

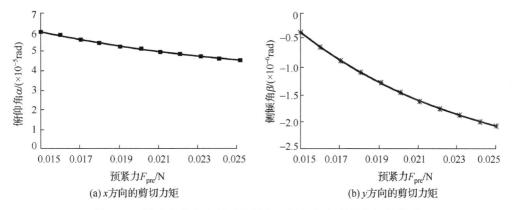

(a) x方向的剪切力矩　　　(b) y方向的剪切力矩

图 7-36　浮动块稳定飞行时俯仰角、侧倾角和预紧力间的关系

从图 7-35 和图 7-36 可以得出以下结论。

(1) 随着预紧力的增加，俯仰角和侧倾角的初始波动幅度均增加。

(2) 浮动块稳定飞行后，俯仰角随着预紧力的增加而减小，侧倾角随着预紧力的增加负向增加，即俯仰角减小而侧倾角增加。

7.3.3　磁盘转速对浮动块飞行特性的影响

磁盘转速等于硬盘内电机主轴的旋转速度，磁盘转速是标志硬盘档次的重要参数，是决定硬盘信息传输率的关键因素。磁盘转速越快，硬盘磁头寻道和进行读写操作的时间就越短，但较高的磁盘转速会使硬盘产生温升过高、噪声较大、主轴磨损严重的现象。普通的家用计算机的磁盘转速包括 5400r/min 与 7200r/min 两种，高转速硬盘多用于台式机，低转速硬盘多用于笔记本电脑。服务器的硬盘转速达到 10000～15000r/min，如今已出现转速达 20000r/min 的硬盘。

图 7-37 所示为不同磁盘转速（v=5400r/min、7200r/min、10000r/min、15000r/min）条件下最小飞行高度 h_{min} 和支点飞行高度 h_{ful} 的变化情况。图 7-38 所示为浮动块稳定飞行时最小飞行高度 h_{min} 和支点飞行高度 h_{ful} 随磁盘转速的变化情况。计算过程中如无特别说明，环境压力为 1 个大气压，预紧力大小为 0.020N。

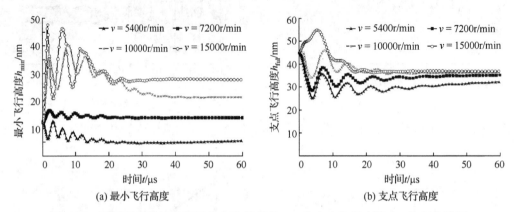

图 7-37 不同磁盘转速条件下最小飞行高度 h_{min} 和支点飞行高度 h_{ful} 的变化情况

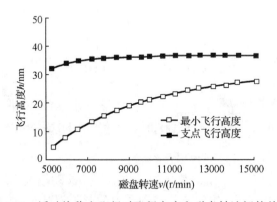

图 7-38 浮动块稳定飞行时飞行高度和磁盘转速间的关系

从图 7-37 和图 7-38 可以得出以下结论。

(1) 当磁盘转速较低时，最小飞行高度与支点飞行高度的初始波动较小；当磁盘转速较高时，最小飞行高度与支点飞行高度的初始波动较大。

(2) 随着磁盘转速的增加，最小飞行高度和支点飞行高度均增加，且最小飞行高度的变化幅度更大。

图 7-39 所示为不同磁盘转速（v=5400r/min、7200r/min、10000r/min、15000r/min）

条件下俯仰角 α 和侧倾角 β 的变化情况。图 7-40 所示为浮动块稳定飞行时俯仰角 α 和侧倾角 β 随磁盘转速的变化情况。

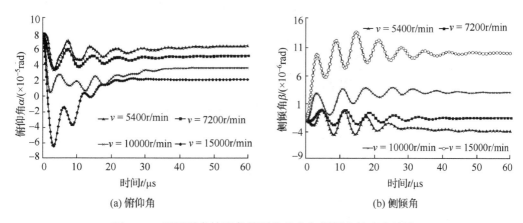

图 7-39 不同磁盘转速条件下俯仰角和侧倾角的变化情况

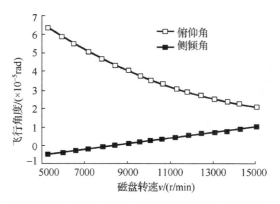

图 7-40 浮动块稳定飞行时俯仰角和侧倾角随磁盘转速的变化情况

从图 7-39 和图 7-40 可以得出以下结论。

(1) 当磁盘转速较低时，俯仰角和侧倾角的初始波动较小；当磁盘转速较高时，俯仰角和侧倾角的初始波动较大，说明转速较大时浮动块从初始状态到稳定状态的稳定性较差。

(2) 浮动块稳定飞行时，俯仰角随着磁盘转速的增加逐渐变小；侧倾角从负值逐渐增加到正值，说明随着转速的增加侧倾角方向发生了改变，其运行从朝一个方向的侧倾过渡为朝相反方向侧倾。

图 7-41 所示为不同磁盘转速 (v=5400r/min、7200r/min、10000r/min、15000r/min) 条件下气膜承载力 w 的变化情况。从图 7-41 可以得出以下结论。

(1) 初始时刻,气膜承载力 w 随磁盘转速的增加而增加,这也是初始时刻最小飞行高度 h_{min} 和支点飞行高度 h_{ful} 逐渐增大的原因。

(2) 浮动块稳定飞行时,承载力和预紧力大小相等,即 $w=F_{pre}=0.020\text{N}$。

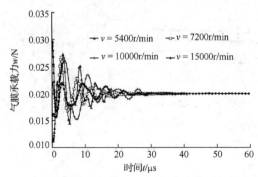

图 7-41　不同磁盘转速条件下承载力随计算时间的变化情况

图 7-42 所示为不同磁盘转速(v=5400r/min、7200r/min、10000r/min、15000r/min)条件下无量纲气膜压力 P 的分布情况。

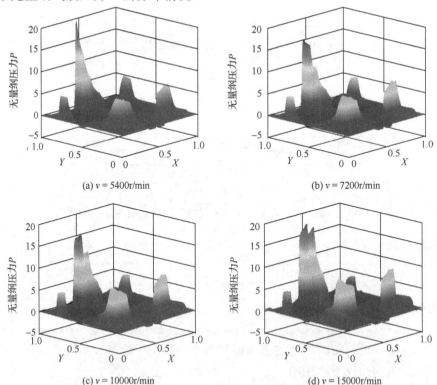

图 7-42　不同磁盘转速条件下浮动块无量纲气膜压力的分布情况

从图 7-42 可以得出以下结论。

(1) 当 v=5400r/min 时，P_{max} 达到了近 20 个大气压，随着磁盘转速的增加，压力幅值呈先减小后增加的趋势。

(2) 当 v=5400r/min 时，P_{max} 出现在一侧(外侧)；随着磁盘转速的增加，P_{max} 仍出现在外侧，但与其邻近的内侧区域的压力值逐渐变大，这是由于侧倾角的方向发生变化所导致的。

图 7-43 所示为不同磁盘转速（v=5400r/min、7200r/min、10000r/min、15000r/min）条件下，x 方向和 y 方向剪切力矩 S_m 的分布情况。图 7-44 所示为浮动块稳定飞行时 x 方向和 y 方向剪切力矩 S_m 随磁盘转速的变化关系。

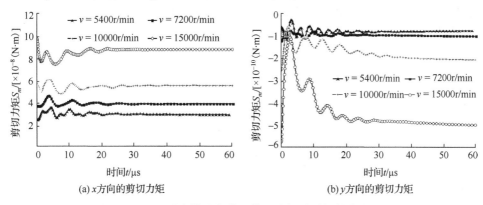

图 7-43 不同磁盘转速条件下剪切力矩随时间的变化情况

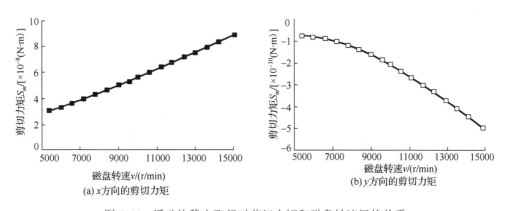

图 7-44 浮动块稳定飞行时剪切力矩和磁盘转速间的关系

从图 7-43 和图 7-44 可以得出以下结论。

(1) 磁盘转速越高，x 方向和 y 方向剪切力矩的初始波动越大，稳定后力矩值越大。

(2) x 方向 S_m 随磁盘转速的增加而正向增加，y 方向 S_m 随磁盘转速的增加而负向增加。

7.4 空气/氦气混合气中浮动块的飞行特性

大多数硬盘内充入的是空气，其密度较大且热传导性较差(0 ℃下为0.0233W/(m·℃))。这样，硬盘驱动时所需的能量增加，使得硬盘驱动器能耗增加[180]。此外，较高的密度使雷诺数较大，这容易致使浮动块偏离磁道振动。如果气体的能量传导性较低可能导致硬盘产热难以驱散，可能使硬盘高温烧坏。

氦气(Helium)符号为He，仅占空气的百万分之五，化学性质不活泼。与空气相比，氦气的密度较小(约为空气密度的1/7)，热传导率较高(0℃下为0.144W/(m·℃))，且化学性质较稳定，适合用作保护气。研究发现[181]：使用氦气能明显减少能量消耗，降低硬盘工作时的最高温度，且能很好地降低浮动块的振动。然而，氦气的获取比较难[182]且价格较高，为了获得浮动块稳定的飞行特性，常采用在空气中加入氦气的方法。

7.4.1 相关参数计算

空气与氦气混合气密度的计算公式如下：

$$\rho_{\text{mix}} = (1-\alpha)\rho_{\text{air}} + \kappa\rho_{\text{He}} \tag{7-16}$$

式中，ρ_{mix} 为混合气体的密度；ρ_{air} 为空气的密度；ρ_{He} 为氦气的密度；κ 为氦气在混合气体中的体积比。

1个标准大气压(P_s=1.0atm[①])下空气的密度 ρ_{air}=1.225kg/m³，氦气的密度 ρ_{He}=0.1786kg/m³。根据式(7-16)可得部分空气与氦气混合气体的密度如表7-4所示。

表7-4 部分空气与氦气混合气体的密度

混合气体密度	氦在混合气体中的体积比 κ									
	0	0.1	0.2	0.3	0.4	0.5	0.6	0.7	0.8	0.9
ρ_{mix}/(kg/m³)	1.2	1.12	1.02	0.91	0.81	0.70	0.60	0.49	0.29	0.28

将氦气混入空气中后，混合气体的分子平均自由行程将发生变化。混合气体分子平均自由程的计算公式如下：

$$\lambda_{\text{mix}} = \frac{\kappa}{\sqrt{2}\pi d_{\text{He}}^2 n\kappa + \pi d_{\text{HA}}^2 n(1-\kappa)\sqrt{1+\frac{M_{\text{He}}}{M_{\text{air}}}}} + \frac{1-\kappa}{\sqrt{2}\pi d_{\text{air}}^2 n(1-\kappa) + \pi d_{\text{HA}}^2 n\kappa\sqrt{1+\frac{M_{\text{He}}}{M_{\text{air}}}}} \tag{7-17}$$

式中，λ_{mix} 为混合气体的密度；λ_{air} 为空气的密度；λ_{He} 为氦气的密度；n 为单位体积内的分子数；d 为分子直径；M 为分子质量。且

---

① 1atm=1.013×10⁵Pa

$$d_{HA} = (d_{He} + d_{air})/2 \tag{7-18}$$

通过式(7-17)计算得 P_s=1.0atm 时部分空气与氦气混合气体的分子平均自由程如表 7-5 所示。

表 7-5 部分空气与氦气混合气体的分子平均自由程

分子平均自由程	氦气在混合气体中的体积比 κ									
	0	0.1	0.2	0.3	0.4	0.5	0.6	0.7	0.8	0.9
λ_{mix}/nm	67.1	73.3	80.7	89.5	99.6	111.2	124.4	139.1	155.6	174.0

将氦气混入空气中后，混合气体的黏度将发生变化。混合气体黏度的计算公式如下：

$$\mu_{mix} = K_{He}(1 + H_{HA}^2 K_{air}^2) + K_{air}(1 + 2H_{HA}K_{He} + H_{HA}^2 K_{He}^2) \tag{7-19}$$

式中，μ_{mix} 为混合气体的黏度；μ_{air} 为空气的黏度；μ_{He} 为氦气的黏度。且

$$K_{He} = \frac{\kappa \mu_{He}}{\kappa + (1-\kappa)\mu_{He} H_{HA}[3 + 2(M_{air}/M_{He})]} \tag{7-20}$$

$$K_{air} = \frac{(1-\kappa)\mu_{air}}{(1-\kappa) + \kappa \mu_{air} H_{HA}[3 + 2(M_{He}/M_{air})]} \tag{7-21}$$

$$H_{HA} = \frac{\sqrt{M_{He} M_{air}/32}}{(M_{He} + M_{air})^{1.5}} Z_{HA} \left(\frac{M_{He}^{0.25}}{\sqrt{\mu_{He} Z_{He}}} + \frac{M_{air}^{0.25}}{\sqrt{\mu_{air} Z_{air}}} \right)^2 \tag{7-22}$$

式中，

$$Z_{He} = \frac{[1 + 0.36T/T_{cHe}(T/T_{cHe} - 1)]^{1/6}}{\sqrt{T/T_{cHe}}} \tag{7-23}$$

$$Z_{air} = \frac{[1 + 0.36T/T_{cair}(T/T_{cair} - 1)]^{1/6}}{\sqrt{T/T_{cair}}} \tag{7-24}$$

$$Z_{HA} = \frac{\{1 + 0.36T/(T_{cHe}T_{cair})^{1/2}[T/(T_{cHe}T_{cair})^{1/2} - 1]\}^{1/6}}{\sqrt{T/(T_{cHe}T_{cair})^{1/2}}} \tag{7-25}$$

式(7-23)~式(7-25)中，T 为环境温度；T_{cair} 为空气的临界温度；T_{cHe} 为氦气的临界温度。

通过式(7-19)计算得 P_s=1.0atm 时部分空气与氦气混合气体的黏度如表 7-6 所示。

表 7-6 部分空气与氦气混合气体的黏度

混合气体黏度	氦气在混合气体中的体积比 κ									
	0	0.1	0.2	0.3	0.4	0.5	0.6	0.7	0.8	0.9
μ_{mix}/[(N·s)/m^2]	18.6	18.9	19.2	19.5	19.9	20.2	20.5	20.7	20.8	20.6

7.4.2 飞行高度动态响应

为了研究混合气体中氦气含量对浮动块飞行参数的影响，本书基于不同的环境压力（P_s=0.5atm、1.0atm），分别对 v=6000r/min、7200r/min、10000r/min、15000r/min 且 κ=0, 0.1, 0.2,…, 1.0 条件下的 88 组参数组合时浮动块的飞行参数进行了计算，具体计算过程参见 4.4 节。

图 7-45 所示为不同磁盘转速条件下部分参数组合时浮动块最小飞行高度随时间的变化情况。图 7-46 所示为浮动块稳定飞行后不同磁盘转速条件下部分参数组合时浮动块最小飞行高度 h_{min} 与氦气体积比 κ 的关系。

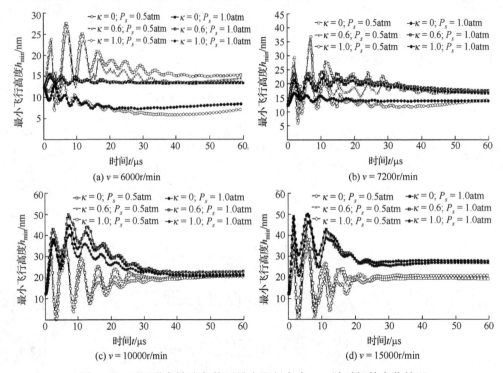

图 7-45　不同磁盘转速条件下最小飞行高度 h_{min} 随时间的变化情况

从图 7-45、图 7-46 可以得出以下结论。

(1) 不同环境压力条件下，最小飞行高度随磁盘转速的增加而增加；当压力较低（P_s=0.5atm）时，最小飞行高度的初始波动较大。

(2) 总体来看，低转速（v=6000r/min）且氦气在混合气体中的体积比较小时，0.5atm 下最小飞行高度高于 1.0atm 下的值，而在纯氦气环境下或高转速（v=10000r/min、15000r/min）时，0.5atm 下稳定最小飞行高度低于 1.0atm 下的值，出现了相反的情形。

(3) 在较低环境压力和较高磁盘转速(v=10000r/min 和 15000r/min)时,初始时刻出现了最小飞行高度为零的情况,说明磁盘转速较高时浮动块发生触盘现象。在 7.5 节将对触盘现象进行进一步分析。

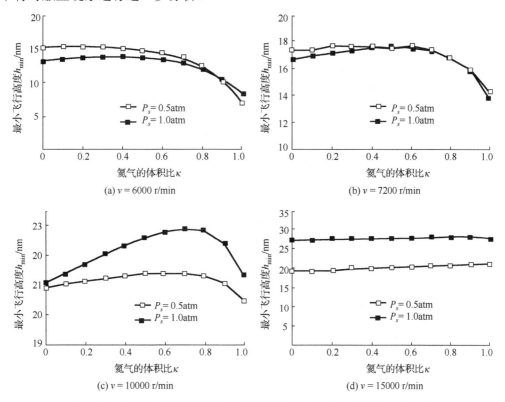

图 7-46 浮动块稳定飞行后最小飞行高度 h_{min} 与氦气体积比 κ 的关系

(4) 对于低磁盘转速(v=6000r/min)的情况,随着氦气在混合气体中的体积比增加,其稳定最小飞行高度缓慢变化,但当其体积比超过约 50%后,稳定最小飞行高度减小幅度逐渐变大;当氦气在混合气体中的体积比低于约 80%时,0.5atm 下稳定最小飞行高度均高于 1.0atm 下的值,但当其体积比大于 80%时,两者的大小顺序正相反。

(5) 当磁盘转速为 v=10000r/min 时,不同环境压力下的最小飞行高度均随氦气体积比的增大呈先增大后减小的趋势;当磁盘转速增加到 v=15000r/min 时,氦气体积比对不同环境压力下的最小飞行高度影响很微弱;当磁盘转速达到或超过 v=10000r/min 时,0.5atm 下稳定最小飞行高度均低于 1.0atm 下的值。

图 7-47 所示为不同磁盘转速条件下部分参数组合时支点飞行高度 h_{ful} 随时间的变化情况,图 7-48 所示为浮动块稳定飞行后部分参数组合条件下支点飞行高度 h_{ful} 与氦气体积比 κ 的关系。

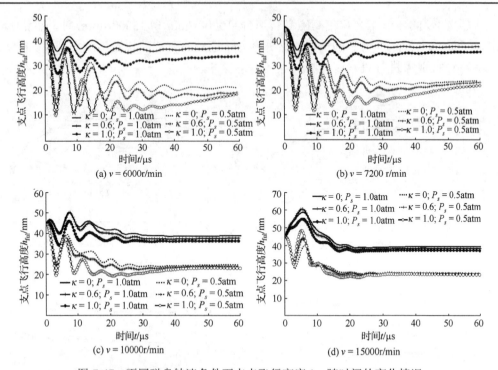

图 7-47 不同磁盘转速条件下支点飞行高度 h_{ful} 随时间的变化情况

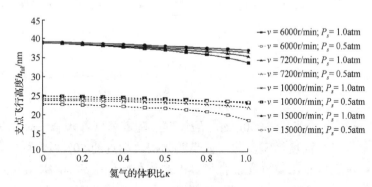

图 7-48 浮动块稳定飞行后支点飞行高度 h_{ful} 与氦气体积比 κ 的关系

从图 7-47、图 7-48 可以得出以下结论。

(1) 环境压力越小 (P_s=0.5atm) 和/或磁盘转速越低 (v=6000r/min、7200r/min),支点飞行高度的初始波动越大;支点稳定飞行高度随环境压力的升高而增大,随氦气体积比的增大而减小;但是,随着磁盘转速的提升,氦气体积比对其的影响大大减弱。

(2) 在相同环境压力、不同磁盘转速条件下,浮动块稳定飞行后支点飞行高度差别不大,尤其是随着磁盘转速的提升而趋于一致。

(3) 相同环境压力条件下,浮动块支点飞行高度随氦气体积比 κ 的增加逐渐降低,但变化不大。

(4) 氦气体积比越高,支点飞行高度受磁盘转速的影响越大。

7.4.3 飞行角度动态响应

图 7-49 所示为浮动块稳定飞行后部分参数组合条件下俯仰角 α 与氦气体积比 κ 的关系。

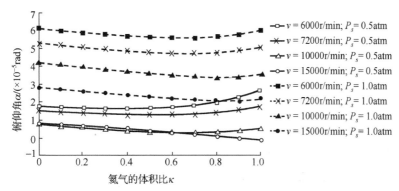

图 7-49 浮动块稳定飞行后俯仰角 α 与氦气体积比 κ 的关系

从图 7-49 可以得出以下结论。

(1) 环境压力 P_s=0.5atm 条件下的俯仰角 α 小于 P_s=1.0atm 条件下的俯仰角 α,说明环境压力较小时俯仰角较小。

(2) 磁盘转速 v 越高,俯仰角 α 越小;随着氦气体积比 κ 的增加,俯仰角 α 呈先减小后增加的趋势。

图 7-50 所示为浮动块稳定飞行后部分参数组合条件下侧倾角 β 与氦气体积比 κ 的关系。

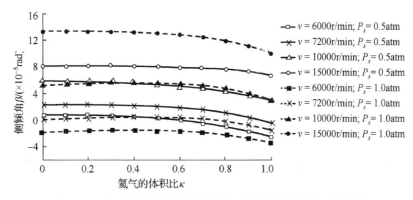

图 7-50 浮动块稳定飞行后侧倾角 β 与氦气体积比 κ 的关系

从图 7-50 可以得出以下结论。

(1) 当磁盘转速较低（v=6000r/min、7200r/min）时，环境压力 P_s=0.5atm 条件下的侧倾角 β 大于 P_s=1.0atm 条件下的侧倾角 β。

(2) 当磁盘转速较高（v=10000r/min、15000r/min）时，环境压力 P_s=0.5atm 条件下的侧倾角 β 小于 P_s=1.0atm 条件下的侧倾角 β。

(3) 磁盘转速 v 越高，侧倾角 β 越大；随着氦气体积比 κ 的增加，俯仰角 β 逐渐减小。

7.4.4 浮动块受力分析

图 7-51 所示为不同磁盘转速条件下部分参数组合时气膜承载力 w 随时间的变化情况。

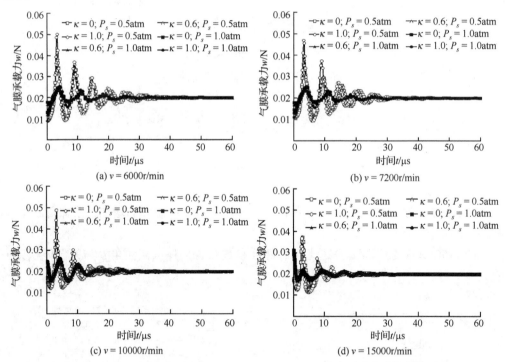

图 7-51 不同磁盘转速条件下各种组合时承载力随计算时间的变化情况

从图 7-51 可以得出以下结论。

(1) P_s=0.5atm 时浮动块的初始波动明显大于 P_s=1.0atm 时浮动块的初始波动，这也是 P_s=0.5atm 时浮动块支点飞行高度 h_{ful} 的初始波动较明显的原因。

(2) 随着磁盘转速 v 的增加，承载力的初始波动逐渐减小，且承载力达到稳定所需的时间越短。不同组合条件下，浮动块稳定飞行后的气膜承载力基本一致。

图 7-52～图 7-55 所示为不同磁盘转速 v、不同环境压力 P_s 和不同氦气体积比 κ 条件下的无量纲气膜压力分布。

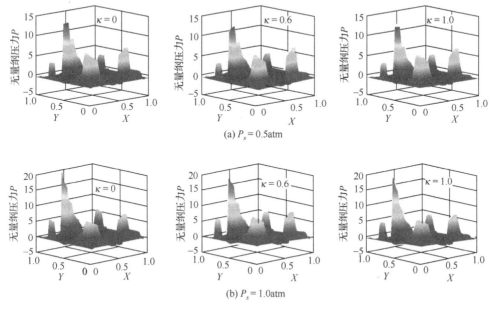

图 7-52　浮动块无量纲气膜压力的分布（v=6000r/min）

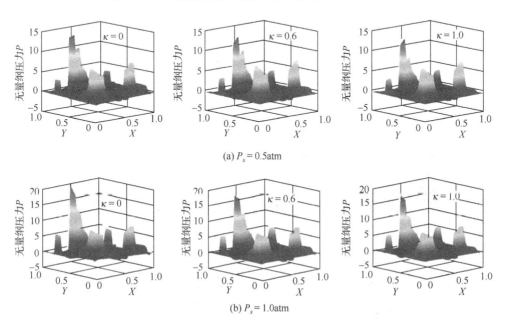

图 7-53　浮动块无量纲气膜压力的分布（v=7200r/min）（见彩图）

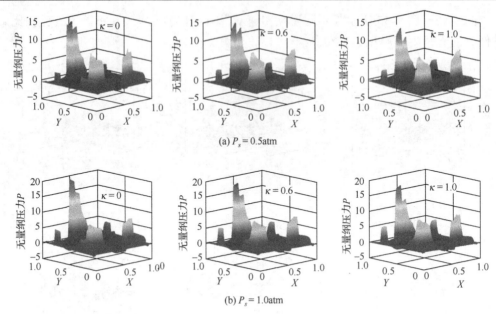

图 7-54　浮动块无量纲气膜压力的分布(v=10000r/min)

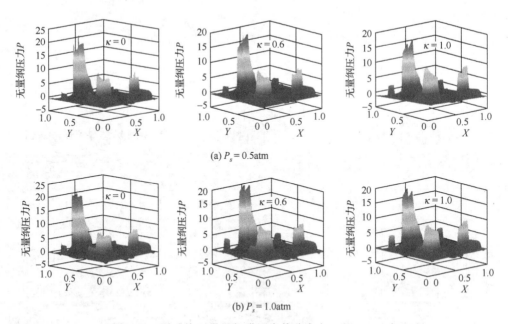

图 7-55　浮动块无量纲气膜压力的分布(v=15000r/min)

从图 7-52～图 7-55 可以得出以下结论。

(1)不同磁盘转速 v 和不同环境压力 P_s 条件下,气膜压力幅值 P_{max} 随氦气体积比 κ 的增加而减小。

(2) 不同磁盘转速 v 和不同氦气体积比 κ 条件下,气膜压力幅值 P_{max} 随环境压力 P_s 的增加而增加。

(3) 不同环境压力 P_s 和不同氦气体积比 κ 条件下,气膜压力幅值 P_{max} 随磁盘转速 v 的增加而增加。

(4) 当磁盘转速 v 较低时,气膜压力幅值 P_{max} 出现在一侧(外侧),当磁盘转速 v 较高时,与压力幅值相对应内侧压力逐渐升高,这是侧倾角发生变化所引起的。

图 7-56 所示为不同磁盘转速条件下部分参数组合时 x 方向的剪切力矩随时间的变化情况。

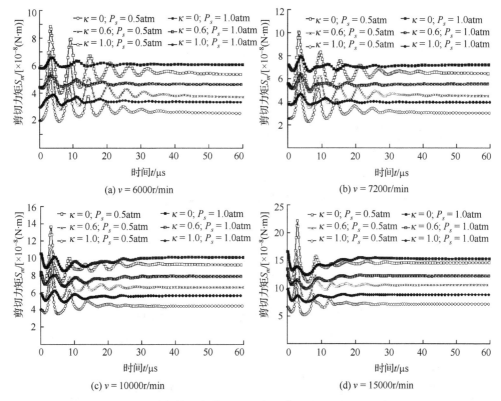

图 7-56 不同磁盘转速条件下 x 方向的剪切力矩随时间的变化情况

从图 7-56 可以得出以下结论。

(1) 随着磁盘转速 v 的增加,x 方向的剪切力矩逐渐增大。

(2) P_s=0.5atm 时 x 方向剪切力矩的初始波动较高,趋于稳定的时间也较长;浮动块稳定飞行后,P_s=1.0atm 时 x 方向剪切力矩较高。

图 7-57 所示为浮动块稳定飞行后部分参数组合时 x 方向的剪切力矩 S_m 与氦气体积比 κ 的关系。

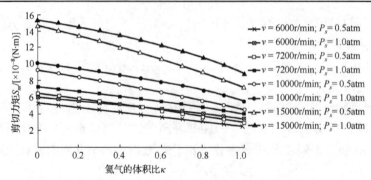

图 7-57 浮动块稳定飞行后 x 方向的剪切力矩 S_m 与氦气体积比 κ 的关系

从图 7-57 可以看到：随着氦气体积比 κ 的增加，x 方向的剪切力矩逐渐减小；随着磁盘转速 v 或环境压力 P_s 的增加，x 方向的剪切力矩逐渐增大。

图 7-58 所示为不同磁盘转速条件下部分参数组合时 y 方向的剪切力矩随时间的变化情况。

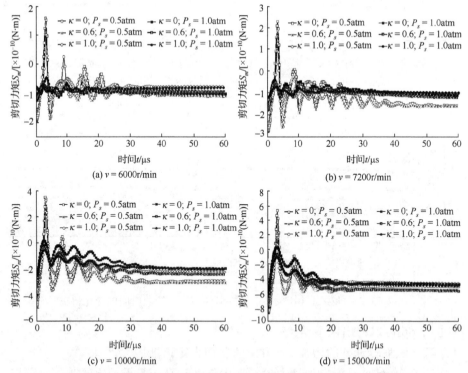

图 7-58 不同磁盘转速条件下 y 方向的剪切力矩随时间的变化情况

从图 7-58 可以得出以下结论。

(1) 随着磁盘转速 v 的增加，y 方向的剪切力矩逐渐增大。

(2) P_s=0.5atm 时 y 方向剪切力矩的初始波动较高。

(3)浮动块稳定飞行后,当磁盘转速 v=6000r/min 和 15000r/min 时,y 方向的剪切力矩受环境压力的影响不大;当磁盘转速 v=7200r/min 和 10000r/min 时,P_s=0.5atm 时 y 方向剪切力矩较大。

图 7-59 所示为浮动块稳定飞行后部分参数组合时 y 方向的剪切力矩 S_m 与氦气体积比 κ 的关系。

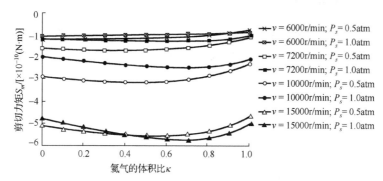

图 7-59　浮动块稳定飞行后 y 方向的剪切力矩 S_m 与氦气体积比 κ 的关系

从图 7-59 可以得出以下结论。

(1)随着氦气体积比 κ 的增加,y 方向的剪切力矩呈先增大后减小的趋势;随着磁盘转速 v 的增加,y 方向的剪切力矩逐渐增大。

(2)当磁盘转速较低时,环境压力 P_s 越大,y 方向的剪切力矩越小;当磁盘转速较高且氦气的体积比 κ 较小时,环境压力 P_s 越大,y 方向的剪切力矩越小;当磁盘转速较高且氦气的体积比 κ 较大时,环境压力 P_s 越大,y 方向的剪切力矩越大。

7.5　浮动块发生触盘时的动态特性分析

7.5.1　触盘现象

浮动块与磁盘盘片发生接触或碰撞的现象称为触盘现象,如图 7-60 所示。

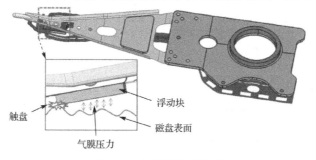

图 7-60　触盘现象示意图

造成触盘现象的原因主要包括：①正在工作的硬盘突然断电；②正在工作的硬盘发生摔撞等剧烈振动；③磁头/磁盘间的气膜中含有杂质或微粒；④磁盘表面有微小突起等。计算机硬盘一旦发生触盘现象，极有可能导致划盘，使硬盘上的信息无法读取或记录，影响硬盘的正常使用。

7.5.2　正常环境压力（P_s=1.0atm）时的触盘现象分析

在正常环境压力（P_s=1.0atm）下，研究磁盘转速对浮动块动态特性过程中发现：当磁盘转速较低时，出现浮动块最小飞行高度 h_{min}=0 的现象，并伴随最小飞行高度的剧烈振荡，认为此时发生了触盘现象，下面对此进行分析。

图 7-61 所示为不同磁盘转速（v=5000r/min、7200r/min）条件下浮动块飞行高度随时间的变化情况。图 7-62 所示为不同磁盘转速（v=5000r/min、7200r/min）条件下浮动块飞行角度随时间的变化情况。

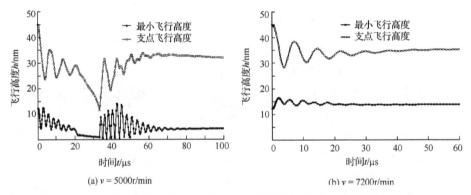

图 7-61　不同磁盘转速条件下浮动块飞行高度随时间的变化情况（P_s=1.0atm）

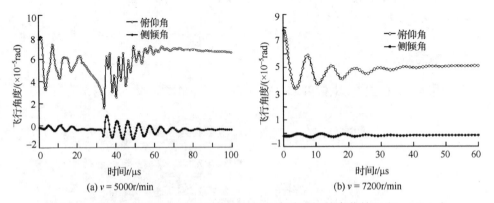

图 7-62　不同磁盘转速条件下浮动块飞行角度随时间的变化情况（P_s=1.0atm）

从图 7-61 和图 7-62 可以得出以下结论：
(1) 在正常环境压力和低磁盘转速（v=5000r/min）条件下，当计算时间 t=35μs 左右时，浮动块的最小飞行高度趋近于零,随后最小飞行高度发生剧烈二次振荡,说明此时硬盘浮动块与磁盘盘片发生接触,出现触盘现象。

(2)当出现触盘现象后,浮动块的最小飞行高度 h_{min} 和支点飞行高度 h_{ful} 均出现不同程度的二次振荡,且最小飞行高度 h_{min} 连续出现多次 $h_{min}=0$ 的现象,即发生多次触盘现象。

(3)当出现触盘现象后,浮动块的俯仰角 α 和侧倾角 β 均出现不同程度的二次振荡;俯仰角 α 保持为正值振荡,说明浮动块的尾部与磁盘发生接触;侧倾角 β 围绕零值上下振荡,说明浮动块的侧倾角 β 在发生触盘现象后内外摆动。

(4)与高磁盘转速(v=7200r/min)条件相比,稳定后的支点飞行高度 h_{ful} 和侧倾角 β 大小基本保持不变;而低磁盘转速(v=5000r/min)条件下的最小飞行高度 h_{min} 相对较低,俯仰角 α 相对较大。

图 7-63 所示为不同磁盘转速(v=5000r/min、7200r/min)条件下浮动块所受合力 F_t 随时间的变化情况。图 7-64 所示为不同磁盘转速(v=5000r/min、7200r/min)条件下浮动块 z 方向的加速度 a_z 随时间的变化情况。图 7-65 所示为不同磁盘转速(v=5000r/min、7200r/min)条件下浮动块 z 方向的速度 v_z 随时间的变化情况。

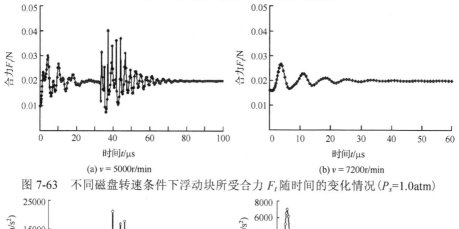

图 7-63　不同磁盘转速条件下浮动块所受合力 F_t 随时间的变化情况(P_s=1.0atm)

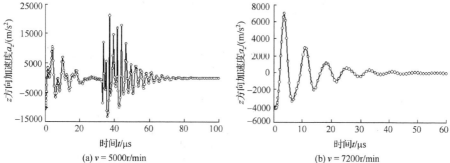

图 7-64　不同磁盘转速条件下浮动块 z 方向的加速度随时间的变化情况(P_s=1.0atm)

从图 7-63～图 7-65 可以得出以下结论。

(1)在 P_s=1.0atm、v=5000r/min 条件下,在浮动块发生触盘现象前,即 t=20～30μs,

浮动块所受的合力 F_t 略小于预紧力 F_{pre}，z 方向的加速度 a_z 几乎为零，z 方向的速度 $v_z<0$，这也是该时间段内浮动块的最小飞行高度几乎以匀速降低直至触盘的原因。

(2) 当出现触盘现象后，浮动块所受合力 F_t、z 方向的加速度 a_z 和 z 方向的速度 v_z 均出现不同程度的二次振荡。

(3) 在不同磁盘转速条件下，浮动块稳定飞行后，浮动块所受合力 F_t 基本一致（均等于预紧力 F_{pre}），浮动块 z 方向的加速度和速度均为零。

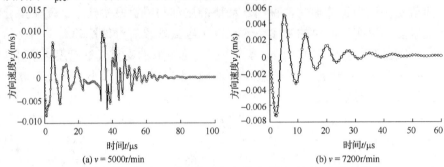

图 7-65　不同磁盘转速条件下浮动块 z 方向的速度随时间的变化情况（P_s=1.0atm）

综上，说明在正常环境压力条件下，磁盘转速较低时，随着最小飞行高度不断降低，浮动块所受的合力较长时间内小于预紧力值，从而导致浮动块的尾部与磁盘发生较严重的触盘现象。

7.5.3　较低环境压力（P_s=0.5atm）时的触盘现象分析

在较低环境压力（P_s=0.5atm）下，在研究磁盘转速对浮动块动态特性过程中发现：当磁盘转速较高时，出现浮动块最小飞行高度 $h_{min}=0$ 的现象，并伴随最小飞行高度的振荡，认为此时发生了触盘现象，下面对此进行分析。

图 7-66 所示为不同磁盘转速（v=7200r/min、15000r/min）条件下浮动块飞行高度随时间的变化情况。图 7-67 所示为不同磁盘转速（v=7200r/min、15000r/min）条件下浮动块飞行角度随时间的变化情况。

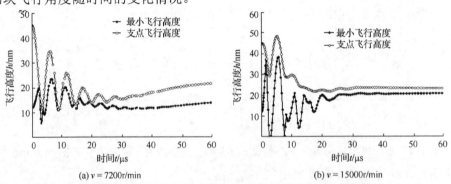

图 7-66　不同磁盘转速条件下浮动块飞行高度随时间的变化情况（P_s=0.5atm）

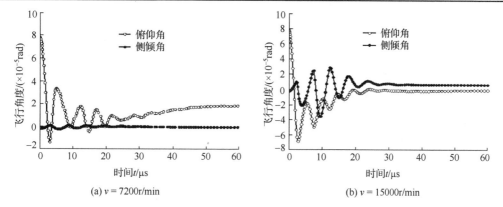

图 7-67　不同磁盘转速条件下浮动块飞行角度随时间的变化情况(P_s=0.5atm)

从图 7-66 和图 7-67 可以得出以下结论。

(1) 在较低环境压力和高磁盘转速(v=15000r/min)条件下,初始振荡过程中浮动块出现最小飞行高度为零的情况,说明此时硬盘浮动块与磁盘盘片发生接触,出现了触盘现象。

(2) 当出现触盘现象后,浮动块的最小飞行高度 h_{min} 出现程度不大的二次振荡,浮动块的支点飞行高度 h_{ful}、俯仰角 α 和侧倾角 β 均未见明显的二次振荡,说明浮动块仅发生了轻微的触盘现象。

(3) 在高磁盘转速(v=15000r/min)条件下,浮动块最小飞行高度为零时俯仰角 α 为负值,说明发生触盘的部位为浮动块的头部。

图 7-68 所示为不同磁盘转速(v=7200r/min、15000r/min)条件下浮动块所受合力 F_t 随时间的变化情况。图 7-69 所示为不同磁盘转速(v=7200r/min、15000r/min)条件下浮动块 z 方向的加速度 a_z 随时间的变化情况。图 7-70 所示为不同磁盘转速(v=7200r/min、15000r/min)条件下浮动块 z 方向的速度 v_z 随时间的变化情况。

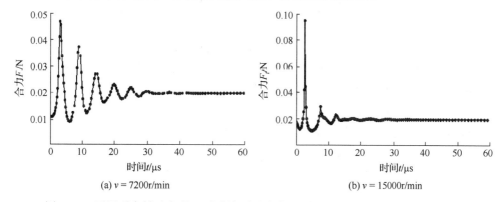

图 7-68　不同磁盘转速条件下浮动块所受合力 F_t 随时间的变化情况(P_s=0.5atm)

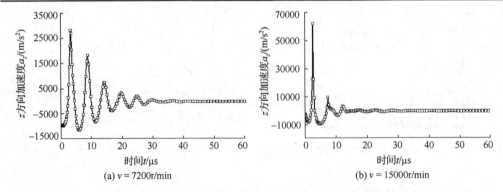

图 7-69　不同磁盘转速条件下浮动块 z 方向的加速度随时间的变化情况（P_s=0.5atm）

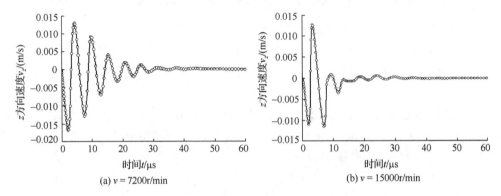

图 7-70　不同磁盘转速条件下浮动块 z 方向的速度随时间的变化情况（P_s=0.5atm）

从图 7-68～图 7-70 可以得出以下结论。

(1) 在 P_s=0.5atm、v=15000r/min 条件下，浮动块发生触盘现象前，浮动块所受的合力 F_t 小于预紧力 F_{pre}，z 方向的加速度 a_z<0，z 方向的速度 v_z<0，导致浮动块的最小飞行高度不断降低直至触盘。

(2) 当出现触盘现象后，浮动块所受合力 F_t、z 方向的加速度 a_z 和 z 方向的速度 v_z 均出现一定的二次振荡，但是振荡程度较低，说明仅仅发生了轻微的触盘现象。

(3) 在不同磁盘转速条件下，浮动块稳定飞行后，浮动块所受合力 F_t 基本一致（均等于预紧力 F_{pre}），浮动块 z 方向的加速度和速度均为零。

综上，说明在较低环境压力条件下，磁盘转速较高时，浮动块的俯仰角逐渐降低，其由正值逐渐变为负值，从而导致浮动块的头部与磁盘发生轻微的触盘现象。

第8章　磁头/磁盘系统冲击响应分析

8.1　磁盘系统有限元模型

8.1.1　硬盘系统几何模型

为了研究硬盘在外界载荷条件下磁头/磁盘系统的冲击响应特性，首先需要测量出整个硬盘系统的几何尺寸。硬盘系统主要由以下几部分组成：硬盘外壳、磁盘、浮动块、主轴、悬臂和传动轴。其中，由于浮动块和悬臂的几何尺寸很小，需要借助特殊设备进行测量。当获得整个硬盘系统几何尺寸后，通过 ANSYS/Workbench 建立起几何模型，从而构建用于分析的有限元计算模型。

随着硬盘尺寸不断减小，浮动块的几何尺寸也不断变小。对于普通 2.5in 的硬盘，其浮动块在长、宽、高方向的最大尺寸均不到 1.0mm，其表面几何形貌尺寸则为更小的微米级别。很显然，通过普通的测量方法无法获得浮动块的几何尺寸，需要借助特殊的测量设备。

超景深显微系统(VHX-600E)是基恩士公司设计开发的三维显微系统，采用 5400 万像素 3CCD 摄像系统和 100～5000 倍的放大镜头，可用于观察材料、薄膜等表面形貌，且自带几何测量系统，可对材料、薄膜等表面形貌进行测量。本书采用超景深显微系统(VHX-600E)观察并测量浮动块和悬臂的表面形貌及几何尺寸。

图 8-1 为型号为 VHX-600E 的超景深显微系统及采用超景深显微系统放大 1000 倍后的一种 Hitachi 硬盘浮动块的表面形貌。

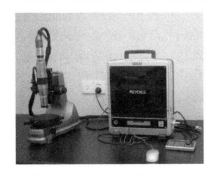

图 8-1　超景深显微系统及放大后的 Hitachi 硬盘浮动块表面效果图

Hitachi 硬盘浮动块的长和宽分别为：L=0.8mm；B=0.7mm，厚度：H=0.2mm。图中深色部分为浮动块表面凸出部分，凸出高度为 0.0031mm。硬盘工作时，空气气流从左边(浮动块头部)流入，右边(浮动块尾部)流出。

表 8-1 所示为 Hitachi 硬盘浮动块的飞行参数，采用自适应网格技术生成网格分布如图 8-2 所示。

表 8-1　Hitachi 硬盘浮动块的飞行参数

参数名称	参数值
最小飞行高度 h_{min}/m	20×10^{-9}
俯仰角 α/rad	100×10^{-6}
侧倾角 β/rad	0
径向位置/m	23×10^{-3}
磁盘转速/(r/min)	10000

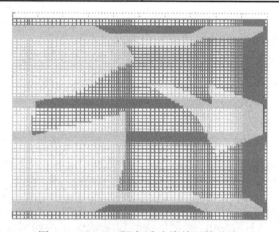

图 8-2　Hitachi 硬盘浮动块的网格分布

采用有限体积法对基于 Hitachhi 硬盘浮动块的 Reynolds 方程进行求解，得到气膜压力分布如图 8-3 所示。从图 8-3 可以看出，浮动块的一些区域出现了负压，即这些地方的压力小于周围环境压力。在浮动块尾部的中间区域，压力要明显大于其他区域，这与浮动块的形状以及飞行参数相关，由于浮动块和磁盘之间的距离为纳米级别，气体在该微小距离下受到挤压而导致压力的增加。

悬臂为硬盘系统几何形状最为复杂的部件，图 8-4 给出了采用超景深显微系统放大后的 Hitachi 硬盘悬臂。从图 8-4 可以看出，悬臂主要由三部分组成：悬臂 1 和悬臂 2 用于承担整个悬臂和浮动块的重量，厚度分别为 0.1mm 和 0.05mm；悬臂 3 主要用于传输电信号，同时部分承担了整个悬臂的重量，其厚度为 0.05mm。

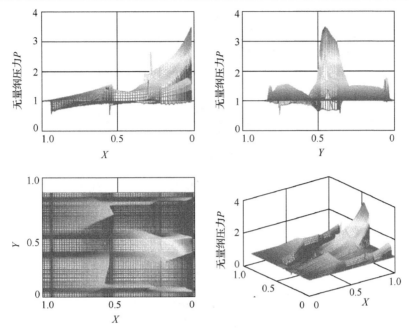

图 8-3 Hitachi 硬盘浮动块的压力分布（见彩图）

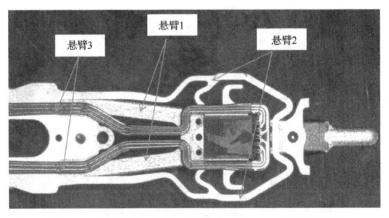

图 8-4 采用超景深显微系统放大后的 Hitachi 硬盘悬臂

根据测得的几何尺寸，建立 Hitachi 硬盘悬臂的几何模型如图 8-5 所示。悬臂由三部分构成，厚度相对于其他方向的尺度非常小，在构造悬臂有限元模型阶段，用壳（shell）单元表示。本书选择 ANSYS Workbench 的绘图模块建立 Hitachi 硬盘悬臂的几何模型，可以方便地实现几何模型与有限元模型参数的双向传递。

图 8-6 所示为整个 Hitachi 硬盘系统的几何模型，也是通过 ANSYS Workbench 的绘图模块建立的。

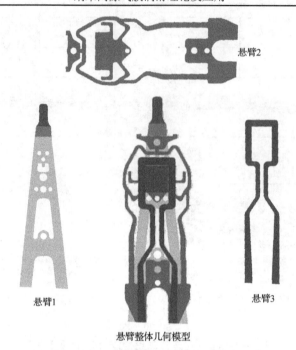

悬臂2

悬臂1

悬臂整体几何模型

悬臂3

图 8-5　Hitachi 硬盘悬臂的几何模型

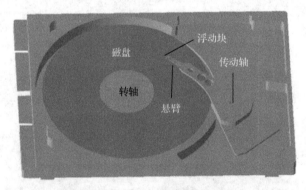

图 8-6　Hitachi 硬盘系统的几何模型

8.1.2　硬盘系统有限元模型

当构建完硬盘系统几何模型后，需要对几何模型进行网格划分，建立部件之间的耦合关系，设置接触关系和边界条件，最终获得用于计算的有限元模型。

表 8-2 所示 Hitachi 为硬盘系统各部件的材料、弹性模量、泊松比和密度等属性。有限元模型的建立是在经典 ANSYS APDL 中进行的，然后生成 K 文件，调用 LS-DYNA 求解器进行求解。

表 8-2　Hitachi 硬盘系统各部件材料属性

名称	材料	弹性模量/GPa	泊松比	密度/(kg·mm^{-3})
硬盘外壳	酚醛树脂	2.2	0.38	1.2×10^{-6}
磁盘	铝合金	68	0.34	2.7×10^{-6}
浮动块	钕铁硼	160	0.24	7.5×10^{-6}
转轴	不锈钢	200	0.28	7.6×10^{-6}
传动轴	不锈钢	200	0.28	7.6×10^{-6}
悬臂	铝	73.1	0.33	2.7×10^{-6}

在进行网格划分之前，首先要进行单元的选取。根据硬盘系统的结构特点、ANSYS 单元库类型以及相关文献的查阅，悬臂和磁盘选用 Shell 163 单元，其余部分选用 Solid 164。下面对 Shell 163 和 Solid 164 这两个单元进行简单介绍。

图 8-7 给出了 Shell 163 单元的结构示意图，该单元为 4 节点壳单元。图 8-8 给出了 Solid 164 单元的结构示意图，该单元为 8 节点的 6 面体单元。图 8-9 所示为 Hitachi 硬盘悬臂的网格分布情况，悬臂总的 Shell 163 单元数为 2695 个。

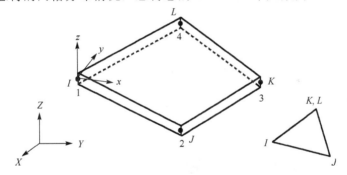

图 8-7　Shell 163 单元的结构示意图

如图 8-7 所示，对于 Shell 163 单元，每一个节点有 12 个自由度，分别为：X、Y 和 Z 方向的位移(UX，UY，UZ)、速度(VX，VY，VZ)和加速度(AX，AY，AZ)，以分别绕 X、Y 和 Z 轴的角位移(ROTX，ROTY，ROTZ)。当实体模型复杂时，网格划分过程中可能会产生 3 节点的 Shell 163 单元，在网格划分中应该尽量避免，因为它会导致计算精度方面的问题。

如图 8-8 所示，对于 Solid 164 单元，每一个节点有 9 个自由度，分别为：X、Y 和 Z 方向的位移(UX，UY，UZ)、速度(VX，VY，VZ)和加速度(AX，AY，AZ)。与 Shell 163 单元比较发现，Solid 164 单元没有绕坐标轴旋转的角位移自由度。同样，为了适应复杂的几何实体模型，Solid 164 在网格划分过程中可能出现节点数较少的退化单元，包括楔形体单元、四面体单元和锥体单元。

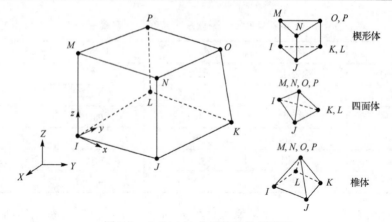

图 8-8　Solid 164 单元的结构示意图

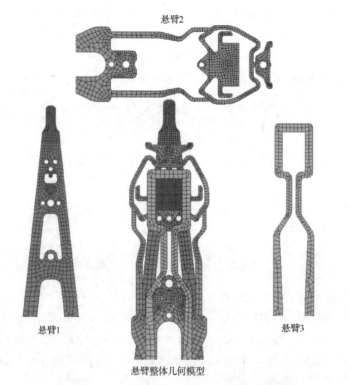

图 8-9　Hitachi 硬盘悬臂的网格划分（见彩图）

在网格划分过程中，通过 ANSYS 的 MeshTool 进行网格尺寸控制，选择的是自由网格划分。显式分析过程中的时间步长与整个有限元模型单元网格的最小尺寸有关，单元网格尺寸过小，会导致时间步长过小，从而增加计算时间。故在满足计算要求的前提下，应该尽量减少网格数量，增大单元网格的最小尺寸。

图 8-10 所示为磁头/磁盘界面网格划分情况及施加节点力示意图。其中,浮动块选用 Solid 164 单元,磁盘选用 Shell 163 单元。

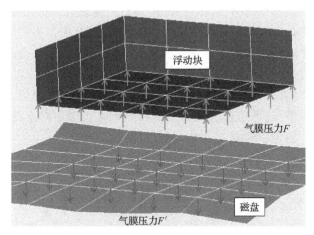

图 8-10　磁头/磁盘界面网格划分情况及施加节点力示意图

如图 8-10 所示,浮动块在长度和宽度方向网格数均为 4 个,厚度方向网格数为 2 个。在浮动块对应的磁盘区域,网格划分的尺度与浮动块一致。当硬盘工作时,磁头/磁盘界面之间的气膜会产生气膜压力,该气膜压力要通过积分的方式最终分别作用到浮动块和磁盘对应的节点上,其大小相等,方向相反。图 8-10 中,F 表示作用到浮动块上的节点力,共计 25 个;F' 表示作用到磁盘上的节点力,共计 25 个。

图 8-11 所示为整个硬盘系统的网格划分。

图 8-11　硬盘系统的网格划分(见彩图)

如图 8-11 所示,硬盘外壳、传动轴、转轴均选用 Solid 164 单元。经过网格划分,硬盘系统总节点数共计 30241 个,总单元数共计 52065 个,其中 Shell 单元数共计 3818 个,Solid 单元数共计 48247 个。

8.1.3 连接、接触和边界条件设置

由于硬盘的各个部件是分离的,在网格划分完毕之后,需要将各部分连接起来。如传动轴与硬盘外壳、转轴与磁盘等。在 ANSYS 软件中,不同部件之间的连接,可以通过耦合、建立约束方程、焊接等方式实现。本书通过耦合命令连接两个相邻部件,耦合命令为 CP,人机界面路径为 preprocessor-coupl/ceqn-couple DOF。

图 8-12 所示为悬臂和浮动块间的耦合连接示意图。基本思想是把结构上想接触的两部件上的相邻节点,通过耦合的方式使得它们在各个方向上具有相同的自由度。通过同样的方法,也可以建立起其他部件之间的耦合连接。

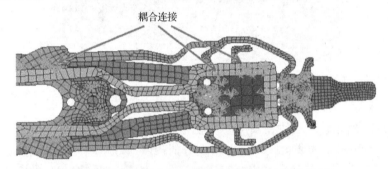

图 8-12 悬臂和浮动块间的耦合连接示意图(见彩图)

对于硬盘受到外界冲击后可能发生接触的部件,需要进行接触设置。为了充分描述显式动力学分析中的复杂接触现象,ANSYS/LS-DYNA 为用户提供了 24 种不同的接触,而这 24 种接触可以归纳为 3 种基本的接触类型,分别为单面接触、点-面接触和面-面接触。对这些不同接触特点的理解,是正确进行显式动力学接触设置和分析的重要基础。

(1) 单面接触,包括 SS、ASSC、AG、ASS2D、ESS 和 SE 六种不同类型,单面接触适用于物体表面自身发生接触或者与其他物体表面发生接触,ANSYS/LS-DYNA 会自动判断模型的哪些面会发生接触,不需要用户定义接触或目标面。因此,单面接触是最简单的接触类型。单面接触还有一个重要的优点,就是允许模型所有面都出现接触,当用户事先不能确定模型在计算过程中什么位置会出现接触时,单面接触就显得十分有用。

(2) 点-面接触,包括 NTS、ANTS、RNTR、TDNS、TNTS、ENTS、DRAWBEAD 和 FNTS 八种类型,点-面接触适用于一个接触点穿透目标面的情形。点-面接触需要定义接触面和目标面,当定义接触面和目标面时,需要遵守以下法则:①平面或凹面应该为目标面,而凸面为接触面;②粗网格所在面应该为目标面,而细网格所在面应该为接触面;③当定义压延筋接触时,筋为接触面,而板料为目标面。

(3) 面-面接触，包括 STS、OSTS、ASTS、ROTR、TDSS、TSTS、ESTS、FSTS、FOSS 和 TSES 十种类型。面-面接触适用于物体一个面穿透另一个物体一面的显式动力学分析，这种接触分析通常伴随任意形状大面积接触以及接触面之间的相对滑移，如块在平板上滑移、球在槽内滑动等。

当硬盘系统受到外界冲击时，如果冲击载荷过大，会导致磁头滑块和磁盘发生接触碰撞，所以需要在磁头滑块与磁盘之间定义接触。根据 ANSYS/LS-DYNA 提供的接触种类，经过分析后，选择面-面接触中的 STS 接触。STS 接触是 ANSYS/LS-DYNA 首选的接触类型，因为 STS 接触算法非常有效，且计算效率很高。通过磁头滑块与磁盘之间的接触设置，可以模拟硬盘系统在大冲击载荷下磁头/磁盘界面接触碰撞的动态响应。

有限元模型的边界条件主要包括载荷(力、速度、加速度等)与约束。对于硬盘系统，要在磁头/磁盘界面施加气膜承载力，在外壳上施加加速度冲击载荷和位移约束。ANSYS/LS-DYNA 施加载荷与约束的命令分别为 EDLOAD 和 D，施加约束很容易实现，而施加载荷较为复杂，需要定义载荷矩阵、时间矩阵等。

现在对施加载荷的 EDLOAD 进行简单介绍，其语法规则为

  EDLOAD, Option, Lab, KEY, Cname, Par1, Par2, PHASE, LCID, SCALE, BTIME, DTIME

Option：标识载荷项，可选择的参数分别为 ADD、DELE 和 LIST。Option=ADD，给模型施加新的载荷。Cname 必须为一个有效的节点或单元组件名，并事先定义载荷矩阵 Par1 和 Par2(矩阵参数)或者 LCID(载荷曲线)。Option=DELE，删除载荷。如果 Lab 和 Cname 为空白，所有的载荷都被删除。对于这个选择，参数 Par1、Par2、PHASE 和 LCID 都被忽略。Option=LIST，载荷列表。如果 Lab 和 Cname 为空白，所有载荷都要通过列表给出。对于这个选择，参数 Par1、Par2、PHASE 和 LCID 都被忽略。

Lab：施加到节点或单元上的载荷标识符，节点上的载荷标识符为：FX, FY, FZ→X、Y 和 Z 方向的力；MX, MY, MZ→X、Y 和 Z 方向的动量；UX, UY, UZ→X、Y 和 Z 方向的位移；ROTX, ROTY, ROTZ→X、Y 和 Z 轴的转角；VX, VY, VZ→X、Y 和 Z 方向的速度；OMGX, OMGY, OMGZ→X、Y 和 Z 轴的角速度；AX, AY, AZ→X、Y 和 Z 方向的加速度；ACLX, ACLY, ACLZ→X、Y 和 Z 轴的角加速度。除了上述这些节点载荷的 Lab 参数外，还有施加到面上的压力 Lab 参数 PRESS，以及施加到单元上的 Lab 参数。硬盘系统模型中的所有载荷均施加到节点上。

KEY：面压力载荷标识符。用于施加面压力，并且 Lab=PRESS。

Cname：组件或部件名。载荷施加到名为 Cname 的组件或部件上，组件通过 CM 定义，部件通过 EDPART 定义。

Par1：用户定义的矩阵名，该矩阵用于存储载荷的时间数据。

Par2：用户定义的矩阵名，该矩阵用于存储载荷数据。

PHASE：载荷分析相，其参数分别为 0、1 和 2。0→载荷曲线仅用于瞬态分析；1→载荷曲线仅用于应力初始化；2→载荷曲线同时用于应力初始化和瞬态分析。

LCID：标识载荷曲线的号码。

SCALE：载荷放缩因子。

BTIME：载荷作用开始时间，缺省为 0。

DTIME：载荷作用结束时间，缺省为 10^{38}。

对于硬盘系统有限元模型，施加力和加速度冲击载荷 EDLOAD 的各个参数如下：

力：EDLOAD, ADD, FZ, 0, FORCEN21122, *T*, LOAD21122, 0, ， ， ， ，

冲击载荷：EDLOAD, ADD, AZ, 0, HDD_SHOCK, *T*, LOAD, 0, ， ， ， ，

其中，*T* 为时间矩阵，FORCEN21122 和 HDD_SHOCK 分别为力节点组件和加速度冲击载荷节点组件，LOAD21122 和 LOAD 分别为力矩阵和加速度矩阵，其他均为缺省值。

图 8-13 给出了加速度冲击载荷施加到硬盘外壳的示意图。如图 8-13 所示，因为硬盘通过这 4 个位置与计算机其他部分连接，冲击载荷施加到硬盘 4 个角附近，方向与 z 方向一致。同时，通过命令 D，施加这 4 个位置 x、y 方向的位移约束。

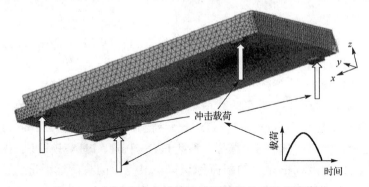

图 8-13 加速度冲击载荷施加到硬盘外壳的示意图

除了在硬盘外壳上施加位移约束与加速度冲击载荷外，一个重要的内容是在磁头/磁盘界面施加气膜承载力。由于通过求解气膜润滑方程得到的解是如图 8-3 所示的压力分布，而施加到磁头/磁盘界面的力是如图 8-10 所示的节点力。所以，需要对压力分布进行积分，再施加到对应的节点上。以节点 13（图 8-14）为例，其节点力的计算公式为

$$F_{13} = \int_{A_{13}} (P-1) P_s \, \mathrm{d} A \tag{8-1}$$

式中，P_s 为环境压力；A_{13} 为节点 13 周围的积分面积。

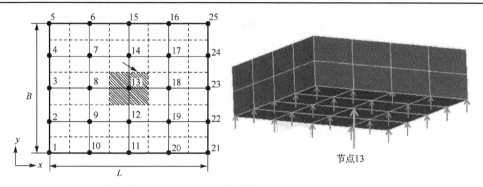

图 8-14 浮动块节点力计算及施加

用同样的方法,可以计算出其他节点的力。作用到磁盘节点上的力与作用到浮动块对应节点上的力大小相等、方向相反。

8.2 磁头/磁盘系统冲击响应计算模型

8.2.1 基本流程

当硬盘工作时,如果受到外界的突然振动和冲击,浮动块可能会与磁盘发生碰撞,对硬盘造成破坏。因此,需要对磁头/磁盘界面在外界振动和冲击情况下的冲击响应进行系统分析。硬盘系统的有限元模型通过 ANSYS/LS-DYNA 建立,而磁头/磁盘界面气膜润滑方程通过 MATLAB 编程求解。因此,需要将 MATLAB 编写的气膜润滑方程求解程序与 ANSYS/LS-DYNA 建立的硬盘系统有限元模型整合在一起,形成硬盘系统冲击响应计算模型。图 8-15 所示为磁头/磁盘系统冲击响应计算流程图。

从图 8-15 可以看出,磁头/磁盘系统冲击响应计算模型是包含气膜润滑方程的 MATLAB 求解程序和 ANSYS/LS-DYNA 建立的硬盘系统有限元模型。构建这一计算模型的过程简述如下。

(1)生成加速度冲击载荷数据(如半正弦脉冲),根据 ANSYS/LS-DYNA 建立的硬盘系统有限元模型生成 LS-DYNA 求解器需要的 K 文件,并对该 K 文件进行相应修改,例如,进行隐式-显式序列求解设置等。

(2)计算硬盘系统在稳态(t^0 时刻)情况下的飞行参数($h_{min}^0, \alpha^0, \beta^0$),这是通过 LS-DYNA 提供的隐式计算方法实现的。需要说明的是,在下一时刻(即 t^1 时刻),要进行隐式到显式算法的转变,也就是 LS-DYNA 隐式-显式序列求解。相对于 ANSYS 提供的隐式-显式序列求解,LS-DYNA 隐式-显式序列求解的优点是不需要进行单元类型转换,计算比较稳定。

(3)把飞行参数($h_{min}^0, \alpha^0, \beta^0$)传递给气膜润滑方程的 MATLAB 求解程序,根据

飞行参数计算浮动块的气膜承载力。飞行参数是 LS-DYNA 通过硬盘系统有限元模型计算出来的,这些参数被保存到硬盘上,需要编写 MATLAB 程序进行读取。

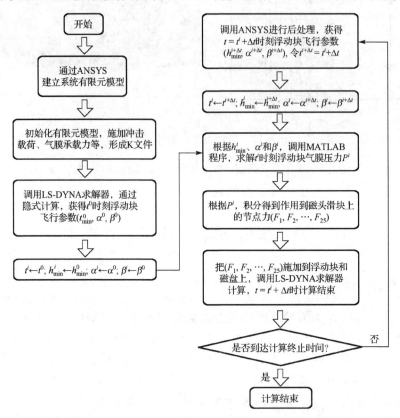

图 8-15 磁头/磁盘系统冲击响应计算流程图

(4) 根据浮动块的气膜承载力,通过积分计算磁头/磁盘界面节点力(图 8-14)。然后,把这些节点力施加到对应的磁头/磁盘界面节点上。这些节点力被存储到硬盘上,需要编写相关程序读取,然后改变这些节点力的大小。

(5) 把数据提交给 LS-DYNA 进行求解,计算一定时间 Δt 后,判断是否达到计算终止时间。如果是,计算结束。否则,调用 ANSYS/LS-DYNA,根据浮动块与磁盘的位置计算飞行参数。然后,把参数传递给气膜润滑方程的 MATLAB 求解程序,即回到第(3)步进行循环,直到计算终止时间。

8.2.2 LS-DYNA 隐式-显式序列计算

在受到振动和冲击之前,硬盘处于稳定的工作状态,即磁头滑块稳定地飞行在磁盘上方,飞行参数保持不变。实际上,稳态状态下硬盘的悬臂、磁盘等部件在气膜压力的作用下已经发生了变形,有了初始的应力分布,这一物理现象可以通过

LS-DYNA 提供的隐式计算进行模拟。当硬盘受到振动和冲击后,硬盘系统的动态冲击响应可以通过显式动力学分析进行模拟。因此,这是一个隐式-显式序列求解问题。

LS-DYNA 隐式-显式序列求解需要对 K 文件进行相应的设置,通过记事本可以打开 K 文件,进行修改。LS-DYNA 的 K 文件包括节点、单元、材料属性、载荷、耦合、计算时间等信息,这些信息以一定格式给出,例如,节点信息之前有一个标识"*node",这称为关键字(keyword)。

隐式-显式序列计算可以通过关键字"*CONTROL_IMPLICIT_GENERAL"、"*DEFINE_CURVE"、"*CONTROL_IMPLICIT_SOLUTION"、"*CONTROL_IMPLICIT_SOLVER"和"*CONTROL_IMPLICIT_AUTO"中相关参数进行设置。其中,关键字"*CONTROL_IMPLICIT_GENERAL"用于激活隐式分析,并定义相关控制参数,其格式如表 8-3 所示。

表 8-3 关键字"*CONTROL_IMPLICIT_GENERAL"格式

变量	IMFLAG	DT0	IMFORM	NSBS	IGS	CNSTN	FORM	ZERO_V
数据类型	整型	浮点型	整型	整型	整型	整型	整型	整型
缺省值	0	none	2	1	2	0	0	0

IMFLAG:隐式-显式分析标识符,其值为

  0 显式分析;

  1 隐式分析;

  2 先显式后隐式分析;

  4 隐式分析,并可以自动实现隐式到显式转换;

  5 自动隐式分析,并需要强制结束隐式分析;

  6 显式分析,并伴随特质值提取;

  $-n$ n 为曲线编号。

DT0:隐式分析初始时间步长。

IMFORM:无缝弹回单元库标识符(IMFLAG=2 或*INTERFACE_SPRINGBACK_SEAMLESS),其值为

  1 转换为弹回全积分壳库;

  2 保留初始单元库(缺省)。

NSBS:无缝弹回的隐式步数(IMFLAG=2 或*INTERFACE_SPRINGBACK_SEAMLESS)。

IGS:几何(初始应力)刚度标识符,其值为

  1 包含刚度;

  2 忽略刚度。

CNSTN:常数正切刚度标识符,其值为

　　　　　0　不用常数正切刚度（缺省）；
　　　　　1　用常数正切刚度。
FORM：全积分单元库，其值为
　　　　　0　类型16；
　　　　　1　类型6。
ZERO_V：在显式转换到隐式之前，速度调节参数，其值为
　　　　　0　速度不调节为0；
　　　　　1　速度调节为0。
K文件中，关键字"*CONTROL_IMPLICIT_GENERAL"相关参数设置为

```
CONTROL_IMPLICIT_GENERAL
$ IMFLAG    DE0   IMFORM   NSBS    IGS    CNSTN   FORM   ZERO_V
  -99      0.005    2       1      2        0      0       0
$
```

在K文件中，$为注释符号。0.005为隐式分析时间步长，单位为ms；99为曲线编号，"-99"表示LS-DYNA要进行隐式到显式的自动转换，曲线是一个时间的函数，通过关键字"*DEFINE_CURVE"进行设置为

```
*DEFINE_CURVE
99
0.00000,  1.0
0.09999,  1.0
0.10000,  0.0
5.00000,  0.0
```

曲线数据共有两列，左列为时间(ms)，右列为无单位的数值。观察发现：时间为0.09999ms时，曲线数值为1；经过0.00001ms后，即时间为0.1ms时，曲线数值为0，也就是说，LS-DYNA通过这种曲线数值的突变来实现隐式到显式的转变。图8-16给出了编号为99的曲线。

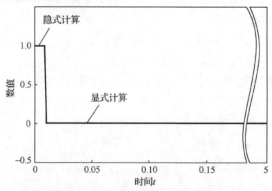

图8-16　编号为99的曲线分布

从图 8-16 可以看出，曲线分为隐式计算和显式计算两部分：隐式计算模拟硬盘稳定工作状态；显式计算模拟硬盘受振动和冲击的动态响应过程。

此外，关键字"*CONTROL_IMPLICIT_SOLUTION""*CONTROL_IMPLICIT_SOLVER"和"*CONTROL_IMPLICIT_AUTO"的参数设置为

```
$
*CONTROL_IMPLICIT_SOLUTION
$  nlsolvr   ilimit   maxref   dctol   ectol   rctol   lstol
      0         0         0    0.00    0.00      0       0
$   dnorm   divflag   inistif   nlprint
      0         0         0         0
*CONTROL_IMPLICIT_SOLVER
$  lsolvr   prntflg   negeig
      0         0         0
*CONTROL_IMPLICIT_AUTO
$   iauto    iteopt    itewin    dtmin    dtmax
      0         0         0       0.00       0
$
```

这些关键字参数的设置请参考《LS-DYNA 关键字手册》。

8.2.3 重启动

结合图 8-15 给出的硬盘系统冲击响应计算模型的流程图，需要根据浮动块飞行参数动态地计算气膜承载力，然后再把该气膜承载力通过积分施加到磁头/磁盘界面。气膜承载力根据有限体积法通过 MATLAB 编程计算得到，而硬盘系统冲击响应过程是通过 LS-DYNA 调用硬盘系统的 K 文件计算实现的，所以计算过程中涉及MATLAB 程序与 LS-DYNA 的多次调用以及结果数据的多次相互传递，这一过程主要是通过 LS-DYNA 提供的重启动技术实现的。

重启动主要分为三种，即简单重启动、小型重启动和完全重启动。现在分别进行简单介绍。

(1) 简单重启动。计算模型的数据不发生任何改变。当计算开始后，计算结果继续保存到重启动之前的结果文件上，如 Jobname.RST 和 Jobname.HIS。

(2) 小型重启动。计算模型的数据发生少量改变。小型重启动可以改变的数据包括以下几个方面：重新设置计算终止时间；重新设置文件输出间隔；标识附加ASCII 文件；设置更多位移约束；改变初始速度；改变载荷曲线；改变 LS-DYNA数值控制参数；改变计算结束标准；删除、不激活或激活接触单元；删除单元；

清除网格；改变部件；刚体与变形体相互转变；改变重启动文件频率。当进行小型重启动后，计算结果仍然保存到重启动之前的结果文件上，格式与简单重启动相同。

(3) 完全重启动。计算模型的数据发生大量修改。例如，当用户需要考虑更多的材料特性、删除模型部分数据或者施加不同载荷条件等。完全重启动需要修改工作名，以此避免覆盖重启动之前的计算结果文件。

根据硬盘系统冲击响应计算模型，计算过程中需要根据不同时刻浮动块的飞行参数对磁头/磁盘界面各个节点力进行修改，并设定新的计算结束时间。

根据三种重启动的特点，小型重启动适合我们的分析。LS-DYNA 小型重启动的 MATLAB 程序为

[status,result]=dos('"工作目录\ls971.exe" i=ShockAnalysis.r r=d3dump')

其中，ls971.exe 为 LS-DYNA 求解器，需要把该求解器复制到计算模型的工作目录下；d3dump 文件用于存储每一次重启动后的计算结果，并作为下一次重启动的输入文件；ShockAnalysis.r 为重启动文件，其中包含了修改磁头/磁盘界面节点力信息和计算结束时间。ShockAnalysis.r 文件可以用记事本打开，并通过 MATLAB 编程进行节点力和计算时间的修改。当 LS-DYNA 从 t 时刻计算到 $t+\Delta t$ 时刻，计算结束，通过 ANSYS/LS-DYNA 进行后处理，后处理 MATLAB 命令为

[status,result]=dos('"Ansys 安装目录\ANSYS140.exe" -b -p ane3flds -i 工作目录\input.txt -o 工作目录\output.txt')

其中，input.txt 为后处理文件，该文件打开硬盘系统的有限元模型，读取浮动块相关节点位移值，并且计算飞行参数，把所计算飞行参数储存到硬盘上。Output.txt 为计算模型输出信息，其中包含了输入信息、警告信息以及出错信息等，如果计算出现错误，可以通过该文件查找相关原因。"-b -p ane3flds" 为 ANSYS/LS-DYNA 产品号，"-i" 表示输入，"-o" 表示输出。

8.3 磁头/磁盘系统冲击响应分析

8.3.1 硬盘在外壳、悬臂和磁盘的冲击响应

要研究磁头/磁盘界面的动态冲击响应，首先要研究这些部件在冲击载荷下的冲击响应。图 8-17 所示为冲击载荷下的硬盘外壳、悬臂和磁盘示意图。

图 8-17(a) 中，点 A 处于传动轴与硬盘外壳连接的位置，而点 B 处于转轴与硬盘外壳连接的位置。当硬盘外壳受到如图所示的 z 方向的加速度冲击载荷后，外壳

会发生变形,并且把冲击能量通过点 A 和点 B 位置传输到悬臂与磁盘上,造成浮动块与磁盘之间的相对位置发生变化。很显然,点 A 和点 B 间相对位置的变化会直接影响磁头/磁盘界面的动态响应。

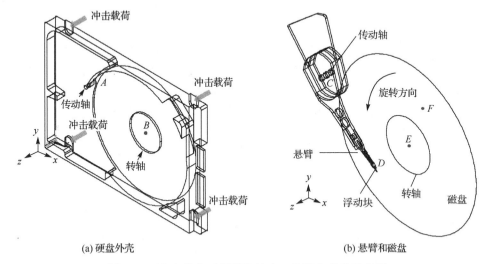

图 8-17　冲击载荷下的硬盘外壳、悬臂和磁盘示意图

图 8-17(b)中,传动轴和转轴把硬盘外壳受到的冲击能量分别传递到悬臂和磁盘上。点 C 为传动轴上一点,点 D 为浮动块上的一点,通过点 C 与点 D 的相对位移来衡量悬臂在冲击载荷下的动态响应。点 E 为转轴上一点,点 F 为磁盘上的一点,通过点 E 与点 F 的相对位移来衡量磁盘在冲击载荷下的动态响应。

设施加到硬盘外壳上的载荷为半正弦加速度冲击载荷,如图 8-18 所示。冲击载荷的振幅 $A_m=0.8\text{m/s}^2$,周期 $T_p=0.1\times10^{-3}\text{s}$。在 $0.1\times10^{-3}\text{s}$ 之前为硬盘稳定工作状态,从 $0.1\times10^{-3}\text{s}$ 处开始施加冲击载荷。

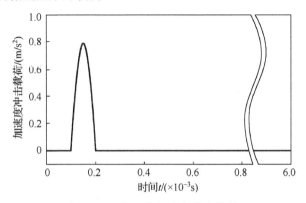

图 8-18　半正弦加速度冲击载荷

定义相对位移表达式如下：

$$\begin{cases} \boldsymbol{d}_{AB} = \boldsymbol{U}_A - \boldsymbol{U}_B \\ \boldsymbol{d}_{DC} = \boldsymbol{U}_D - \boldsymbol{U}_C \\ \boldsymbol{d}_{FE} = \boldsymbol{U}_F - \boldsymbol{U}_E \end{cases} \tag{8-2}$$

式中，向量 $\boldsymbol{d}_{AB}$、$\boldsymbol{d}_{DC}$ 和 $\boldsymbol{d}_{FE}$ 均包含 x、y 和 z 三个方向的相对位移。向量 $\boldsymbol{d}_{AB}$ 为点 A 和点 B 间的相对位移，向量 $\boldsymbol{d}_{DC}$ 为点 C 和点 D 间的相对位移，向量 $\boldsymbol{d}_{FE}$ 为点 E 和点 F 间的相对位移。

图 8-19～图 8-21 所示分别为在加速度冲击载荷下点 A 和点 B、点 C 和点 D 以及点 E 和点 F 之间的相对位移。

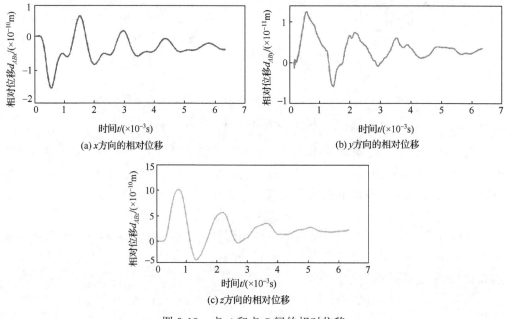

图 8-19　点 A 和点 B 间的相对位移

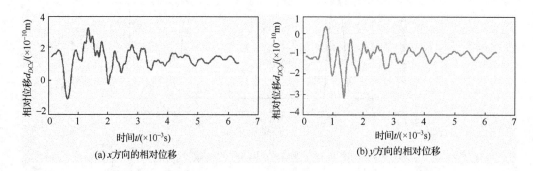

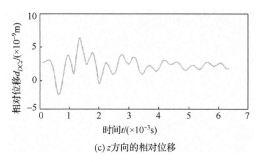

(c) z方向的相对位移

图 8-20 点 C 和点 D 间的相对位移

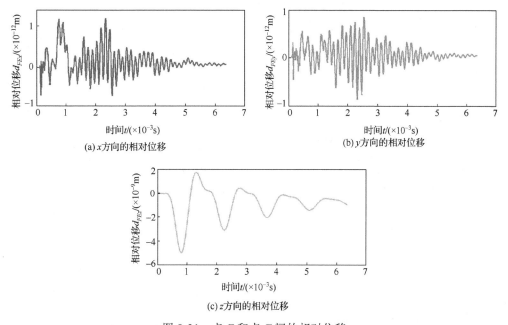

图 8-21 点 E 和点 F 间的相对位移

图 8-19 中，d_{ABx}、d_{ABy} 和 d_{ABz} 分别表示点 A 和点 B 间的相对位移在 x、y 和 z 方向的分量。从图 8-19 可以得出以下结论。

(1) 加速度冲击载荷导致点 A 和点 B 间出现相对位移，并且随着时间的增加，相对位移逐渐减小。

(2) 比较图 8-19(a)、图 8-19(b) 和图 8-19(c) 可以发现，y 方向的相对位移最小，x 方向的相对位移次之，z 方向的相对位移最大。

(3) 在 $5×10^{-3}$s 以后，点 A 和点 B 间的相对位移在 x、y 和 z 方向的分量均逐渐趋于稳定状态。

图 8-20 中，d_{DCx}、d_{DCy} 和 d_{DCz} 分别表示点 C 和点 D 间的相对位移在 x、y 和 z 方向的分量，从图 8-20 可以得出以下结论。

(1) 比较图 8-20(a)、图 8-20(b) 和图 8-20(c) 可以发现，y 方向的相对位移最小，x 方向的相对位移次之，z 方向的相对位移最大。

(2) 与图 8-19 所示的 d_{ABx}、d_{ABy} 和 d_{ABz} 比较，d_{DCx}、d_{DCy} 和 d_{DCz} 的变化频率较大。

(3) 随着时间的增加，点 C 和点 D 间的相对位移在 x、y 和 z 方向的分量均逐渐减小并趋于稳定。

图 8-21 中，d_{FEx}、d_{FEy} 和 d_{FEz} 分别表示点 E 和点 F 间的相对位移在 x、y 和 z 方向的分量，从图 8-21 可以得出以下结论。

(1) 比较图 8-21(a)、图 8-21(b) 和图 8-21(c) 可以发现，y 方向的相对位移最小，x 方向的相对位移次之，z 方向的相对位移最大。

(2) 与 x、y 方向相对位移的频率相比，z 方向的位移变化频率要小得多。

综合比较图 8-19～图 8-21 可以发现，当硬盘承受 z 方向加速度冲击载荷时，硬盘外壳、悬臂和磁盘在 z 方向的变形要大于其他两个方向。此外，悬臂 z 方向的变化幅度最大，且变化频率要远远高于硬盘外壳和磁盘的变化频率，这是由悬臂长而薄的几何结构所决定的。

8.3.2 磁头/磁盘系统冲击响应

在图 8-18 所示的加速度冲击载荷下，磁头、磁盘之间的相对位置会发生变化，而这个相对位置可以通过浮动块的飞行参数来表示。

图 8-22 所示为浮动块飞行参数示意图。其中，h_c 为浮动块几何中心到磁盘之间的距离，α 为俯仰角，β 为侧倾角。最小飞行高度与侧倾角有关。当 $\beta \geqslant 0$ 时，最小飞行高度为 $h_{\min}$；当 $\beta < 0$，最小飞行高度为 $h'_{\min}$。从图 8-22 可以看出，最小飞行高度 $h_{\min}$ 和 $h'_{\min}$ 在浮动块上的位置是不同的。

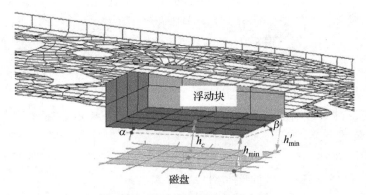

图 8-22 浮动块飞行参数示意图

图 8-23 所示为半正弦加速度冲击载荷(图 8-18)作用下浮动块飞行参数的时间历程图。

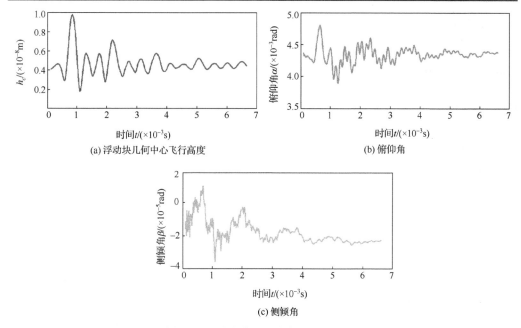

图 8-23 浮动块飞行参数时间历程图

从图 8-23 可以得出以下结论。

(1) h_c 在硬盘受到冲击载荷约 $0.9×10^{-3}$s 后达到最大值，随着时间增加 h_c 逐渐减小。

(2) α 和 β 在硬盘受到冲击载荷约 $0.6×10^{-3}$s 后达到最大值，随着时间的增加 α、β 逐渐减小。

浮动块与磁盘之间的相对位置是在硬盘外壳、悬臂和磁盘共同作用下形成的。图 8-23(a)中，飞行高度 h_c 较大的波峰与波谷区域主要是由硬盘外壳与磁盘的变形导致的，且其变化频率低、衰减幅度很大。对于高频区域，其衰减幅度较小，这部分区域主要由悬臂的变形所致。对于图 8-23(b)和图 8-23(c)，同样存在类似情形。

图 8-24 所示为浮动块气膜承载力的时间历程图。

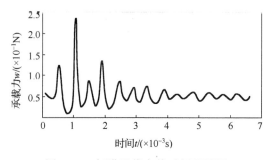

图 8-24 气膜承载力的时间历程图

从图 8-24 可以得出以下结论。

(1) 在硬盘受到加速度冲击载荷初期，气膜承载力由于浮动块飞行参数变化而大幅度变化；在硬盘受到加速度冲击载荷约 4×10^{-3}s 后，气膜承载力变化趋缓。

(2) 在约 $t=1.1\times10^{-3}$s 时，气膜承载力达到最大值，此刻浮动块的飞行高度达到图 8-23(a) 所示的最小值。

通过改变加速度冲击载荷的振幅、周期和波形，可研究硬盘在不同加速度冲击载荷作用下磁头/磁盘界面的动态响应。

图 8-25 所示为振幅 A_m 分别为 0.3m/s^2、0.5m/s^2 和 0.8m/s^2 的加速度冲击载荷。

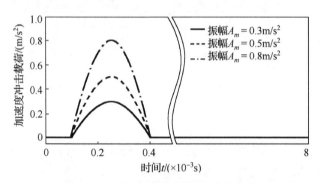

图 8-25　不同幅值的加速度冲击载荷

图 8-26 所示为不同振幅加速度冲击载荷条件下浮动块飞行参数的时间历程图。从图 8-26 可以得出以下结论。

(1) 加速度冲击载荷的振幅 A_m 越大，浮动块几何中心到磁盘之间的距离 h_c 的波动越大，且对于不同的振幅 A_m，h_c 的波动周期始终一致。

(2) 加速度冲击载荷的振幅 A_m 越大，俯仰角 α 的波动越大，但不具有明显的周期性。

(3) 综合看来，在加速度冲击载荷作用初期，h_c、α 和 β 的波动范围比较大，随着时间的增加，波动幅度逐渐减小，振幅对侧倾角 β 的波动影响相对不明显。

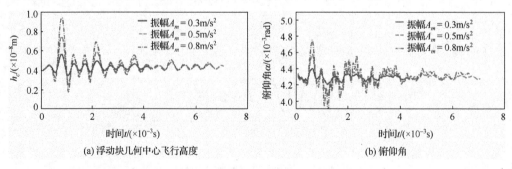

(a) 浮动块几何中心飞行高度　　　　(b) 俯仰角

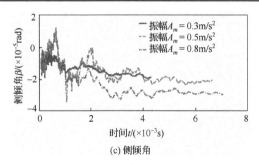

(c) 侧倾角

图 8-26　不同振幅加速度冲击载荷条件下浮动块飞行参数的时间历程图

图 8-27 所示为不同振幅的加速度冲击载荷条件下气膜承载力的时间历程图。

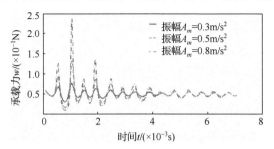

图 8-27　不同振幅条件下气膜承载力时间历程图

从图 8-27 可以得出以下结论。

(1) 振幅越大，气膜承载力的波动越大。

(2) 对于不同的振幅，气膜承载力的波动周期完全一致。

图 8-28 所示为周期 T_p 分别为 0.3×10^{-3}s 和 0.6×10^{-3}s 的加速度冲击载荷。

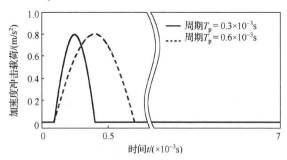

图 8-28　不同周期的加速度冲击载荷

图 8-29 所示为不同周期加速度冲击载荷条件下浮动块飞行参数的时间历程图。从图 8-29 可以得出以下结论。

(1) 加速度冲击载荷周期 T_p 的增加会导致 h_c 波动周期的增加。

(2) 对于周期 $T_p=0.3\times 10^{-3}$s 的加速度冲击载荷，h_c 达到第一个波峰(最大值)的时

间要早于周期 $T_p=0.6\times10^{-3}$s 加速度冲击载荷 h_c 达到第一个波峰值的时间,但前者的峰值要大于后者。

(3) 随着时间进一步增加,周期 $T_p=0.3\times10^{-3}$s 对应的 h_c 峰值逐渐小于周期 $T_p=0.6\times10^{-3}$s 对应的 h_c 峰值,且两者均逐渐减小并趋于稳定。

(4) 对于俯仰角 α 和侧倾角 β,加速度冲击载荷周期 T_p 的增加,都会导致 α 和 β 波动周期和幅值的增加。

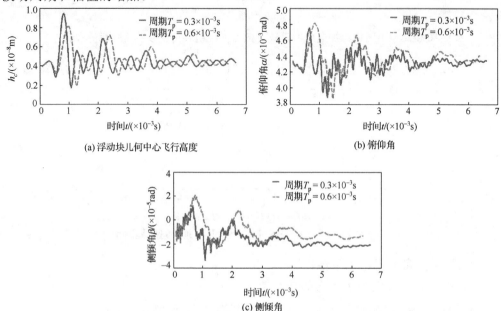

图 8-29　不同周期加速度冲击载荷条件下浮动块飞行参数的时间历程图

图 8-30 所示为不同周期的加速度冲击载荷条件下气膜承载力的时间历程图。

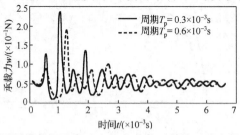

图 8-30　不同周期的加速度冲击载荷条件下气膜承载力的时间历程图

从图 8-30 可以得出以下结论。

(1) 不同加速度冲击载荷周期 T_p 条件下气膜承载力的变化趋势与 h_c 的变化趋势类似,进一步说明浮动块飞行高度是影响气膜承载力的主要原因。

(2) 周期 $T_p=0.3\times10^{-3}$s 所对应气膜承载力的前 5 个波峰值均大于 $T_p=0.6\times10^{-3}$s 所对应的前 5 个波峰值,但前者所对应的气膜承载力波动周期要大于后者。

图 8-31 所示为周期 $T_p=0.3\times10^{-3}$s 和幅值 $A_m=0.8$m/s² 的正弦形和三角形加速度冲击载荷。

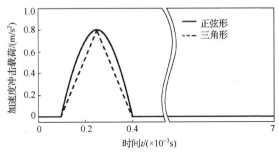

图 8-31　不同波形的加速度冲击载荷

图 8-32 所示为正弦形和三角形加速度冲击载荷条件下浮动块飞行参数的时间历程图。

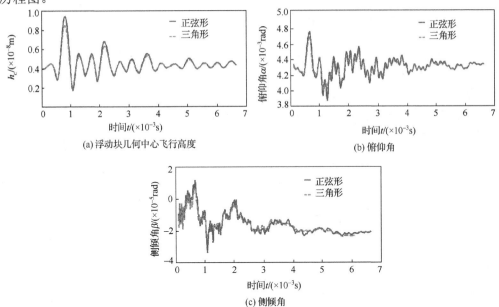

图 8-32　不同波形条件下浮动块飞行参数时间历程图

从图 8-32 可以得出以下结论。

(1) 对于正弦形和三角形的加速度冲击载荷，前者 h_c 的波动范围要大于后者 h_c 的波动范围，但两者的波动周期基本一致。

(2) 比较正弦形和三角形的加速度冲击载荷条件下俯仰角 α 和侧倾角 β 的波动可以发现，前者波动幅度稍大于后者。

图 8-33 所示为正弦形和三角形的加速度冲击载荷条件下气膜承载力的时间历程图。

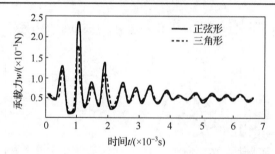

图 8-33 不同波形条件下气膜承载力时间历程图

从图 8-33 可以得出以下结论。

(1) 加载初期,正弦形加速度冲击载荷条件下的气膜承载力大于三角形加速度冲击载荷条件下的气膜承载力。

(2) 随着时间的增加,两者的气膜承载力曲线几乎完全重合。

8.3.3 磁头/磁盘界面接触碰撞分析

在前面的分析中,由于加速度冲击载荷较小,浮动块与磁盘没有发生接触或碰撞。如果硬盘受到较大的加速度冲击载荷,就有可能造成两者的碰撞,进而造成磁头或磁盘的损坏。

图 8-34 所示为加速度冲击载荷振幅 $A_m=2\text{m/s}^2$、周期 $T_p=0.3\times10^{-3}\text{s}$ 条件下浮动块最小飞行高度 $h_{\min}$ 的时间历程图。

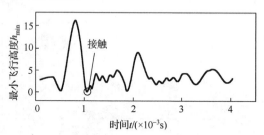

图 8-34 浮动块最小飞行高度 $h_{\min}$ 时间历程图

从图 8-34 可以看出:由于加速度冲击载荷幅值的增加,在 $t\approx1.1\times10^{-3}\text{s}$ 时浮动块最小飞行高度 $h_{\min}=0$,此时浮动块与磁盘发生接触或碰撞。

图 8-35 所示为加速度冲击载荷振幅 $A_m=2\text{m/s}^2$、周期 $T_p=0.3\times10^{-3}\text{s}$ 条件下浮动块飞行参数时间历程图。从图 8-35 可以得出以下结论。

(1) 在 $t\approx1.1\times10^{-3}\text{s}$ 时,$h_c>0$,也就是说在浮动块尾部发生碰撞的情况下,其几何中心并没有与磁盘发生接触或碰撞。

(2) 在 $t\approx1.1\times10^{-3}\text{s}$ 时,俯仰角 α 和侧倾角 β 出现较大的波动,这是由浮动块与磁盘发生接触或碰撞所造成的。

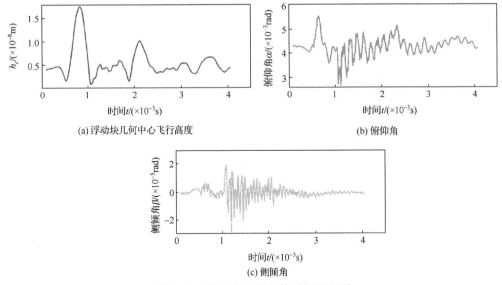

图 8-35 浮动块飞行参数时间历程图

图 8-36 所示为加速度冲击载荷振幅 $A_m=2\text{m/s}^2$、周期 $T_p=0.3\times10^{-3}\text{s}$ 条件下浮动块气膜承载力的时间历程图。

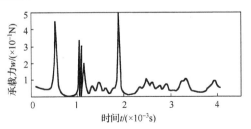

图 8-36 气膜承载力时间历程图

从图 8-36 可以得出以下结论。

(1) 当浮动块与磁盘发生接触或碰撞时，气膜承载力为 0，说明此时磁头/磁盘界面的气膜受到破坏。

(2) 当浮动块从磁盘表面飞起后，重新生成气膜，此时气膜承载力大于 0。

8.4 磁头/磁盘系统冲击响应实验测量

8.4.1 原理和装置

在硬盘中，磁盘被划分成若干个同心圆，每一个同心圆称为一个磁道。在每一个磁道上，分布有无数个任意排列的磁离子，而每一个磁离子都有一个南极、一个北极。磁离子的南极和北极分别对应二进制中的 0 与 1，硬盘就是通过磁离子的两个极性来记录数据的。

图 8-37 所示为磁记录原理示意图。当硬盘进行"写"操作时，线圈中产生电流，通过电磁感应，在磁头与磁盘附近产生磁场，使得磁盘上的磁离子按照写操作的要求进行磁化，把相关数据通过磁离子的磁化记录在磁盘上。

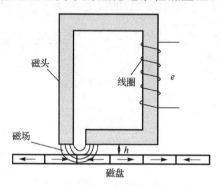

图 8-37 磁记录原理示意图

硬盘"读"操作是"写"操作的逆过程，磁头移动到磁离子附近时，根据磁离子的极性通过电磁感应在线圈中产生电流和电压，该电压和电流信号为读回脉冲电信号，如图 8-38 所示。

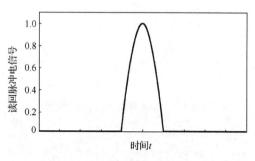

图 8-38 读回脉冲电信号

读回信号的强度受到磁性材料、磁头与磁盘之间的距离等诸多参数的影响，基于磁记录材料的纵向磁化和单位磁导率，Wallace 推导出了一个正弦记录信号的读回电压表达式，如下：

$$e(t) = 4 \times 10^{-8} \pi N \xi B \left(\frac{\kappa}{\kappa+1} \right) Mv(1-e^{-2\pi\delta/\psi}) G(\psi) \cdot e^{-2\pi h/\psi} \cos\left(\frac{2\pi vt}{\psi} \right) \quad (8-3)$$

式中，e 为读回信号电压；t 为时间；N 为读回线圈数；ξ 为磁头效率，且 $0<\xi<1$；B 为磁头宽度；κ 为主磁导率；M 为磁介质的最大剩余磁导率；v 为磁盘线速度；δ 为磁介质厚度；ψ 为记录信号波长；$G(\psi)$ 为间隙因子；h 为磁头和磁盘间距。

对于飞行在磁盘某一磁道上的磁头，N、ξ、κ、ν 和 ψ 均为常数，定义 E 为读回信号电压 e 的幅值，式(8-3)可表示为

$$E = F(M,\delta)\exp(-2\pi h/\psi) \tag{8-4}$$

式中，$F(M,\delta)$ 为式(8-3)中的逻辑表达式；h 为时间 t 或角位移 θ 的函数。

因为磁介质厚度 δ 和最大剩余磁导率 M 是磁盘位置的函数，所以 $F(M,\delta)$ 可以表示为 $F(\theta)$，θ 为磁盘的角位移。由于 $F(\theta)$ 为非负数，$F(M,\delta)$ 可表示为

$$F(M,\delta) = f(\theta) = C\exp\left(\frac{-2\pi s\theta}{\psi}\right) \tag{8-5}$$

式中，C 为正常数；s 为时间 t 或角位移 θ 的函数。

这样，

$$E = C\exp\left[\frac{-2\pi(h+s)}{\psi}\right] \tag{8-6}$$

令 h_0 为某一时刻磁头、磁盘之间的距离，$y_h(t)$ 为距离变化值，$A(t)$ 为距离变化所导致的读回信号电压幅值的变化量，所以有

$$A = \frac{E(h) - E(h_0)}{E(h_0)} \tag{8-7}$$

且

$$h = h_0 + y_h \tag{8-8}$$

令磁盘转速、磁道半径、记录频率分别为 ω、r 和 υ。则记录信号波长：

$$\psi = 2\pi r\omega/\upsilon \tag{8-9}$$

由式(8-6)~式(8-8)，磁头、磁盘之间距离变化值为

$$y_h = -\frac{r\omega}{\upsilon}\ln[1+A(t)] = -\frac{r\omega}{\upsilon}\ln\frac{E(h)}{E(h_0)} \tag{8-10}$$

这样，根据 A 和 E 的值，可以采用式(8-10)计算磁头和磁盘间距的变化。

对于特定的 ω、r 和 υ，式(8-10)是自变量为 A 和因变量为 y_h 的函数，它们的关系曲线如图 8-39 所示。其中，$r\omega/\upsilon = 2.4\times10^{-6}$。

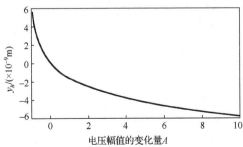

图 8-39 A 与 y_h 间的函数关系

因此，如果知道两个时刻读回信号电压幅值变化值 A，就可以根据图 8-39 所示的关系曲线确定两个时刻间磁头和磁盘距离的变化值 y_h。

图 8-40 所示为磁头/磁盘系统冲击响应的实验原理图。信号发生器产生激励信号，经功率放大器后驱动激励器，使与激励器连接的硬盘产生上下方向的振动。这时，浮动块与磁盘之间的相对位置会发生改变，根据 Wallace 方程可知，硬盘的读回电压信号会发生变化，通过数据采集装置，把对应的电压信号保存到计算机硬盘上。

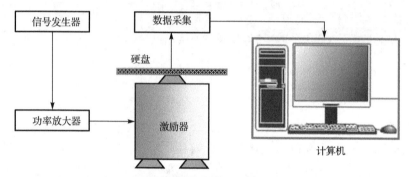

图 8-40 磁头/磁盘系统冲击响应原理图

图 8-41 所示为磁头/磁盘系统冲击响应实验台。其中，硬盘选择 Hitachi 320GB 的笔记本硬盘，硬盘通过电源线和数据线与台式计算机主机相连。硬盘与激励器间通过一个支架固定连接，激励器工作时，会带动硬盘一起振动。读回电压信号通过硬盘引出线与数据采集卡连接，进行数据采集。信号发生器产生的信号为正弦波形的信号，内置功率放大器，对激励器进行驱动。

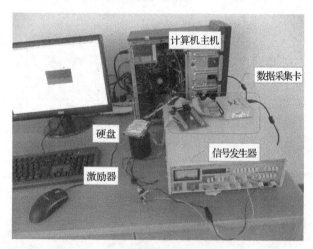

图 8-41 磁头/磁盘系统冲击响应实验台

8.4.2 测量和分析

图 8-42(a)所示为通过信号发生器驱动激励器生成的呈正弦规律变化的位移载荷。其中,振幅为 0.3×10^{-3} m,周期为 1.2×10^{-3} s。位移载荷通过支架作用到硬盘的四个角落。

通过实验设备测量,记录下读回电压信号值,利用式(8-7)计算得到读回电压幅值的变化量 A。

图 8-42(b)所示为读回电压幅值的变化量 A 随时间的变化规律。

从图 8-42(b)可以看到,由于硬盘受到正弦规律变化位移载荷的冲击,读回电压幅值的变化量 A 基本呈正弦规律变化。

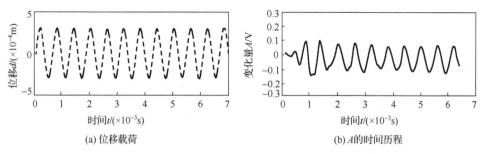

图 8-42 施加到硬盘上的位移载荷及 A 的时间历程

这样,根据图 8-39 所示的 A 与 y_h 间的变化曲线,可得到 y_h 随时间的变化规律,如图 8-43 所示。

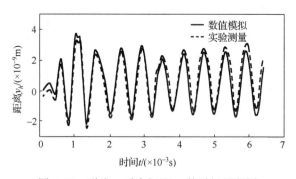

图 8-43 磁头、磁盘间距 y_h 的时间历程图

此外,为了对数值模拟结果和实验测量结果进行验证,在前面建立的有限元模型的基础上,将加速度载荷修正为位移载荷。在 ANSYS/LS-DYNA 中,施加位移载荷命令如下:

```
EDLOAD, ADD, UZ, , Cname, Par1, Par2, 0, , 1, 0, 0
```

其中，ADD 表示施加载荷；UZ 表示载荷方向为 z 方向；Cname 为一个包含节点的组件，即作用到硬盘外壳对应位置的节点组件；Par1 和 par2 分别为作用时间与位置载荷的数值。其他参数可以参考前面关于 EDLOAD 的介绍。

计算后，可得磁头、磁盘间距 y_h 随时间变化规律的数值模拟结果，如图 8-43 所示。从图 8-43 可以得出以下结论。

(1) y_h 随时间的变化规律与 A 随时间的变化规律类似，基本呈正弦规律变化。

(2) 在振动初期，实验测量与数值模拟结果相差相对较大。

(3) 在 $t \approx 0.5 \times 10^{-3}$s 后，两者变化频率几乎完全相同。

(4) 多数区域的相对误差很小，在一些局部区域，最大相对误差为 7.32%。

这样，模拟结果的正确性得到验证。

图 8-44 所示为振幅为 0.1×10^{-3}m，周期分别为 1.2×10^{-3}s 和 0.6×10^{-3}s 的位移载荷下磁头、磁盘间距 y_h 的时间历程图。

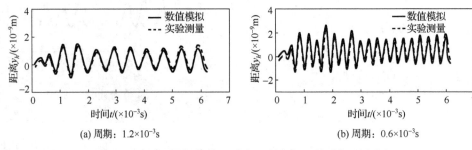

图 8-44　不同周期条件下磁头、磁盘间距的时间历程图

从图 8-44 可以得出以下结论。

(1) 实验测量结果与数值模拟结果在振动初期相差相对较大。

(2) 在 $t \approx 0.5 \times 10^{-3}$s 后，实验测量结果与数值模拟结果基本相同，最大相对误差分别为 7.69% 和 6.95%。

图 8-44 也进一步验证了数值模拟结果的正确性。

参 考 文 献

[1] 雒建斌, 何雨, 温诗铸, 等. 微/纳米制造技术的摩擦学挑战[J]. 摩擦学学报, 2005, 25(3): 283-288.

[2] 王立鼎, 褚金奎, 刘冲, 等. 中国微纳制造研究进展[J]. 机械工程学报, 2008, 44(1): 2-12.

[3] Jacobs T D B, Ryan K E, Keating P L, et al. The effect of atomic-scale roughness on the adhesion of nanoscale asperities: A combined simulation and experimental investigation[J]. Tribology Letters, 2013, 50 (1): 81-93.

[4] Bhushan B. Nanotribology and nanomechanics of MEMS/NEMS and BioMEMS/BioNEMS materials and devices[M]// Bhushan B. Nanotribology and Nanomechanics. Berlin: Springer, 2017: 1199-1295.

[5] Cheng Y P, Teo C J, Khoo B C. Microchannel flows with superhydrophobic surfaces: Effects of Reynolds number and pattern width to channel height ratio[J]. Physics of Fluids, 2009, 21(12): 011701.

[6] Zhang W M, Meng G, Wei X Y. A review on slip models for gas microflows [J]. Microfluid Nanofluid, 2012, 13: 845-882.

[7] Shiroshi Y, Fukuda K, Tagawa I, et al. Future options for HDD storage [J]. IEEE Transactions on Magnetics, 2009, 45(10): 3816-3822.

[8] Park K S, Park Y P, Park N C. Prospect of recording technologies for higher storage performance [J]. IEEE Transactions on Magnetics, 2011, 47(3): 539-545.

[9] Rottmayer R E, Batra S, Buechel D, et al. Heat-assisted magnetic recording [J]. IEEE Transactions on Magnetics, 2006, 42(10): 2417-2421.

[10] Kryder M H, Gage E C, McDaniel T W, et al. Heat assisted magnetic recording [J]. Proceedings of the IEEE, 2008, 96(11): 1810-1835.

[11] Albrecht M, Rettner C T, Moser A, et al. Recording performance of high-density patterned perpendicular magnetic media [J]. Applied Physics Letters, 2002, 81(15): 2875-2877.

[12] Li H, Talke F E. Numerical simulation of the head/disk interface for bit patterned media [J]. IEEE Transactions on Magnetics, 2009, 45(11): 4984-4989.

[13] 周剑平, 李华飚, 顾有松. 高密度记录磁头系统的结构和工作原理[J]. 磁性材料及器件, 2000, 31(6): 25-28.

[14] 吴彦华, 孙磊厚, 陈扬枝, 等. 磁头/磁盘系统静态特性实验研究[J]. 现代制造工程, 2009, 7: 15-18.

[15] Weissner S, Zander U, Talke F E. A new finite-element based suspension model including displacement

limiters for load/unload simulations [J]. ASME Journal of Tribology, 2003, 125(1): 162-167.

[16] Suk M, Gillis E D. Effect of mechanical design of the suspension on dynamic loading process [J]. Micnosystem Technology, 2006, 11: 846-850.

[17] Ma Y S, Liu B, Wang W J, et al. Slider bump contact and flying height calibration [J]. Tribology Letters, 2006, 23(6): 83-91.

[18] Marchon B, Pitchford T, Hsia Y T, et al. The head-disk interface roadmap to an areal density of 4Tbit/in^2 [J]. Advances in Tribology, 2013: 521086.

[19] Bhushan B. Tribology and Mechanics of Magnetic Storage Devices [M]. New York: Springer-Verlag, 1990.

[20] Lim S. Finite element analysis of flexural vibrations in hard disk drive spindle systems [J]. Journal of Sound and Vibration, 2000, 233(4): 597-612.

[21] Kim T J, Kim K T, Hwang S M, et al. Analysis of radial run out for symmetric and asymmetric HDD spindle motors with rotor eccentricity [J]. Journal of Magnetism and Magnetic Materials, 2001, 226-230: 1232-1234.

[22] Tower B. Second report on friction experiments[J]. Proceedings of the Institution of Mechanical Engineers, 1885, 36: 58-70.

[23] Reynolds O. On the theory of lubrication and its application to Mr. Beauchamp Tower's experiments, including an experiment determination of the viscosity of olive oil [J]. Philosophical Transactions of the Royal Society London, 1886, 177: 157-234.

[24] 陈进才, 周功业, 张立邦, 等. 超低飞高硬盘磁头动力学模型研究进展[J]. 计算机研究与发展, 2009, 46: 203-208.

[25] Burgdorfer A. The influence of the molecular mean free path on the performance of hydrodynamic gas lubricated bearings [J]. Journal of Basic Engineering, 1959, 81: 94-100.

[26] Hsia Y T, Domoto G A. An experimental investigation of molecular rarefaction effects in gas lubricated bearings at ultra-low clearances [J]. Journal of Lubrication Technology, 1983, 105(1): 120-129.

[27] Fukui S, Kaneko R. Analysis of ultra-thin gas film lubrication based on linearized Boltzmann equation: First report-derivation of a generalized lubrication equation including thermal creep flow [J]. Journal of Tribology, 1988, 110(2): 253-261.

[28] Fukui S, Kaneko R. A database for interpolation of Poiseuille flow rates for high Knudsen number lubrication problems [J]. Journal of Tribology, 1990, 112(1): 78-83.

[29] Mitsuya Y. Modified Reynolds equation for ultra-thin film gas lubrication using 1.5-order slip-flow model and considering surface accommodation coefficient [J]. Journal of Tribology, 1993, 115(2): 289-294.

[30] Wu L, Bogy D B. A generalized compressible Reynolds lubrication equation with bounded contact pressure [J]. Physics of Fluids, 2001, 13(8): 2237-2244.

[31] Wu L, Bogy D B. New first and second order slip models for the compressible Reynolds equation [J]. Journal of Tribology, 2003, 125(3): 558-561.

[32] Peng Y, Lu X, Luo J. Nanoscale effect on ultrathin gas film lubrication in hard disk drive [J]. Journal of Tribology, 2004, 126(2): 347-352.

[33] Ng E Y-K, Liu N Y. A multi coefficient slip-corrected Reynolds equation [J]. International Journal of Rotating Machinery, 2005, 2: 105-111.

[34] Zhou W, Yu S, Hua W, et al. A modified slip model for gas lubrication at nanoscale head-disk interface [J]. Journal of Engineering Tribology, 2013, 227(12): 1367-1375.

[35] Shi B J, Yang T Y. Simplified Reynolds equation with linearized flow rate for ultra-thin gas film lubrication in hard disk drives [J]. Microsystem Technologies, 2010, 16: 1727-1734.

[36] Shi B J, Feng Y J, Ji J D, et al. Simplified precise model of Reynolds equation for simulating ultra-thin gas film lubrication in hard disk drives [J]. Microsystem Technologies, 2015, 21(12): 2517-2522.

[37] Chen D, Bogy D B. Comparisons of slip-corrected Reynolds lubrication equations for the air bearing film in the head-disk interface of hard disk drives [J]. Tribology Letters, 2010, 37(2): 191-201.

[38] Greengard C. Large bearing numbers and stationary Reynolds roughness [J]. ASME Journal of Tribology, 1989, 111: 136-141.

[39] Mitsuya Y, Ohkubo T, Ota H. Averaged Reynolds equation extended to gas lubrication possessing surface roughness in the slip flow regime: Approximate method and confirmation experiments [J]. ASME Journal of Tribology, 1989, 111: 495-503.

[40] Bhushan B, Tonder K. Roughness-induced shear and squeeze-film effects in magnetic recording-part I: Analysis [J]. ASME Journal of Tribology, 1989, 111: 220-227.

[41] Mitsuya Y, Hayashi T. Numerical study of film thickness averaging in compressible lubricating films incurring stationary surface roughness [J]. ASME Journal of Tribology, 1990, 112: 230-237.

[42] Makino T, Morohoshi S, Taniguchi S. Application of average flow model to thin film gas lubrication [J]. ASME Journal of Tribology, 1993, 115: 185-190.

[43] 王玉娟, 陈云飞, 庄苹, 等. 表面粗糙度对磁头/磁盘系统静特性的影响[J]. 机械工程学报, 2002, 38(1): 22-26.

[44] 史宝军, 季家东, 杨廷毅. 粗糙度模式对硬盘气膜承载特性的影响[J]. 工程力学, 2012, 29(8): 313-318.

[45] 史宝军, 季家东, 杨廷毅. 表面粗糙度对硬盘超低飞高气膜静态特性的影响[J]. 机械工程学报, 2011, 47(11): 93-99.

[46] Yang T Y, Shu D W, Shi B J, et al. Effects of disk surface roughness on static flying characteristics of air bearing slider by using a combined method of Reynolds equation and rough disk surface [J]. Microsystem Technologies, 2016, 22(9):2295-2306.

[47] Fukui S, Kaneko R. Analysis of ultrathin gas film lubrication based on the linearized Boltzmann equation [J]. JSME International Journal, 1987, 30: 1660-1666.

[48] Kang S C. A kinetic theory description for molecular lubrication [D]. Pittsburgh: Carnegie Mellon University, 1997.

[49] Huang W, Bogy D B. The effect of accommodation coefficient on slider air bearing simulation [J]. ASME Journal of Tribology, 2000, 122: 427-435.

[50] Li W L. A database for interpolation of poiseuille flow rate for arbitrary Knudsen number lubrication problems [J]. Journal of Chinese Institute of Engineers, 2003, 26(4): 455-466.

[51] Li W L. A database for couette flow rate considering the effects of non-symmetric molecular interactions [J]. ASME Journal of Tribology, 2002, 24: 869-873.

[52] Shi B J, Ji J D, Yang T Y. Simplified molecular gas film lubrication equation and accommodation coefficient effects [J]. Microsystem Technologies, 2011, 17(8): 1271-1282.

[53] 史宝军, 季家东, 杨廷毅, 等. 磁盘速度与容纳系数对硬盘气膜静态特性的影响[J]. 机械工程学报, 2012, 29(8): 313-318.

[54] Shi B J, Feng Y J, Ji J D, et al. Combined effects of surface roughness mode and accommodation coefficient of air bearing film in the head/disk interface [J]. IEEE Transactions on Magnetics, 2015, 51(11): 3301904.

[55] Shi B J, Yang T Y. Pressure simulation of sliders with ultra-low flying heights in hard disk drives by using finite volume method [J]. Advanced Science Letters, 2011, 4(4/5): 1578-1582.

[56] 曾攀. 有限元分析及应用[M]. 北京: 清华大学出版社, 2004.

[57] Mitsuya Y. Molecular mean free path effects in gas lubricated slider bearings [J]. Bulletin of the JSME, 1979, 22(167): 863-870.

[58] Garcia-Suarez C, Bogy D B, Talke F E. Use of an upwind finite element scheme for air bearing calculations[J]. ASME/ASLE Lubrication Conference: Tribology and Mechanics of Magnetic Storage Systems, 1984: 90-96.

[59] Robert M P. Optimization of self-acting gas bearings for maximum static stiffness [J]. Journal of Applied Mechanics, 1990, 57(3): 758-761.

[60] Nguyen S H. P-version finite element analysis of gas bearings of finite width [J]. Journal of Tribology, 1991, 113(3): 417-420.

[61] Yoneoka S, Katayama M, Ohwe T, et al. Negative pressure microhead slider for ultralow spacing with uniform flying height [J]. IEEE Transactions on Magnetics, 1991, 27(6): 5085-5087.

[62] Peng J P, Hardie C E. A finite element scheme for determining the shaped rail slider flying characteristics with experimental confirmation [J]. Journal of Tribology, 1995, 117: 136-142.

[63] 庄苹, 王玉娟, 陈云飞. 超薄气体润滑磁盘/磁头系统动力学分析[J]. 中国机械工程, 2001, 12(10): 1191-1194.

[64] Praveen H, Sinan M. An adaptive finite element strategy for analysis of air lubrication in the head disk interface of a hard disk drive [J]. Revue Européenne des Éléments, 2005, 14(2/3): 155-179.

[65] Bhargava P, Bogy D B. An efficient FE analysis for complex low flying air-bearing slider designs in hard disk drives-part I: static solution [J]. Journal of Tribology, 2009, 131(3): 031902-031911.

[66] 李人宪. 有限体积法基础[M]. 北京: 国防工业出版社, 2005.

[67] Cha E, Bogy D B. A numerical scheme for static and dynamic simulation of subambient pressure shaped rail sliders [J]. Journal of Tribology, 1995, 117(1): 36-46.

[68] Lu S. Numerical simulation of slider air bearings[D]. Berkely: University of California, 1997.

[69] Wu L, Bogy D B. Unstructured triangular mesh generation techniques and a finite volume numerical scheme for slider air bearing simulation with complex shaped rails [J]. IEEE Transactions on Magnetics, 1999, 35(5): 2421-2423.

[70] Wu L, Bogy D B. Effect of the intermolecular forces on the flying attitude of sub-5 NM flying height air bearing sliders in hard disk drives [J]. Journal of Tribology, 2002, 124(3): 562-567.

[71] Wu L, Bogy D B. Unstructured adaptive triangular mesh generation techniques and finite volume schemes for the air bearing problem in hard disk drives [J]. Journal of Tribology, 2000, 122(4): 761-770.

[72] Wu L, Bogy D B. Numerical simulation of the slider air bearing problem of hard disk drives by two multidimensional upwind residual distribution schemes over unstructured triangular meshes [J]. Journal of Computational Physics, 2001, 172(2): 640-657.

[73] Wu L, Bogy D B. Use of an upwind finite volume method to solve the air bearing problem of hard disk drives [J]. Computational Mechanics, 2000, 26(6): 592-600.

[74] Lu C J, Chiou S S. On the interface diffusion coefficient for solving Reynolds equation by control volume method [J]. Tribology International, 2003, 36(12): 929-933.

[75] Lu C J, Chiou S S, Wang T K. Adaptive multilevel method for the air bearing problem in hard disk drives [J]. Tribology International, 2004, 37(6): 473-480.

[76] 阮海林, 王玉娟, 段传林, 等. 基于多重网格控制体方法的皮米磁头气膜压强求解[J]. 传感技术学报, 2006, 19(5): 2260-2263.

[77] 方文定. 高密度硬盘磁头形状优化设计[D]. 南京: 东南大学, 2006.

[78] 段传林. 高密度负压磁头的力学分析和形状优化设计[D]. 南京: 东南大学, 2007.

[79] Cheriet A, Feliachi M, Mimoune S M. Nonconforming mesh generation for finite volume method applied to 3-D magnetic field analysis [J]. EPJ Applied Physics, 2007, 37(2): 191-195.

[80] 陈惠敏, 谭晓兰, 常涛. 磁头滑块压强分布的一种数值求解方法[J]. 润滑与密封, 2009, 34(5): 47-53.

[81] 乔宁. 计算机硬盘磁头滑块的稳健设计研究[D]. 北京: 北方工业大学, 2010.

[82] Li L P, Bogy D B. A local adaptive multigrid control volume method for the air bearing problem in hard disk drives [J]. ASME/STLE International Joint Tribology Conference, 2013, 135(3): 185-187.

[83] 张雄. 无网格法[M]. 北京: 清华大学出版社, 2004.

[84] Shu C, Ding H, Yeo K S, et al. Development of least-square-based two-dimensional finite-difference schemes and their application to simulate natural convention in a cavity [J]. Computers & Fluids, 2004, 33(1):137-154.

[85] Li X H, Du H J, Liu B, et al. Numerical simulation of slider air bearings based on a mesh-free method for HDD applications [J]. Microsystem Technologies, 2005, 11(8/9/10): 797-804.

[86] Li X H. Numerical simulation of slider air bearings in head-disk interface system based on a mesh-free method[D]. Singapore: Nanyang Technological University, 2007.

[87] Li X H, Du H J, Liu B, et al. Numerical simulation of taper flat slider air bearing based on a mesh-free method [J]. IEEE Transactions on Magnetics, 2004, 40(4): 3201-3203.

[88] 杨廷毅, 史宝军. 考虑气体稀薄效应修正Reynolds方程的新模型及其数值分析[J]. 润滑与密封, 2010, 35(6): 73-77.

[89] Yang T Y, Shi B J, Ge P Q, et al. Modified least square finite difference method for solving the gas film lubrication equation in the head/disk interface [J]. Computational Mechanics, 2013, 52: 485-497.

[90] Kogure K, Fukui S, Mitsuya Y, et al. Design of negative pressure slider for magnetic recording disks [J]. Journal of Lubrication Technology, 1983, 105(3): 496-502.

[91] Miu D K, Bogy D B. Dynamics of gas-lubricated slider bearings in magnetic recording disk files -part II: Numerical simulation [J]. Journal of Tribology, 1986, 108(4): 589-593.

[92] 傅仙罗, 张红英. 轻负荷磁头气动力分析[J]. 计算机学报, 1992, 6: 401-407.

[93] 黄平, 吴彦华, 牛荣军. 影响磁头超薄气膜飞行稳态特性因素的数值分析[J]. 华南理工大学学报(自然科学版), 2007, 35(12): 28-33.

[94] 黄平, 许兰贵, 孟永钢, 等. 求解磁头/磁盘超薄气膜润滑性能的有效有限差分算法[J]. 机械工程学报, 2007, 43(3): 43-48.

[95] 姚华平. 超薄磁头/磁盘气膜动态润滑特性分析研究[D]. 广州: 华南理工大学, 2009.

[96] Alexander F J, Garcia A L, Alder B J. Direct simulation Monte Carlo for thin-film bearings [J]. Physics of Fluids, 1994, 6(12): 3854-3860.

[97] Huang W, Bogy D B. Three-dimensional direct simulation Monte Carlo method for slider air bearings [J]. Physics of Fluids, 1997, 9(6): 1764-1769.

[98] 彭美华, 毛明志, 郑国强. 计算机磁头飞行过程的仿真研究[J]. 计算机仿真, 2004, 7(21): 68-71.

[99] Kuria I M, Raad P E. An implicit multidomain spectral collocation method for the simulation of gas bearing between textured surfaces [J]. Journal of Tribology, 1996, 118(4): 783-793.

[100] 吴建康, 陈海霞. 计算机磁头/磁盘超薄气膜润滑压强的算子分裂算法[J]. 摩擦学学报, 2003, 23(5): 402-405.

[101] Yang T Y, Shi B J, Ge P Q, et al. Adaptive grid generation technique of sub-5nm flying height air bearing slider with clearance discontinuities [J]. Microsystem Technologies, 2012, 18(12): 2017-2026.

[102] 杨廷毅, 史宝军, 葛培琪, 等. 考虑磁头表面高度不连续性气膜润滑的数值模拟与有效算法[J]. 计算力学学报, 2013, 30(3): 376-380.

[103] Tang T. Dynamics of air-lubricated slider bearing for non-contact magnetic recording[J]. ASME Journal of Lubrication Technology, 1971, 93: 272-278.

[104] Ruiz Q J, Bogy D B. A comparison of slider bearing simulations using different models[J]. IEEE Transactions on Magnetics, 1988, 24(6): 2754-2756.

[105] Ruiz O J, Bogy D B. A numerical simulation of the head-disk assembly in magnetic hard disk files[J]. ASME Journal of Tribology, 1990, 112: 593-613.

[106] Hu Y, Bogy D B. Flying characteristics of a slider over textured surface disks[J]. IEEE Transactions on Magnetics, 2002, 33(5): 3196-3198.

[107] Jeong T G, Bogy D B. Numerical simulation of dynamic loading in hard disk drives[J]. ASME Journal of Tribology, 1993, 115(3): 370-375.

[108] Zeng Q H, Chap M, Bogy D B. Dynamics of the unload process for negative pressure slider[J]. IEEE Transactions on Magnetics, 1999, 35(2):916-920.

[109] Suzuki S, Nishihira H. Study of slider dynamics over very smooth magnetic disks[J]. ASME Journal of Tribology, 1996, 118(2): 382-387.

[110] Tagawa N, Bogy D B. Air film dynamics for micro-textured flying head slider bearings in magnetic hard disk drives[J]. ASME Journal of Tribology, 2002, 124(3): 568-574.

[111] Wang R H, Nayak V, Huang F Y, et al. Head-disk dynamics in the flying, near contact, and contact regimes[J]. ASME Journal of Tribology, 2001, 123(3): 561-565.

[112] Hua W, Liu B, Sheng G, et al. Investigations of disk surface roughness on the dynamic performance of proximity recording slider[J]. Journal of Magnetism and Magnetic Materials, 2000, 209(1): 163-165.

[113] Thornton B H, Bogy D B. Nonlinear aspects of air-bearing modeling and dynamic spacing modulation in sub-5-nm air bearings for hard disk drives[J]. IEEE Transactions on Magnetics, 2003, 39(2): 722-728.

[114] Ono K, Yamane M, Yamaura H. Experimental and analytical study of bouncing vibrations of a flying head slider in a near-contact regime[J]. ASME Journal of Tribology, 2005, 127(2): 376-386.

[115] Shi B J, Li H Q, Shu D W, et al. Nonlinear air-bearing slider modeling for hard disk drives with ultra-low flying heights[J]. International Journal for Numerical Methods in Biomedical Engineering, 2009, 25: 1041-1054.

[116] 白少先, 彭旭东, 孟永钢, 等. 磁头/硬盘超薄膜气体润滑动态性能分析[J]. 应用力学学报, 2009, 26(4): 685-691.

[117] 白少先, 彭旭东, 孟永钢, 等. 范德华力对磁头/硬盘薄膜气体润滑动态特性的影响[J]. 摩擦学学报, 2008, 28(5): 438-442.

[118] 姚华平, 韦鸿钰. 硬盘磁头飞行姿态的实验研究[J]. 装备制造技术, 2011(8): 46-48.

[119] 林晶, 孟永钢. 磁头滑块承载面结构优化设计的遗传算法研究[J]. 中国机械工程, 2008, 19(20): 2437-2440.

[120] 林晶, 孟永钢. 磁头磁盘界面碰撞声发射信号特性研究[J]. 润滑与密封, 2009, 34(4): 10-13.

[121] Hua W, Kang K N, Yu S K, et al. Flying height drop due to air entrapment in lubricant [J]. Tribology Letters, 2013, 52(1): 137-145.

[122] 史宝军, 孙亚军, 舒东伟, 等. 硬盘抗冲击振动特性的研究与进展[J]. 计算力学学报, 2009, 26(3): 324-329.

[123] Shu D W, Shi B J, Luo J. Shock simulation of drop test of hard disk drives[M]//Suhir E, Steinberg D S, Yu T X. Structural Dynamics of Electronic and Photonic Systems. Hoboken: John Wiley & Sons, Inc., 2011: 337-356.

[124] Allen A M, Bogy D B. Effects of shock on the head-disk interface [J]. IEEE Transactions on Magnetics, 1996, 32(5): 3717-3719.

[125] Lin C C. Finite element analysis of a computer hard disk drive under shock [J]. Journal of Mechanical Design, 2002, 124(1): 121-125.

[126] Zheng Q H, Bogy B D. Numerical simulation of shock response of disk-suspension-slider air bearing systems in hard disk drives [J]. Microsystem Technologies, 2002, 8(4/5): 289-296.

[127] Jayson E J, Murphy J, Smith P W. Head slap simulation for linear and rotary shock impulses [J]. Tribology International, 2003, 36(4): 311-316.

[128] Murthy A N, Feliss M, Gillis D, et al. Experimental and numerical investigation of shock response in 3.5 and 2.5 in. form factor hard disk drives [J]. Microsystem Technologies, 2006, 12(12): 1109-1116.

[129] Harmoko H, Yap F F, Vahdati N, et al. A more efficient approach for investigation of effect of various HDD components on the shock tolerance [J]. Microsystem Technologies, 2007, 13(8/9/10):1331-1338.

[130] Murthy A N, Pfabe M, Xu J F, et al. Dynamic response of 1in form factor disk drives to external shock and vibration loads [J]. Microsystem Technologies, 2007, 13(8/9/10): 1031-1038.

[131] Bhargava P, Bogy D. Effect of shock pulse width on the shock response of small form factor disk drives [J]. Microsystem Technologies, 2007, 13(8/9/10):1107-1115.

[132] Jang G H, Seo C H. Finite-element shock analysis of an operating hard disk drive considering the flexibility of a spinning disk-spindle, a head-suspension-actuator, and a supporting structure [J]. IEEE Transactions on Magnetics, 2007, 43(9): 3738-3743.

[133] Yap F F, Harmoko H, Liu M J, et al. Modeling of hard disk drives for shock and vibration analysis-consideration of nonlinearities and discontinuities [J]. Nonlinear Dynamics, 2007, 50(3): 717-731.

[134] Liu M J, Yap F F, Harmoko H. Shock response analysis of hard disk drive using flexible multibody dynamics formulation [J]. Microsystem Technologies, 2007, 13(8/9/10): 1039-1045.

[135] White J. Air bearing interface characteristics of opposed asymmetric recording head sliders flying on a 1 in. titanium foil disk [J]. Journal of Tribology, 2008, 130(4): 786-791.

[136] Yu N, Polycarpou A A, Hanchi J V. Elastic contact mechanics-based contact and flash temperature analysis of impact-induced head disk interface damage [J]. Microsystem Technologies, 2008, 14(2): 215-227.

[137] Wu T L, Shen I Y. Position error predictions of a hard disk drive undergoing a large seeking motion with shock excitations [J]. IEEE Transactions on Magnetics, 2009, 45(11): 5156-5161.

[138] Shi B J, Wang S, Shu D W, et al. Excitation pulse shape effects in drop test simulation of the actuator arm of a hard disk drive [J]. Microsystem Technologies, 2006, 12(4): 299-305.

[139] Shu D W, Shi B J, Meng H, et al. The pulse width effect of single half-sine acceleration pulse on the peak response of an actuator arm of hard disk drive [J]. Materials Science & Engineering A, 2006, 423(1/2): 199-203.

[140] Shi B J, Shu D W, Luo J, et al. Operational shock simulation of the head disk assembly of a small-form factor drive [J]. IEEE Transactions on Magnetics, 2007, 43(11): 4042-4047.

[141] Shi B J, Shu D W, Wang S, et al. Drop test simulation and power spectrum analysis of a head actuator assembly in a hard disk drive [J]. International Journal of Impact Engineering, 2007, 34(1): 120 133.

[142] Shu D W, Shi B J, Meng H, et al. Shock analysis of a head actuator assembly subjected to half-sine acceleration pulses [J]. International Journal of Impact Engineering, 2007, 34(2): 253-263.

[143] Luo J, Shu D W, Shi B J, et al. Pulse width effect on the shock response of the hard disk drive [J]. International Journal of Impact Engineering, 2007, 34(8): 1342-1349.

[144] Shi B J, Shu D W, Gu B, et al. Static and dynamic analysis of air bearing slider for small form factor drives [J]. International Journal of Modern Physics B, 2008, 22(9/10/11): 1391-1396.

[145] Shi B J, Gu B, Shu D W, et al. Modal analysis and damping measurement of the head arm

assembly of a small form factor hard disk drive [J]. International Journal of Modern Physics B, 2010, 24(1/2): 26-33.

[146] Zheng H, Murthy A N, Fanslau Jr E B, et al. Effect of suspension design on the non-operational shock response in a load/unload hard disk drive [J]. Microsystem Technologies, 2010, 16(1/2): 267-271.

[147] Yu N, Polycarpou A A, Hanchi J V. Thermo-mechanical finite element analysis of sider-disk impact in magnetic storage thin film disks [J]. Tribology International, 2010, 43(4): 737-745.

[148] Rai R, Bogy D B. Parametric study of operational shock in mobile disk drives with disk-ramp contact [J]. IEEE Transactions on Magnetics, 2011, 47(7): 1878-1881.

[149] 魏浩东, 敖宏瑞, 姜洪源, 等. 微型硬盘驱动器工作状态下的冲击特性仿真[J]. 振动与冲击, 2011, 30(12): 88-92.

[150] 魏浩东. 硬盘加载与卸载及冲击过程中的动力学和摩擦学特性研究[D]. 哈尔滨: 哈尔滨工业大学, 2011.

[151] Chen G S, Chen C F, Wilburn T. A study of non-operational dynamic responses of disk in 3.5 in. hard disk drive to impact load [J]. Microsystem Technologies, 2012, 18(9/10/11): 1261-1266.

[152] Lee Y, Hong E J, Kim C S. Effect of mechanical parameters for loading contact and instability in HDD [J]. IEEE Transactions on Magnetics, 2013, 49(6): 2686-2692.

[153] 史二梅. 硬盘驱动器抗冲击主动控制研究[D]. 西安: 西安电子科技大学, 2013.

[154] 王希超. 涉及气体稀薄效应的磁头磁盘空气轴承动力学特性分析[D]. 哈尔滨: 哈尔滨工业大学, 2013.

[155] 徐明. 磁头/磁盘瞬态接触行为多尺度研究[D]. 哈尔滨: 哈尔滨工业大学, 2013.

[156] Suk M, Ishii T, Bogy D B. Comparison of flying height measurement between multi-channel laser interferometer and the capacitance probe slider [J]. IEEE Transactions on Magnetics, 1991, 27(6): 5148-5150.

[157] Suk M, Ishii T, Bogy D B. Evaluation of capacitance displacement sensors used for slider-disk spacing measurements in magnetic disk drives [J]. IEEE Transactions on Magnetics, 1992, 28(5): 2542-2544.

[158] Tanaka K, Takeuchi Y, Terashima S. Measurement of transient motion of magnetic disk slider [J]. IEEE Transactions on Magnetics, 1984, 20(5): 924-926.

[159] Henze D, Mui P, Clifford G. Multi-channel interferometric measurements of slider flying height and pitch [J]. IEEE Transactions on Magnetics, 1989, 25(5): 3710-3712.

[160] Song N H, Meng Y G, Lin J. Flying-height measurement with a symmetrical common-path heterodyne interferometry method [J]. IEEE Transactions on Magnetics, 2010, 46(3): 928-932.

[161] 杨明楚, 雒建斌, 温诗铸. 磁记录微观摩擦学性能测试仪的研制[J]. 清华大学学报(自然科学版), 2000, 40(8): 36-40.

[162] Li Y F, Menon A. Flying height measurement metrology for ultra-low spacing in rigid magnetic recording [J]. IEEE Transactions on Magnetics, 1996, 32(1): 129-134.

[163] Zhu Y L, Liu B. Flying height measurement considering the effects of the slider-disk interaction [J]. IEEE Transactions on Magnetics, 2002, 36(5): 2677-2679.

[164] Liu X, Clegg W, Liu B. Ultra low head disk spacing measurement using dual beam polarisation interferometry [J]. Optics & Laser Technology, 2000, 32(4): 287-291.

[165] 殷纯永. 现代干涉测量技术[M]. 天津: 天津大学出版社, 1999.

[166] Hsu C C, Lee J Y. Non-ambiguous measurement of disk/slider spacing and effective optical constants with circular heterodyne interferometry [J]. Optics Communications, 2004, 241(1/2/3): 137-143.

[167] Deng Y P, Tsai H C, Nixon B J. Drive-level flying height measurements and altitude effects [J]. IEEE Transactions on Magnetics, 1994, 30(6): 4191-4193.

[168] Smith G J. Dynamic in-situ measurements of head-to-disk spacing [J]. IEEE Transactions on Magnetics, 1999, 35(5): 2346-2351.

[169] Yuan Z M, Liu B, Zhang W. Engineering study of triple-harmonic method for in situ characterization of head-disk spacing [J]. Journal of Magnetism and Magnetic Materials, 2002, 239(1): 367-370.

[170] Zhu J, Liu B. In situ FH analysis at disk drive level [J]. Journal of Magnetism and Magnetic Materials, 2006, 303(2): 97-100.

[171] Shi W K, Zhu L Y, Bogy D B. Use of readback signal modulation to measure head disk spacing variations magnetic disk files [J]. IEEE Transactions on Magnetics, 1987, 23(1): 233-240.

[172] Chainer T J, Yarmchuk E J. A technique for the measurement of track misregistration in disk files [J]. IEEE Transactions on Magnetics, 1991, 27(6): 5304-5306.

[173] Klaassen K B, Peppen J C L. Slider-disk clearance measurements in magnetic disk drives using the readback transducer [J]. IEEE Transactions on Instrumentation and Measurement, 1994, 43(2): 121-126.

[174] Yuan Z M, Liu B. Absolute head media spacing measurement in situ [J]. IEEE Transactions on Magnetics, 2006, 42(2): 341-343.

[175] Marchon B, Saito K, Wilson B, et al. The limits of the Wallace approximation for PMR recording at high areal density [J]. IEEE Transactions on Magnetics, 2011, 47(10): 3422-3425.

[176] Boettcher U, Lacey C A, Li H, et al. Analytical read back signal modeling in magnetic recording [J]. Microsystem Technologies, 2011, 17(5/6/7): 997-1002.

[177] Takano K. Readback spatial sensitivity function by reciprocity principle and media readback flux [J]. IEEE Transactions on Magnetics, 2013, 49(7): 3818-3821.

[178] 王云飞. 气体润滑理论与气体轴承设计[M]. 北京: 机械工业出版社, 1999.

[179] Salas P A, Talke F E. Numerical simulation of thermal flying-height control sliders to dynamically minimize flying height variations [J]. IEEE Transactions on Magnetics, 2013, 49(4): 1337-1342.

[180] Ma Y S, Zhou W D, Yu S K, et al. Adsorbed water and height conduction from disk to slider in heat-assisted magnetic recording [J]. Tribology Letters, 2014, 56(1): 93-99.

[181] Tang Z, Mendez P A S, Talke F E. Investigation of head/disk contacts in helium-air gas mixtures [J]. Tribology Letters, 2014, 54(3): 279-286.

[182] 张明升, 张金功, 张建坤, 等. 氢气成藏研究进展[J]. 地下水, 2014, 36(3): 189-191.

彩　　图

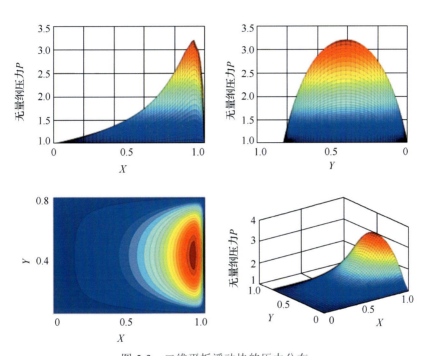

图 5-3　二维平板浮动块的压力分布

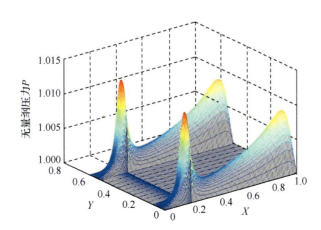

图 5-6　IBM3380 浮动块的压力分布

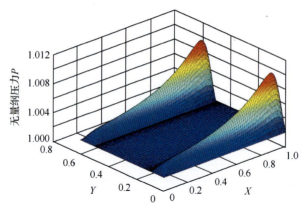

图 5-9 二轨道浮动块的压力分布

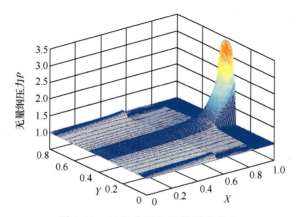

图 5-12 三垫式浮动块的压力分布

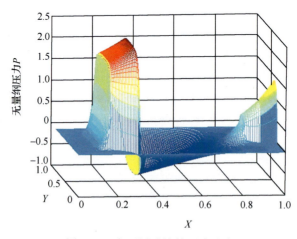

图 5-15 负压浮动块的压力分布

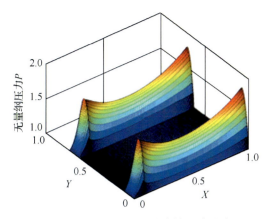

图 5-17 IBM3380 浮动块的压力分布

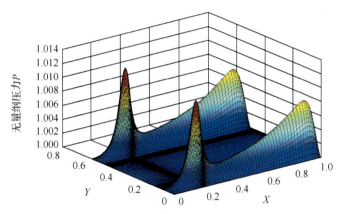

图 5-20 TP1212 浮动块的压力分布

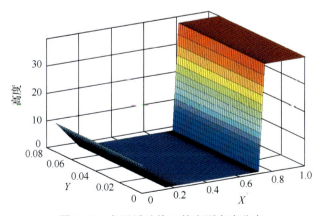

图 5-22 负压浮动块 1 的表面高度分布

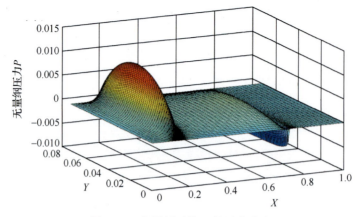

图 5-23 负压浮动块 1 的压力分布

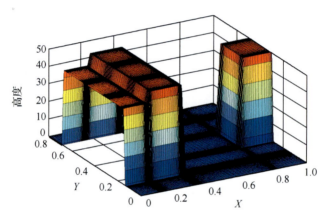

图 5-25 负压浮动块 2 的表面高度分布

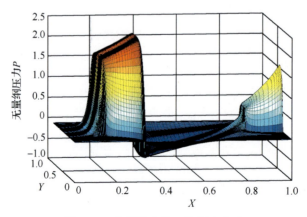

图 5-27 负压浮动块 2 的压力分布

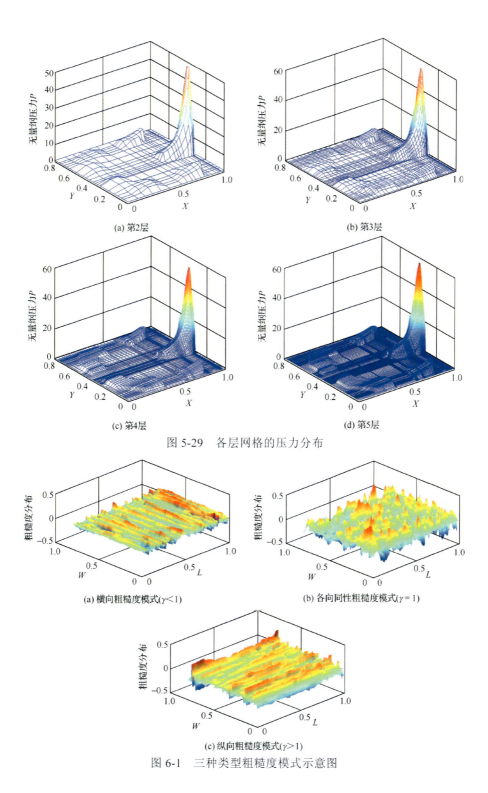

(a) 第2层　　　　　　　　　　　　　(b) 第3层

(c) 第4层　　　　　　　　　　　　　(d) 第5层

图 5-29　各层网格的压力分布

(a) 横向粗糙度模式($\gamma<1$)　　　　　　(b) 各向同性粗糙度模式($\gamma=1$)

(c) 纵向粗糙度模式($\gamma>1$)

图 6-1　三种类型粗糙度模式示意图

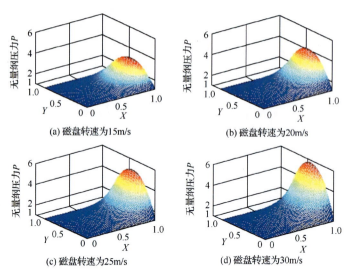

图 6-21 对称性分子交互作用时磁盘转速对压力分布的影响($\varphi_1=\varphi_2=1.0$)

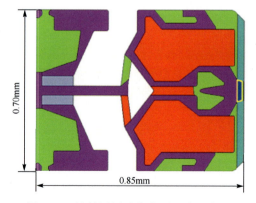

图 7-26 计算用浮动块表面形貌示意图

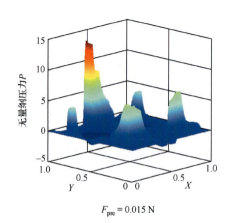

$F_{pre} = 0.015\ \text{N}$

图 7-31 给定预紧力条件下浮动块无量纲气膜压力的分布情况

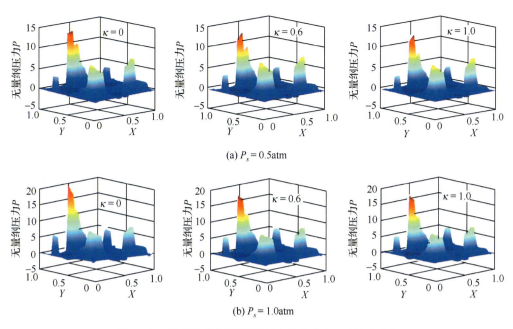

图 7-53 浮动块无量纲气膜压力的分布($v=7200$r/min)

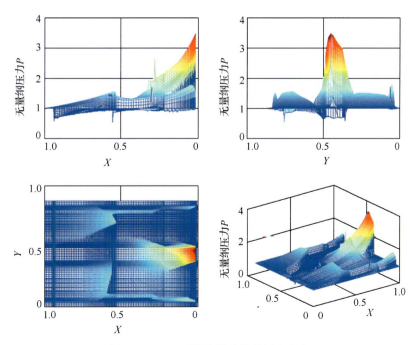

图 8-3 Hitachi 硬盘浮动块的压力分布

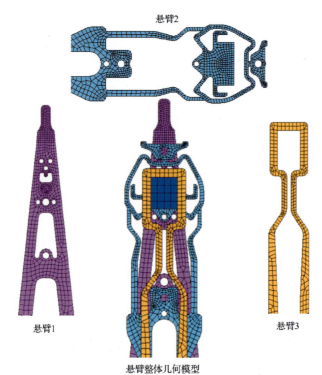

图 8-9 Hitachi 硬盘悬臂的网格划分

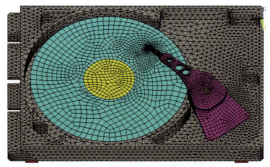

图 8-11 硬盘系统的网格划分

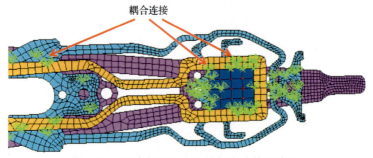

图 8-12 悬臂和浮动块间的耦合连接示意图